高职高专“十一五”规划教材

编 审 委 员 会

顾　问

姜大源　教育部职业技术教育中心研究所研究员
《中国职业技术教育》主编

委　员

马必学　黄木生　刘青春　李友玉
刘民钢　蔡泽寰　李前程　彭汉庆
陈秋中　廖世平　张　玲　魏文芳
杨福林　顿祖义　陈年友　陈杰峰
赵儒铭　李家瑞　屠莲芳　张建军
饶水林　杨文堂　王展宏　刘友江
韩洪建　盛建龙　黎家龙　王进思
郑　港　李　志　田巨平　张元树
梁建平　颜永仁　杨仁和

高职高专“十一五”规划教材

GAOZHI GAOZHUAN "SHIYIWU" GUIHUA JIAOCAI 机电类

数控加工工艺

Shukong Jiagong Gongyi

主　编

王　军　刘劲松

副主编

王小平　詹华西　夏章建　匡　炎

主　审

张绪祥

教材参研人员（以姓氏笔画为序）

毕安龙　李艳华

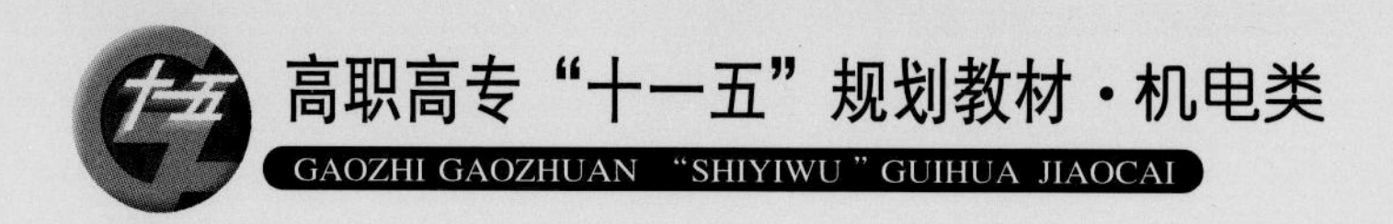

编 委 会

主 任

李望云　陈少艾

副主任

（按姓氏笔画排序）

胡成龙　郭和伟　涂家海　游英杰

委 员

（按姓氏笔画排序）

刘合群　苏 明　李望云　李鹏辉
邱文萍　余小燕　张 键　陈少艾
胡成龙　洪 霞　贺 剑　郭和伟
郭家旺　涂家海　黄堂芳　覃 鸿
游英杰

编委会秘书

应文豹

前　言

本教材根据培养技能型数控技术应用人才的需要，结合课程的教学实际和精品课程的建设要求，针对高职教育的特点，充分注重理论够用、突出实用的教学宗旨，对《数控加工工艺》课程的教学内容和进程编排进行了重新设计，教材内容较好地体现了实用性。

本教材从机械加工的切削基础开始，介绍了金属切削加工的基本过程和基本理论、机械加工的生产过程、加工质量及加工过程中质量问题的产生和保证措施、机械加工工艺规程设计的基本方法和步骤、工艺尺寸确定的有关理论、工件安装定位及机床夹具等相关知识，重点介绍了零件在数控车床、数控铣床和加工中心机床上加工时工艺文件的制定，给出了应用实例，讨论了相关的工艺技术问题。

全书共分7章，分别为机械加工切削基础、机械加工生产过程和加工质量、机械加工工艺设计基础、机床夹具设计基础、数控车削加工工艺、数控铣削和加工中心加工工艺、数控加工技术的发展等。

本教材由王军、刘劲松担任主编，张绪祥担任主审，王小萍、詹华西、夏章建、匡炎担任副主编。毕安龙、李艳华参与了全书的研制工作。全书编写分工如下：第一章由王小萍编写，第二章由毕安龙编写，第三章由王军编写，第四章由夏章建编写，第五章由李艳华和匡炎编写，第六章由詹华西编写，第七章由刘劲松编写。全书由王军提出编写大纲及要求并统稿。

本教材在编写过程中参考了许多文献和成果，在此谨对原作者一并表示感谢。

由于水平和经验有限，书中难免存在一些错误及不妥之处，敬请老师和同学们批评指正。联系方式：wangjnn@ sohu. com。

高职高专“十一五”规划教材

《数控加工工艺》研制组

2009年1月

目　录

第一章　机械加工切削基础…………………………………………………… 1

第一节　切削运动及切削用量…………………………………………… 1

一、切削运动和工件表面………………………………………………… 1

二、切削用量……………………………………………………………… 2

第二节　切削刀具及其选择……………………………………………… 3

一、常用刀具类型………………………………………………………… 3

二、刀具材料……………………………………………………………… 4

三、刀具几何角度及选择………………………………………………… 9

四、刀具失效及耐用度 ………………………………………………… 13

第三节　金属切削过程 ………………………………………………… 15

一、切屑的形成及种类 ………………………………………………… 15

二、积屑瘤 ……………………………………………………………… 16

三、切削力 ……………………………………………………………… 18

四、切削热 ……………………………………………………………… 20

五、切削加工中的振动 ………………………………………………… 22

第四节　材料的切削加工性 …………………………………………… 24

一、切削加工性的概念和指标 ………………………………………… 24

二、影响切削加工性的因素 …………………………………………… 25

三、改善金属材料切削加工性的途径 ………………………………… 25

第五节　切削用量及切削液的选择 …………………………………… 26

一、切削用量的选择 …………………………………………………… 26

二、切削液及其选择 …………………………………………………… 27

第二章　机械加工生产过程及加工质量 ……………………………… 31

第一节　生产过程及工艺过程 ………………………………………… 31

一、生产过程及工艺过程 ……………………………………………… 31

二、工艺过程及其组成 ………………………………………………… 31

三、生产类型及工艺特征 ……………………………………………… 34

四、数控加工工艺的基本特点 ………………………………………… 35

第二节　机械加工精度 ………………………………………………… 36

一、加工精度的概念 …………………………………………………… 36

二、获得加工精度的方法 ……………………………………………… 36

三、影响加工精度的主要因素 …… 38
四、提高工件加工精度的途径 …… 42
第三节 机械加工的表面质量 …… 43
一、表面质量的概念 …… 43
二、表面质量对零件使用性能的影响 …… 43
三、影响表面质量的因素 …… 44

第三章 机械加工工艺设计基础 …… 47
第一节 机械加工工艺规程 …… 47
一、工艺规程的作用 …… 47
二、工艺规程的格式 …… 48
三、工艺规程设计的步骤 …… 51
第二节 机械加工工艺规程的制订 …… 52
一、零件工艺分析 …… 52
二、毛坯选择 …… 54
三、工艺路线的拟定 …… 58
第三节 工件的定位及定位基准选择 …… 65
一、工件的安装方式 …… 65
二、工件的定位 …… 66
三、定位基准的选择 …… 70
第四节 工序尺寸的确定 …… 73
一、加工余量与工序尺寸 …… 73
二、工艺尺寸链与工序尺寸 …… 76

第四章 机床夹具设计基础 …… 86
第一节 机床夹具及其组成 …… 86
一、机床夹具的类型 …… 86
二、机床夹具的组成 …… 86
三、对机床夹具的基本要求 …… 87
第二节 夹具的定位元件 …… 88
一、工件以平面定位 …… 88
二、工件以内孔定位 …… 91
三、工件以外圆柱面定位 …… 93
四、工件以一面双孔定位 …… 95
第三节 定位误差分析计算 …… 96
一、定位误差产生的原因 …… 96
二、定位误差 Δ_D 的计算 …… 99
三、定位误差计算示例 …… 99
第四节 夹紧装置 …… 101

一、夹紧装置的组成和基本要求……………………………………………………………… 101
二、夹紧力方向和作用点的选择…………………………………………………………… 102
三、典型夹紧机构……………………………………………………………………………… 104

第五章 数控车削加工工艺……………………………………………………………… 114
第一节 数控车床加工工艺分析………………………………………………………… 114
一、数控车床的加工范围………………………………………………………………… 114
二、数控车床加工零件的工艺性…………………………………………………………… 116
第二节 数控车削刀具及其选用………………………………………………………… 118
一、数控车刀的类型……………………………………………………………………… 118
二、机夹车刀的标识……………………………………………………………………… 120
三、刀具的选择…………………………………………………………………………… 124
四、车刀的装夹…………………………………………………………………………… 128
五、数控车床的机内对刀仪对刀………………………………………………………… 130
第三节 数控车削加工的工艺设计……………………………………………………… 131
一、加工顺序的确定……………………………………………………………………… 131
二、走刀路线的确定……………………………………………………………………… 132
三、切削用量的选择……………………………………………………………………… 136
第四节 典型零件的数控车削工艺……………………………………………………… 140
一、轴套类零件的数控车削工艺………………………………………………………… 140
二、缸孔的车削加工工艺………………………………………………………………… 148

第六章 数控铣削及加工中心加工工艺………………………………………………… 158
第一节 数控铣削及加工中心加工工艺分析…………………………………………… 158
一、数控铣削及加工中心的加工范围…………………………………………………… 158
二、数控铣削加工零件的工艺性………………………………………………………… 161
第二节 数控铣削及加工中心的刀具及其选用………………………………………… 166
一、数控铣削及加工中心对刀具的基本要求…………………………………………… 166
二、常用铣削刀具及孔加工刀具………………………………………………………… 167
三、数控铣削及加工中心的标准刀具系统……………………………………………… 175
四、铣刀及孔加工刀具的选用…………………………………………………………… 180
五、数控铣削刀具的对刀………………………………………………………………… 184
第三节 数控铣床及加工中心加工工艺设计…………………………………………… 186
一、加工顺序的确定……………………………………………………………………… 186
二、走刀路线的确定……………………………………………………………………… 187
三、切削用量的选择……………………………………………………………………… 193
第四节 典型零件的数控铣削工艺……………………………………………………… 195
一、连接臂零件的数控铣削加工工艺…………………………………………………… 195
二、基座零件的数控铣削加工工艺……………………………………………………… 200

第七章　数控加工技术的发展…… 214
第一节　数控机床的发展趋势…… 214
第二节　柔性制造及计算机集成制造简介…… 216
一、柔性制造…… 216
二、计算机集成制造系统（CIMS）…… 219
第三节　刀具技术的发展…… 221
一、数控刀具的特点…… 221
二、刀具技术发展趋势…… 222
第四节　高速加工技术简介…… 224
一、高速加工的概念及理论基础…… 224
二、高速加工的优点…… 225
三、高速加工的实现…… 226
四、高速加工的应用…… 228

参考文献…… 230

第一章　机械加工切削基础

第一节　切削运动及切削用量

一、切削运动和工件表面

切削加工的目的是用金属切削刀具把工件毛坯上预留的金属材料（余量）切除，以获得图纸所要求的零件。在切削过程中，刀具和工件之间必须有相对运动，这种相对运动就称为切削运动。按切削运动在切削加工中的功用不同分为主运动和进给运动。

1. 主运动

主运动是由机床提供的主要运动，它使刀具和工件之间产生相对运动，从而使刀具前刀面接近工件并切除切削层，即是切削过程中切下切屑所需的运动。其特点是切削速度最高，消耗的机床功率也最大。如图 1-1 所示，其形式可以是旋转运动，如车削时工件的旋转运动、铣削时铣刀的旋转运动、磨削工件时砂轮的旋转运动、钻孔时钻头的旋转运动等；也可以是直线运动，如刨削时刀具的往复直线运动。

2. 进给运动

进给运动又称走刀运动，是由机床提供的使刀具与工件之间产生附加的相对运动，即进给运动是切削过程中使金属层不断地投入切削，从而加工出完整表面所需的运动。其特点是消耗的功率比主运动小得多。如图 1-1 所示，其形式可以是连续的运动，如车削外圆时车刀平行于工件轴线的纵向运动、钻孔时钻头沿轴向的直线运动等；也可以是间断运动，如刨削平面时工件的横向移动；还可以是两者的组合，如磨削工件外圆时砂轮横向间断的直线运动和工件的旋转运动及轴向（纵向）往复直线运动。

总之，在各类切削加工中，主运动必须有一个，而进给运动可以有一个（如车削）、两个（如外圆磨削）或多个，甚至没有（如拉削）。

主运动可以由工件完成（如车削、龙门刨削等），也可以由刀具完成（如钻削、铣削等）。进给运动同样也可以由工件完成（如铣削、磨削等）或刀具完成（如车削、钻削等）。

3. 加工中的工件表面

切削过程中，工件上多余的材料不断地被刀具切除而转变为切屑，因此，工件在切削过程中形成了三个不断变化着的表面，如图 1-1（a）所示。

（1）已加工表面：工件上经刀具切削后产生的表面。

（2）待加工表面：工件上有待切除切削层的表面。

（3）过渡表面：工件上由切削刃形成的那部分表面。它在下一切削行程（如刨削）、

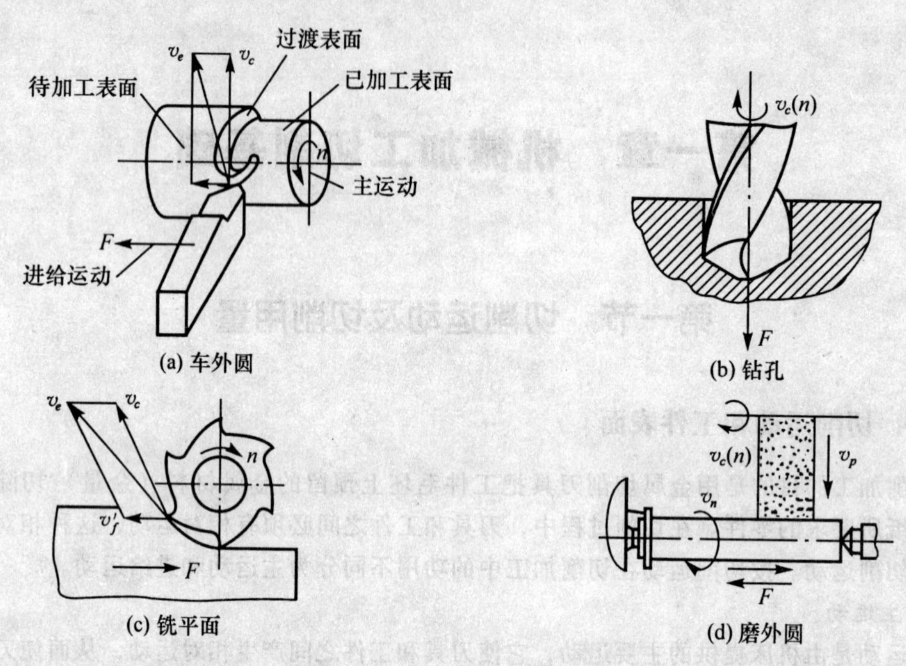

v_c—主运动　F—纵向进给运动　v_n—圆周进给运动　v_n—径向进给运动

图 1-1　几种常见加工方法的切削运动

刀具或工件的下一转（如单刃镗削或车削）将被切除，或者由下一切削刃（如铣削）切除。

二、切削用量

切削用量是切削速度、进给量和背吃刀量三者的总称，这三个参数常被称为切削用量三要素。它是描述切削运动、调整机床、计算切削加工的时间定额和核算工序成本等必需的参量，使用它可以对切削加工中的运动进行定量的描述（见图 1-2）。

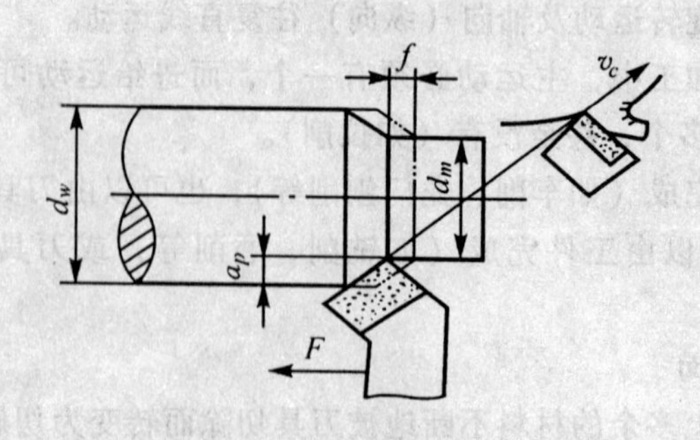

图 1-2　切削用量三要素

1. 切削速度 v_c

在切削加工时，切削刃选定点相对于工件主运动的瞬时速度称为切削速度。即在单位时间内，工件或刀具沿主运动方向的相对位移量，单位为 m/min。

大多数切削加工的主运动是回转运动（车、钻、镗、铣、磨削加工等），其切削速度为加工表面的最大线速度，即

$$v_c = \frac{\pi d_w S}{1000}$$

式中：d_w——切削刃选定点处所对应的工件或刀具的最大回转直径，单位：mm；

S——主轴转速，单位：r/min；

2. 进给量 f

在主运动的一个循环内，刀具在进给方向上相对于工件的位移量称为进给量，可用刀具或工件每转或每行程的位移量来表达和度量，如图 1-2 所示。其单位为 mm/r（如车削、镗削等）或 mm/行程（如刨削、磨削等）。

进给量 f 的大小反映着加工时进给速度 F（F 指令的值，单位为 mm/min）的大小，由于数控加工中假定工件不动，刀具相对于工件作进给运动，对车削类加工，进给速度 F 是指切削刃上选定点相对于工件的进给运动的瞬时速度，它与进给量之间的关系为

$$F = Sf$$

对于铰刀、铣刀等多齿刀具，常要规定出每齿进给量 f_z（单位为 mm/z，其数值大小可从有关的切削参数表中查出），其含义为多齿刀具每转中每齿相对于工件在进给运动方向上的位移量，此时，进给的速度为

$$F = Szf_z$$

式中，z 为多齿刀具的刀齿数。

3. 背吃刀量 α_p

背吃刀量 α_p 是已加工表面和待加工表面之间的垂直距离，也叫切削深度，其单位为 mm。外圆车削时，α_p 为

$$\alpha_p = \frac{d_w - d_m}{2}$$

式中：d_w——待加工表面直径，单位为 mm；

d_m——已加工表面直径，单位为 mm。

孔加工时，上式中的 d_w 与 d_m 应互换位置。

第二节 切削刀具及其选择

金属切削刀具是完成切削加工的重要工具，它直接参与切削过程，从工件上切除多余的金属层。无论是在普通机床还是数控机床上，加工都必须依靠刀具才能完成。刀具变化灵活，作用显著，所以它是切削加工中影响生产率、加工质量和生产成本的最活跃的因素。在数控机床的自身技术性能不断提高的情况下，刀具的性能直接决定机床性能的发挥。

一、常用刀具类型

根据刀具的用途、加工方法、工艺特点、结构特点，刀具有以下几种分类方式。

1. 按加工方法分类

(1) 切刀　包括车刀、刨刀、插刀、镗刀等，一般为只有一条主切削刃的单刃刀具。

(2) 孔加工刀具　在实体材料上加工出孔或对原有孔扩大孔径并提高孔质量的一种刀具，包括钻头、扩孔钻、铰刀、镗刀等。

(3) 拉刀　在工件上拉削出各种内、外几何表面的刀具，包括圆孔拉刀、平面拉刀、单键拉刀等，拉刀加工生产率高，但刀具成本高，用于大批量生产。

(4) 铣刀　是一种应用非常广泛的在圆柱或端面具有多齿、多刃的刀具，包括圆柱铣刀、球头铣刀、面铣刀、立铣刀、槽铣刀、锯片铣刀等。它可以用来铣削平面、沟槽、螺旋面和成形表面等。

(5) 螺纹刀具　用来加工内、外螺纹表面的刀具。包括丝锥、板牙、螺纹切刀等。

(6) 齿轮刀具　用于加工齿轮、链轮、花键等齿形的一类刀具，如齿轮铣刀、齿轮滚刀、插齿刀、花键滚刀等。

(7) 磨具　用于表面磨削加工的刀具，包括砂轮、砂带、油石、抛光轮等。

(8) 数控机床刀具　刀具根据零件加工的工艺要求配置，有预调装置、快速换刀装置和尺寸补偿系统。

(9) 特种加工刀具　特种加工所用的刀具和工具，如水刀、放电电极等。

2. 按切削刃特点分类

按切削刃特点分类有单刃刀具和多刃刀具。

3. 按工艺特点分类

(1) 通用刀具　如车刀、刨刀、铣刀等。

(2) 定尺寸刀具　如钻头、扩孔钻、铰刀、拉刀等。

(3) 成型刀具　如成型车刀、花键拉刀等。

4. 按装配结构分类

按装配结构分类分为整体式、装配式和复合式等。

尽管各种刀具的结构和形状各不同，但都是由工作部分和夹持部分组成的。工作部分俗称刀头，指担负切削加工的部分，由刀面、切削刃组成；夹持部分俗称刀柄或刀体，其横截面一般为矩形或圆形，指刀杆、刀柄和套装孔，它的作用是保证刀具有正确的安装工作位置，并传递切削运动和动力。图 1-3 所示为切削刀具的基本类型。

二、刀具材料

在金属的切削加工时，刀具切削部分不仅要承受很大的切削力，而且还要承受切削时所产生的高温，刀具材料的切削性能直接影响生产效率、工件的加工精度、已加工表面的质量和刀具的消耗及加工的成本。

1. 刀具材料的使用性能

刀具材料是指刀具切削部分的材料，要使刀具能在恶劣的条件下工作不致很快地变钝或损坏，保持其正常的切削能力，刀具材料应具备的性能要求如表 1-1 所示。

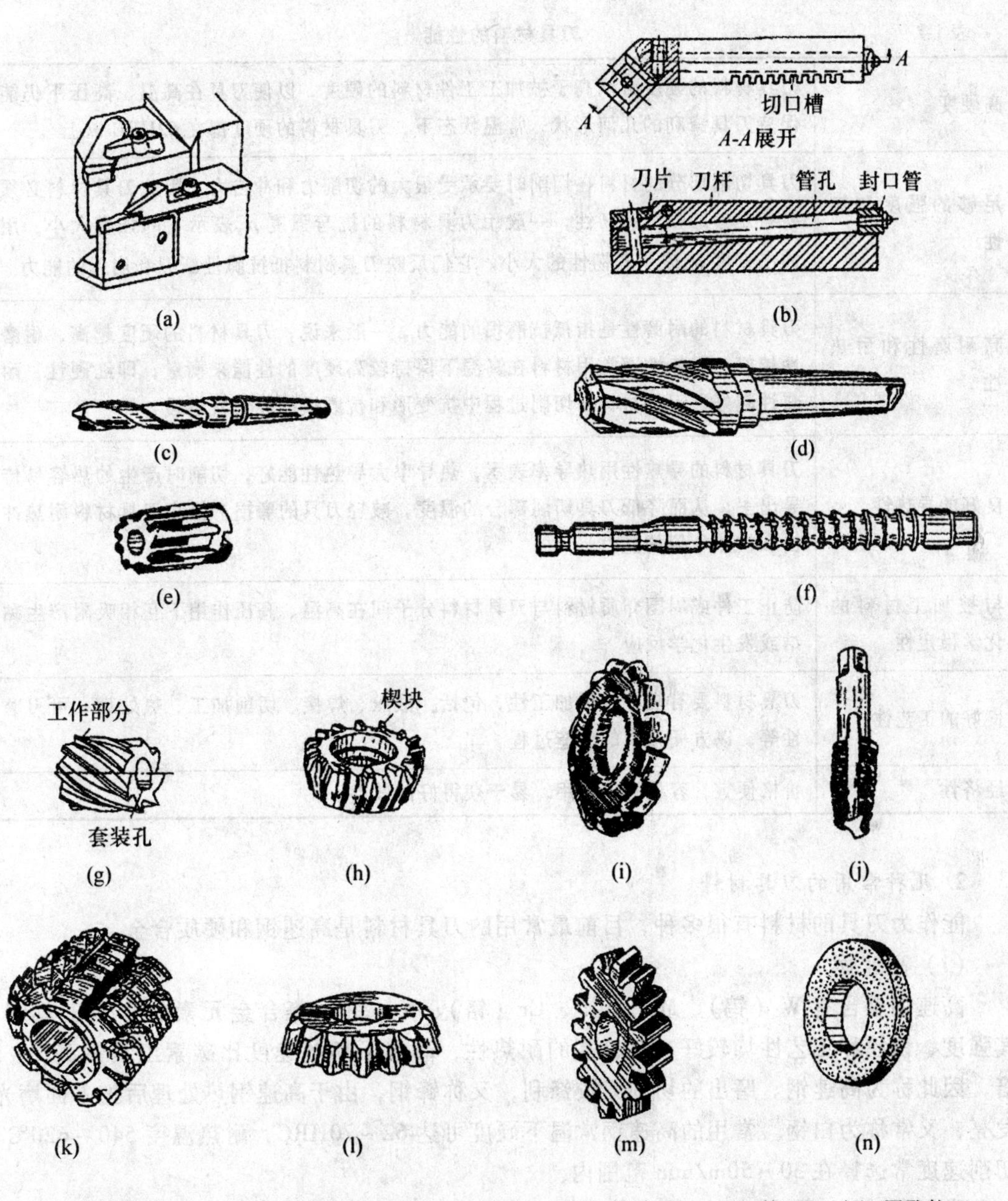

(a) 机夹式车刀　(b) 热管式车刀　(c) 钻头　(d) 扩孔钻　(e) 铰刀　(f) 圆孔拉刀
(g) 圆柱铣刀　(h) 硬质合金面铣刀　(i) 成型铣刀　(j) 丝锥　(k) 齿轮滚刀
(l) 插齿刀　(m) 剃齿刀　(n) 平面砂轮

图 1-3　切削刀具的基本类型

表 1-1 刀具材料的性能

高硬度	刀具材料的硬度必须高于被加工工件材料的硬度，以使刀具在高温、高压下仍能保持刀具锋利的几何形状；常温状态下，刀具材料的硬度都在62HRC以上
足够的强度和韧性	刀具切削部分的材料在切削时要承受很大的切削力和冲击力，因此刀具材料必须要有足够的强度和韧性，一般用刀具材料的抗弯强度 σ_b 表示它的强度大小，用冲击韧度 σ_k 表示其韧性的大小。它们反映刀具材料抵抗脆性断裂和崩刃的能力
高耐磨性和耐热性	刀具材料的耐磨性是指抵抗磨损的能力，一般来说，刀具材料的硬度越高，耐磨性越好；耐热性通常用材料在高温下保持较高硬度的性能来衡量，即红硬性，耐热性越好，刀具材料在切削过程中抗变形和抗磨损的能力就越强
良好的导热性	刀具材料的导热性用热导率表示，热导率大导热性能好，切削时产生的热容易传导出去，从而降低刀具切削部分的温度，减轻刀具的磨损，提高刀具材料耐热冲击和抗热龟裂的能力
与被加工材料的化学稳定性	防止工件或周围介质材料与刀具材料分子间在高温、高压作用下互相吸附产生黏结或发生化学反应
良好的工艺性	刀具材料要有较好的可加工性，包括：锻压、焊接、切削加工、热处理、可刃磨性等，以方便刀具的制造过程
经济性	价格便宜，容易推广使用，易于获得好的效益

2. 几种常用的刀具材料

能作为刀具的材料有很多种，目前最常用的刀具材料是高速钢和硬质合金。

(1) 高速钢

高速钢是含有W（钨）、Mo（钼）、Cr（铬）、V（钒）等合金元素的合金工具钢。其强度、韧性和工艺性均较好，有较高的耐热性，高温下切削速度比碳素工具钢高1～3倍，因此称为高速钢。磨出的切削刃较锋利，又称锋钢，由于高速钢热处理后把平面磨光发亮，又常称为白钢。常用的高速钢常温下硬度可达62～70HRC，耐热温度540～620℃、切削速度常选择在30～50m/min范围内。

常用的高速钢分为普通高速钢和高性能高速钢，普通高速钢常用的牌号有W6Mo5Cr4V2和W18Cr4V等。

高性能高速钢是指在普通高速钢中添加碳及矾、钴或铝等金属元素的新钢种，常用的有高碳高速钢（如9W18Cr4V）、高矾高速钢（如W12Cr4V4Mo）、钴高速钢（如W2Mo9Cr4VCo8）、铝高速钢（如W6Mo5Cr4V2Al）。高速钢只适用于制造中、低速切削的各种刀具，如钻头、铰刀、丝锥、铣刀、齿轮刀具、精加工车刀、拉刀、成形工具等。常用高速钢的化学成分、性能和用途如表1-2。

表 1-2 **常用高速钢的化学成分、性能和用途**

类别		牌号	化学成分（%）						硬度	高温硬度	主要用途
			C	W	Mo	Cr	V	其他			
普通高速钢		W18Cr4V	0.70 ~0.80	1.75 ~1.95	≤0.3	3.80 ~4.40	1.00 ~1.40		62 ~66	48.5	用途广泛：如齿轮刀具、钻头、铰刀、铣刀、拉刀等
普通高速钢		W6Mo5Cr4V2	0.80 ~0.90	5.50 ~6.75	4.50 ~5.50	3.80 ~4.40	1.75 ~2.20		62 ~66	47 ~48	制造要求热塑性好和受较大冲击负荷的刀具
高性能高速钢	高碳	9W18Cr4V	0.90 ~1.00	17.5 ~19.0	≤0.3	3.80 ~4.40	1.00 ~1.40		67 ~68	51	用于对韧性要求不高，但对耐磨性要求较高的刀具
高性能高速钢	高钒	W12Cr4V4Mo	1.20 ~1.40	11.5 ~13.0	0.90 ~1.20	3.80 ~4.40	3.80 ~4.40		63 ~66	51	用于形状简单但要求耐磨的刀具
高性能高速钢	超硬	W6Mo5Cr4V2Al	1.05 ~1.20	5.50 ~6.75	4.50 ~5.55	3.80 ~4.40	1.75 ~2.20	Al 0.80 ~1.20	68 ~69	55	制造复杂刀具和加工难加工材料的刀具
高性能高速钢	超硬	W2Mo9Cr4VCo8	1.05 ~1.15	1.15 ~1.85	9.00 ~10.0	3.50 ~4.25	0.95 ~1.35	Co 7.75 ~8.75	66 ~70	55	制造复杂刀具和加工难加工材料的刀具，价格很贵

此外，还有采用高压惰性气体（氩气或氮气）或高压水雾化高速钢水得到细小的高速钢粉末，再经热压制成的粉末冶金高速钢。该材料因避免了高速钢熔炼产生的碳化物偏析，强度、韧性有很大提高，而且能保证各向同性，热处理的内应力和变形小，适合制造各种复杂刀具、大型刀具、高性能刀具和模具工作零件，如我国生产的粉末冶金高速钢FT15（W12Cr4V5Co）和PT1（W18Cr4V）等。

（2）硬质合金

硬质合金是由高硬度难熔的金属化合物（WC、TiC、TaC、NbC等）的微米数量级粉末与金属黏接剂（Co、Mo、Ni等）烧结而成的粉末冶金制品。其高温碳化物含量比高速钢高得多，因此，其硬度、特别是高温硬度，耐磨性，耐热性都高于高速钢，焊接性好。常温硬度可达89～93HRA（74～81HRC），耐热温度890～1000℃、常用的切削速度范围为160～400m/min。

硬质合金是高速切削的主要刀具，但硬质合金较脆，抗弯强度低（仅为高速钢的1/3），韧性也较低（仅为高速钢的十分之一至几十分之一）。目前硬质合金大量应用在刚性好，刃形简单的高速切削刀具上，如外圆车刀等。随着技术的进步，也在复杂刀具领域逐步扩大其应用范围。

常用硬质合金的类型、牌号、化学成分、性能及使用情况见表1-3。

表 1-3　　　　常用硬质合金牌号、化学成分和使用性能

类型	牌号	化学成分（%）				力学性能			使用性能			使用范围
		C	TiC	Co	其他	硬度		抗弯强度	耐磨	耐冲击	耐热	
						HRA	HRC					
钨钴类	YG3	97		3		97	78	1.08				铸铁、有色金属的精加工和半精加工，连续切削
	YG6X	94		6		97	78	1.37	↑	↓	↑	铸铁、有色金属的精加工和半精加工
	YG6	94		6		89	75	1.42				铸铁、有色金属的连续切削粗加工和间断切削半精加工
	YG8	92		8		89	74	1.47				铸铁、有色金属的间断切削粗加工
钨钴钛类	YT5	85	5	10		89	75	1.37				钢的粗加工
	YT14	78	14	8		90	77	1.25				钢的间断切削半精加工
	YT15	79	15	6		91	78	1.13	↓	↑	↓	钢的连续切削粗加工和间断切削半精加工
	YT30	66	30	4		92	81	0.88				钢的连续切削精加工
添加稀有金属碳化物类	YA6	92		6		92	80	1.37	较好			有色金属、合金钢的半精加工
	YW1	84	6	6		92	80	1.28		较好	较好	难加工钢材的精加工和半精加工
	YW2	82	6	8		91	78	1.47		好		难加工钢材的精加工和半精加工
镍钼钛类	YN10	15	62		1(TaC) 12(Ni) 10(Mo)	92	81	1.08	好		好	钢的连续切削精加工

注：表中符号的含义为　Y—硬质合金　G—钴，其后的数字表示含钴量　X—细晶粒合金　T—钛，其后面的数字表示 TiC 的含量　A—含 TaC（NbC）的钨钼类硬质合金　W—通用合金　N—用镍作黏结剂的硬质合金。资料来源不同，数据仅供参考。

3. 其他刀具材料

(1) 陶瓷

常用的陶瓷是以 Al_2O_3 和 Si_3N_4 为基体成分在高温下烧结而成的。常温硬度可达89～93HRA（74～81HRC），耐热温度1000～1400℃，切削速度可达320～800m/min。

陶瓷刀具材料的化学稳定性很好，耐磨性比硬质合金高十几倍，抗黏结能力强，最大的缺点是脆性大、强度低、导热性差。一般用于高硬度材料（如冷硬铸铁、淬硬钢等）的精加工。

(2) 涂层刀具材料

涂层刀具材料是在高速钢或硬质合金基体材料表面，采用化学气相沉积（CVD）或物理气相沉积（PVD）的方法，涂覆一薄层（2～12μm）高耐磨性的难熔金属化合物而得到的刀具材料，较好地解决了材料硬度、耐磨性与强度、韧性之间的关系。常有的涂层材料有 TiC、TiN、TiAlN、Al_2O_3 等。

涂层材料刀具的镀膜可以防止切屑和刀具直接接触，减小摩擦，降低热应力。使用涂层材料的刀具加工中可采用更大的切削用量以缩短切削时间，降低成本、减少换刀次数，提高加工精度，且刀具寿命长。涂层刀具还可减少甚至取消切削液的使用。

(3) 金刚石

金刚石有天然金刚石（ND）和人造金刚石（PCD、CVD）两类，除少数超精密加工和特殊用途外，工业上大都使用人造金刚石作为刀具和磨具材料。

人造金刚石是石墨在高温（1200～2500℃）高压（5～10个大气压）和相应的辅助条件下转化而成的。其显微硬度可达10 000HV（相当于300HRC)、耐热温度较低，在700～800℃时易脱碳，失去硬度。它的耐磨性极好，与金属的摩擦系数很小。它具有很高的导热性，刃部非常锋利，粗糙度很小，可在纳米级稳定切削。

金刚石刀具主要用于加工各种有色金属（如铝合金、铜合金、镁合金等)、各种非金属材料（如石墨、橡胶、塑料、玻璃等）以及加工钛合金、金、银、铂、陶瓷和水泥制品等。同时它还广泛用于磨具磨料，但金刚石刀具不宜用来切削铁质合金材料。

(4) 聚晶立方氮化硼（PCBN）

它是由立方氮化硼（CBN）高温高压转变而成。其硬度仅次于人造金刚石达到8 000～9 000HV（相当于240～270HRC)，耐热温度可达1 400℃，化学稳定性好。但它的焊接性能差，抗弯强度略低于硬质合金。它一般用于高硬度、难加工材料的精加工，适合在数控机床上进行高速切削铁质合金。

三、刀具几何角度及选择

1. 刀具切削部分组成要素

刀具种类繁多，结构各异，但其切削部分的几何形状和参数都有共性。各种多齿刀具和复杂刀具都可以看成是外圆车刀切削部分的演变和组合。下面以最简单、最典型的外圆车刀为例进行分析。

普通外圆车刀的构造如图1-4所示。其组成包括夹持部分和切削部分。夹持部分是车刀在车床上装夹的部分。切削部分由三个刀面、二个切削刃、一个刀尖组成。

(1) 前刀面（A_γ）　刀具上切屑流过的表面。

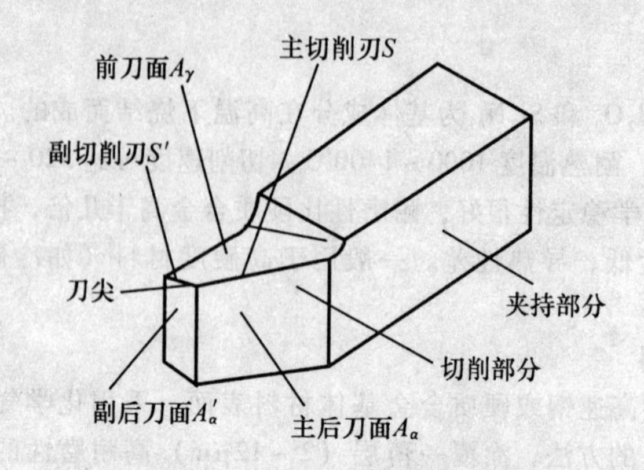

图 1-4 车刀切削部分的结构要素

(2) 主后刀面(A_α) 刀具上与过渡表面相对的表面。

(3) 副后刀面(A'_α) 刀具上与已加工表面相对的表面。

(4) 主切削刃(S) 前刀面与主后刀面的交线,它完成主要的金属切除工作。

(5) 副切削刃(S') 前刀面与副后刀面的交线,它配合主切削刃完成金属切除工作,负责最终形成工件已加工表面。

(6) 刀尖:主切削刃与副切削刃的连接处的一小部分切削刃。通常,刀尖可有修圆和倒角两种形式。

2. *刀具角度的参考系*

切削能否顺利进行,刀具的几何角度起着十分重要的作用。为在设计、绘图、刃磨、测量中正确表示这些角度,须确定一参考坐标平面作为基准。下面介绍刀具静止参考系中常用的正交平面参考系,如图 1-5 所示。

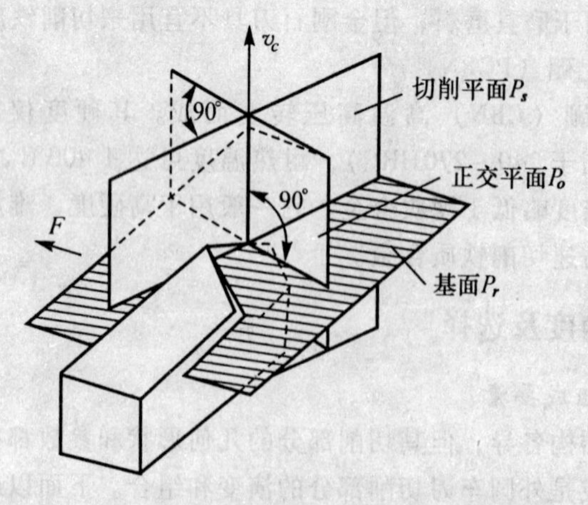

图 1-5 正交平面参考系

(1) 基面:过主切削刃上的一点,垂直于切削速度方向的平面,用 Pr 表示。

(2) 切削平面:过主切削刃上的一点,与主切削刃相切并垂直于基面的平面,用 Ps

表示。

(3) 正交平面：垂直于主切削刃在基面上投影的平面，又称主剖面，用 Po 表示。

切削平面、基面、正交平面（主剖面）在空间相互垂直，构成一个空间直角坐标系，是车刀几何角度的测量基准。

3. 车刀的基本角度

车刀的基本角度如图 1-6 所示。

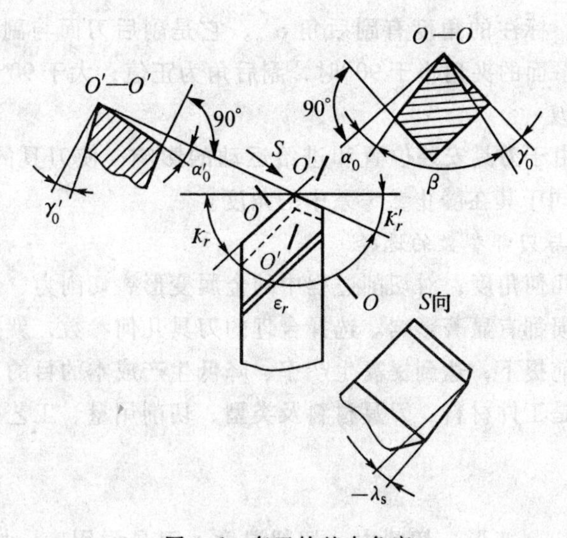

图 1-6　车刀的基本角度

(1) 在正交平面（主剖面）中测量、标注的角度

1) 前角（γ_o）：前刀面（A_γ）与基面（P_r）的夹角。当前刀面与基面的夹角小于 90°时，γ_o为正值；大于 90°时，γ_o为负值，它对刀具切削性能有很大的影响。

2) 后角（α_o）：后刀面（A_α）与切削平面（P_s）间的夹角。当后刀面与切削平面的夹角小于 90°时，α_o为正值；大于 90°时，α_o为负值。

前刀面与后刀面间的夹角 β 称为楔角，有

$$\beta = 90° - (\gamma_o + \alpha_o)$$

(2) 在基面内测量、标注的角度

1) 主偏角（K_r）：主切削刃在基面上的投影与进给运动方向的夹角。它总为正值。

2) 副偏角（K'_r）：副切削刃在基面上的投影与进给运动相反方向的夹角。

主切削刃和副切削刃在基面上的投影的夹角称为刀尖角 ε_r

$$\varepsilon_r = 180 - (K_r - K'_r)$$

(3) 在切削平面内测量、标注的角度

刃倾角：主切削刃与基面（P_r）之间的夹角，用 λ_s 表示。刃倾角也有正负之分，如图 1-7 所示，当刀尖在切削刃最高点时刃倾角为正；刀尖在最低点时，刃倾角为负；当主切削刃与基面平行时，刃倾角为 0°。此时，切削刃在基面内。

(4) 在副正交平面中测量、标注的角度

参照主切削刃的研究方法，在副切削刃上同样可定义一副正交平面（副剖面）P'_0。

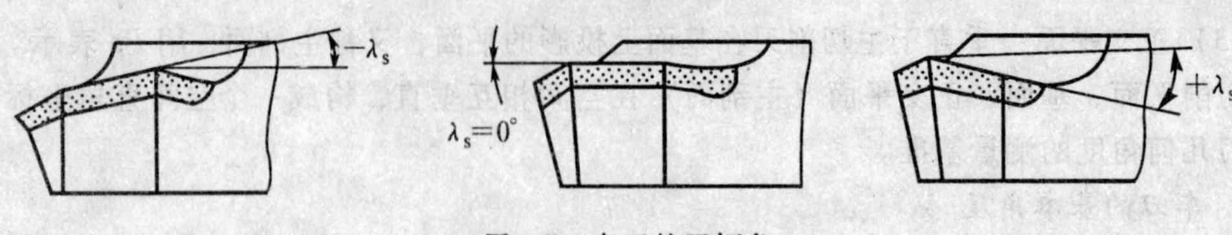

图 1-7 车刀的刃倾角

在副正交平面中测量、标注的角度有副后角 α'_o，它是副后刀面与副切削平面间的夹角。当副后刀面与副切削平面的夹角小于90°时，副后角为正值；大于90°时，副后角为负值。

4. *刀具的工作角度*

在切削过程中，由于刀具安装位置和进给运动的影响，使刀具的工作角度（即刀具的实际切削角度）不同于其在静止参考系中的角度。

5. *刀具几何角度与刃部参数的选择*

刀具切削部分的几何角度，对切削过程中的金属变形、切削力、切削温度、工件的加工质量以及刀具的磨损都有显著影响。选择合理的刀具几何参数，就是要在保证工件加工质量和刀具耐用度的前提下，达到提高生产率、降低生产成本的目的。影响刀具合理几何角度选择的主要因素是工件材料、刀具材料及类型、切削用量、工艺系统刚度以及机床功率等。

（1）前角的选择

前角的大小影响切削变形、切削力、切削温度、刀具耐用度、加工表面质量和生产率，也影响切削刃的锋利程度及强度。增大前角可使切削变形减小，使切削力、切削温度降低，也能抑制积屑瘤等现象，提高已加工表面的质量。但前角过大，会造成刀具楔角变小，刀头强度降低，散热体积变小，切削温度升高，刀具磨损加剧，刀具耐用度降低。

加工塑料材料选大前角，加工脆性材料选小前角，材料的强度、硬度越高，前角越小，甚至为负值。

高速钢刀具强度高、韧性好，可选较大前角；硬质合金刀具的硬度高、脆性大，应选较小的前角；陶瓷刀具脆性更大，不耐冲击，前角应更小。

粗加工、断续切削选较小前角；精加工选较大前角。

机床功率大、工艺系统刚度高，可选较小前角；机床功率小、工艺系统刚度低，可选较大的前角。

（2）后角的选择

后角的大小主要影响后刀面与已加工表面之间的摩擦。增大后角，可减小刀具后刀面的摩擦与磨损，楔角减小，刀刃锋利。但后角太小会使刀刃强度、散热能力、刀具耐用度降低。

粗加工、强力切削及承受冲击载荷的刀具要求刀具强固，应选小后角；精加工刀具磨损主要发生在切削刃和后刀面上，选大后角可以提高刀具耐用度和工件的加工表面质量。

工件材料的塑性好、韧性大，容易产生加工硬化，选大后角可减小摩擦；工件材料的强度或硬度高时，选小后角可保证刀具刃口强度。

工艺系统刚度低，切削时容易出现振动，应选小后角，以增大后刀面与加工表面的接触面积，增强刀具的阻尼作用。也可以在后刀面上磨出刃带或消振棱，以提高工件的加工表面质量。

（3）主、副偏角的选择

主偏角减小时刀尖角增大、刀尖强度提高、散热体积增大，同时参加切削的刃长增加，可减小因切入冲击而造成的刀尖损坏，从而提高刀具的耐用度，还可使已加工表面的表面粗糙度减小。但减小主偏角会使背向力增高，易造成工件或刀杆弯曲变形，影响加工精度。

工艺系统刚度小时，取大的主偏角；加工很硬的材料时，为减小单位切削刃上的负荷，宜取较小的主偏角。切削层面积相同时，主偏角大的切削厚度大，易断屑。

副偏角的作用是减小副切削刃与工件已加工表面间的摩擦。副偏角太大会使工件表面粗糙度增大，太小又会使背向力增大。在不引起振动的前提下取较小的副偏角；工艺系统刚度低时宜取较大的副偏角。

（4）刃倾角的选择

刃倾角的功用是控制切屑流出的方向，增加刀刃的锋利程度。延长刀刃参加工作的长度，保护刀尖，使切削过程平稳。

粗加工时应选负刃倾角，以提高刃口强度；有冲击载荷时，为了保证刀尖强度，应尽量取较大的刃倾角；精加工时，为保证加工质量宜采用正刃倾角，使切屑流向刀杆以免划伤已加工表面；工艺系统刚度不足时，取正刃倾角以减小背向力；刀具材料、工件材料硬度较高时，取负刃倾角。

四、刀具失效及耐用度

1. 刀具失效

刀具在使用过程中丧失切削能力的现象称为刀具失效。刀具的失效对切削加工的质量和加工效率影响极大，应充分重视。在加工过程中，刀具的失效是经常发生的，主要的失效形式包括刀具的破损和磨损两种。

（1）刀具破损

刀具的破损是由于刀具选择、使用不当及操作失误而造成的，俗称打刀。一旦发生打刀，很难修复，常常造成刀具报废，属于非正常失效，应尽量避免。刀具的破损包括脆性破损和塑性破损两种形式。脆性破损是由于切削过程中的冲击振动而造成的刀具崩刃、碎断现象和由于刀具表面受交变力作用引起表面疲劳而造成的刀面裂纹、剥落现象；塑性破损是由于高温切削塑性材料或超负荷切削难切削材料时，因剧烈的摩擦及高温作用使得刀具产生固态相变和塑性变形。

（2）刀具磨损

刀具的磨损属于正常失效形式，可以通过重磨修复，主要表现为刀具的前刀面磨损、后刀面磨损及边界磨损三种形式。前刀面磨损和边界磨损常见于塑性材料加工中，前刀面磨损出现常说的“月牙洼”，如图 1-8 所示；边界磨损主要出现在主切削刃靠近工件外皮处和副切削刃靠近刀尖处；后刀面磨损常见于脆性材料加工中，切屑与刀具前面摩擦不大，主要是刀具后面与已加工表面的摩擦。

刀具磨损的原因很复杂，是机械、热、化学、物理等各种因素综合作用的结果。

图 1-8 刀具的磨损

2. 刀具磨损过程

在一定条件下，不论何种磨损形态，其磨损量都将随切削时间的增加而增长。由图 1-9 可知，刀具的磨损过程可分为三个阶段：

(1) 初期磨损阶段（图 1-9 中的 *OA* 段）。此阶段磨损较快。这是因为新磨好的刀具表面存在微观粗糙度，且刀刃比较锋利，刀具与工件实际接触面积较小，压应力较大，使后刀面很快出现磨损带。初期磨损量一般在 0.05 ~ 0.1mm，磨损量大小与刀具刃磨质量及磨损速度有关。

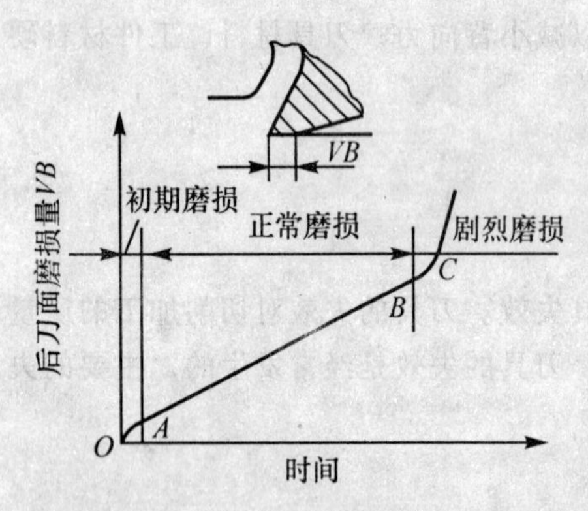

图 1-9 刀具磨损的典型曲线

(2) 正常磨损阶段（图 1-9 中的 *AB* 段）。此阶段磨损速度减慢，磨损量随时间的增加均匀增加，切削稳定，是刀具的有效工作阶段。此时曲线为直线，其斜率大小表示刀具的磨损强度；斜率越小，耐磨性越好。它是比较刀具切削性能的重要指标之一。

(3) 急剧磨损阶段（图 1-9 中的 *BC* 段）。刀具经过正常磨损阶段后已经变钝，如继续切削，温度将剧增，切削力增大，刀具磨损急剧增加。在此阶段，既不能保证加工质量，刀具材料损耗也多，甚至崩刃而完全丧失切削能力。一般应在此阶段之前及时换刀。

实际生产中，有经验的操作人员往往凭直观感觉来判断刀具是否已经磨钝，工件加工表面的粗糙度开始增大，切屑的形状和颜色发生变化，工件表面出现挤压亮带，切削过程出现振动和刺耳的噪声等，都标志着刀具已经磨钝，需要更换或重磨刀具。

3. 刀具的耐用度

所谓刀具耐用度，指的是从刀具刃磨后开始切削，一直到磨损量超过允许的范围所经过的总切削时间，用符号 *T* 表示，单位为 min。耐用度应为切削时间，不包括对刀、测量、快进、回程等非切削时间。

刀具的耐用度对切削加工的生产率和生产成本都有直接的影响，应根据加工的实际情况合理规定，不能定得太高或太低。常用刀具合理耐用度的参考值如下（min）：

高速钢车刀、镗刀　　60 ~ 90

高速钢钻头	80 ~ 120
硬质合金焊接车刀	60
硬质合金可转位车刀	15 ~ 30
硬质合金端铣刀	120 ~ 180
齿轮刀具	200 ~ 300
加工淬火钢的立方氮化硼车刀	120 ~ 150

第三节　金属切削过程

一、切屑的形成及种类

金属的切削过程就是切屑的形成过程，实质上是工件表层金属材料受到切削力的作用后发生变形直到剪切断裂破坏的过程。在这个过程中切削力、切削热、加工硬化和刀具磨损等都直接对加工质量和生产率有很大影响。

1. 切屑形成过程

金属的切削过程是被切削金属层在刀具切削刃和前刀面的挤压作用下而产生剪切、滑移变形的过程。切削金属时，切削层金属受到刀具的挤压开始产生弹性变形，随着刀具的推进，应力、应变逐渐加大，当应力达到材料的屈服强度时产生塑性变形，刀具再继续切入，当应力达到材料的抗拉强度时，金属层被挤裂而形成切屑。实际上，由于加工材料性能与切削条件等不同，上述过程的三个阶段不一定能完全显示出来。

在切削过程中，滑移变形区也称基本变形区，或第Ⅰ变形区，如图 1-10 所示。

切屑形成后沿前刀面流动时，受前刀面的推挤和摩擦，使切屑底层进一步产生塑性变形。由于底层变形大于外层，故切屑发生卷曲。在切屑底层进一步变形的同时，流速降低。这种切屑底层流速低于上层流速的现象为滞流现象，故底层称为滞流层。这一变形区称为前刀面摩擦变形区，或第Ⅱ变形区。

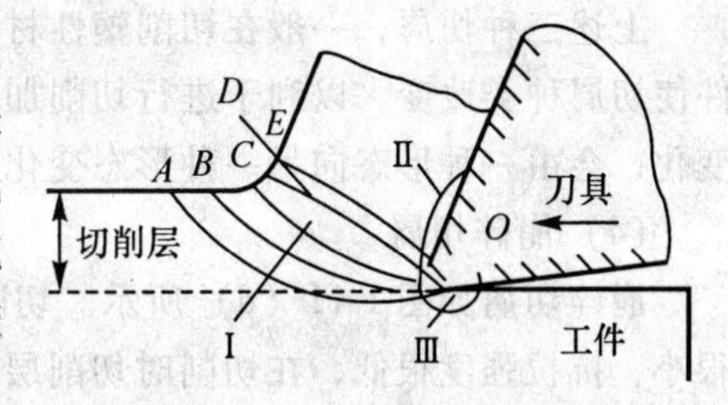

图 1-10　切削过程的三个变形区

切削过程中，后刀面对加工表面进行挤压和摩擦，使材料产生变形的区域称为第Ⅲ变形区。

切削脆性材料时，切屑的形成过程没有滑移阶段。

2. 切屑的种类

由于工件材料不同，切削条件不同，切削过程中的变形程度也就不同。根据切削过程中变形程度的不同，可把切屑分为四种不同的形态，如图 1-11 所示。

（1）带状切屑

带状切屑如图 1-11（a）所示。带状切屑的底层（与前刀面接触的面）光滑，而外表呈毛茸状，无明显裂纹。一般加工塑性金属材料（如软钢、铜、铝等），在切削厚度较小、速度较高、刀具前角较大时，容易得到这种切屑。

形成带状切屑时，切削过程较平稳，切削力波动较小，加工表面质量高。但切屑连续

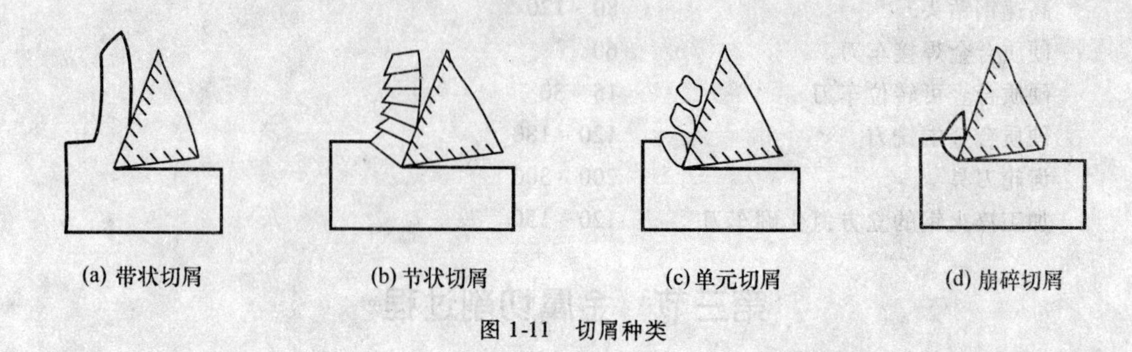

图 1-11　切屑种类

不断，会缠在工件或刀具上，影响工件质量且不安全。生产中通常使用在车刀上磨断屑槽等方法断屑。

(2) 挤裂切屑

挤裂切屑如图 1-11 (b) 所示，又称节状切屑。这种切屑的底面有时出现裂纹，而外表面呈明显的锯齿状。挤裂切屑大多在加工塑性较低的金属材料（如黄铜），切削速度较低、背吃刀量较大、刀具前角较小时产生；特别是当工艺系统刚性不足，加工碳素钢材料时，更容易生成这种切屑。产生挤裂切屑时，切削过程不太稳定，切削力波动也较大，已加工表面质量较低。

(3) 单元切屑

单元切屑如图 1-11 (c) 所示。采用小前角或负前角，以极低的切削速度和大的背吃刀量切削塑性金属（延伸率较低的结构钢）时，会产生这种切屑。产生单元切屑时，切削过程不平稳，切削力波动较大，已加工表面质量较差。

上述三种切屑，一般在切削塑性材料时形成。当工件材料一定时，可通过改变切削条件使切屑种类改变，以利于进行切削加工。或者说，同一种材料的切屑，随着切削条件的变化，会由一种形态向另一种形态变化。

(4) 崩碎切屑

崩碎切屑如图 1-11 (d) 所示。切削脆性金属（铸铁、青铜等）时，由于材料的塑性很小，抗拉强度很低，在切削时切削层内靠近切削刃和前刀面的局部金属未经明显的塑性变形就被挤裂，形成不规则状的碎块切屑。工件材料越硬脆、刀具前角越小、切削厚度越大时，越易产生崩碎切屑。产生崩碎切削时，切削力波动大，加工表面凹凸不平，刀刃容易损坏。

二、积屑瘤

在用中等或较低的切削速度切削一般钢料或其他塑性金属材料时，常在前刀面接近刀刃处黏结有一硬度很高（约为工件材料硬度的 2～3.5 倍）的楔形金属块，这种楔形金属块称为积屑瘤，如图 1-12 所示。

1. *积屑瘤的形成*

切削过程中，由于切屑底面与前刀面间产生挤压和剧烈摩擦，因而切屑底层的金属流动速度低于上层流动速度，形成滞流层。当滞流层金属与前刀面间的摩擦力超过切屑本身分子间的结合力时，滞流层一部分金属在温度和压力适当时就黏结在刀刃附近而形成积屑瘤。积屑瘤形成后不断增大，达到一定高度后受外力作用和振动而破裂脱落，被切屑或已加工表面带走，故极不稳定。积屑瘤的形成、增大、脱落的过程在切削过程中周期性地不断出现。

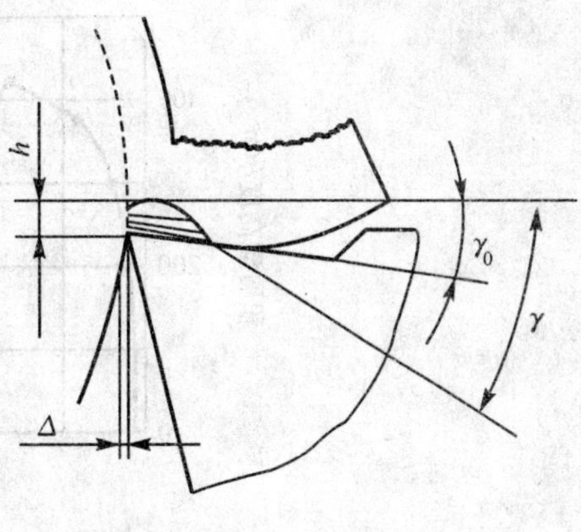

图 1-12　积屑瘤

2. 积屑瘤对切削加工的影响

(1) 增大前角。积屑瘤黏附在前刀面上，增大了刀具的实际前角。当积屑瘤最高时，刀具将可能有30°左右的前角，因此会减少切削变形，降低切削力。

(2) 增大背吃刀量。积屑瘤前端伸出于切削刃外，伸出量为Δ，使切削厚度增大了Δ，影响了加工的尺寸精度。

(3) 增大已加工表面粗糙度。积屑瘤粘附在切削刃上，使实际切削刃运动呈一不规则的曲线，导致在已加工表面上沿着主运动方向刻划出一些深浅和宽窄不同的纵向沟纹。积屑瘤的形成、增大和脱落是一个具有一定周期的动态过程（每秒钟几十至几百次），使背吃刀量不断变化，由此可能引起振动。积屑瘤脱落后，其中一部分黏附于切屑底部排出，一部分留在已加工表面上形成鳞片状毛刺。

(4) 影响刀具耐用度。积屑瘤包围着切削刃，同时覆盖着一部分前刀面，可以代替刀刃切削，起着保护刀刃、减小前刀面磨损的作用。但在积屑瘤不稳定的情况下使用硬质合金刀具时，积屑瘤的破裂可能使硬质合金刀具颗粒剥落，加快刀具的失效。

3. 影响积屑瘤的主要因素及控制积屑瘤的措施

(1) 工件材料的塑性。影响积屑瘤形成的主要因素是工件材料的塑性。工件材料的塑性大，很容易生成积屑瘤，因此对于塑性好的碳素钢工件，可先进行正火或调质处理，以提高硬度，降低塑性。

(2) 切削速度。切削条件中对积屑瘤影响最大的是切削速度 v_c。实验表明，一般钢材在 v_c 等于 5～50m/min、切削温度为 300～380℃左右时最易形成积屑瘤，而在低速（$v_c <$ 5m/min）和高速（$v_c >$ 100m/min）条件下均不易形成积屑瘤，如图 1-13 所示。在形成积屑瘤的速度范围内，当速度较低时，积屑瘤高度随 v_c 的增大而增大，至最大高度；进入较高速度后，积屑瘤高度又随 v_c 的增大而减小。

(3) 进给量。进给量增大，则切削厚度增大。切削厚度越大，刀与屑之间的接触长度越长，就越容易形成积屑瘤。若适当降低进给量，使切削厚度变薄，以减小切屑与前刀面的接触与摩擦，则可减小积屑瘤的形成。

(4) 刀具前角。若增大前角，切屑变形减小，则不仅使前刀面的摩擦减小，同时减小了正压力，这就减小了积屑瘤的生成基础。实践证明，前角为35°时一般不易产生积屑瘤。

(5) 前刀面的粗糙度。前刀面粗糙，摩擦较大，这给积屑瘤的形成创造了条件。若前刀面光滑，则积屑瘤也就不易形成。

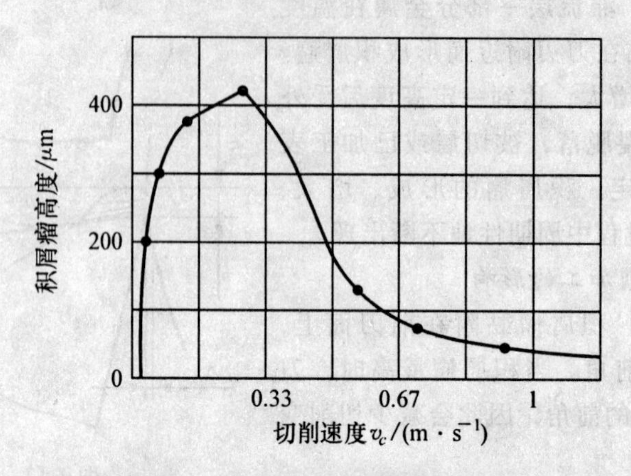

图 1-13　切削速度对积屑瘤的影响

（6）切削液。合理使用切削液，可以减小摩擦，也能避免或减少积屑瘤的产生。精加工中，为降低已加工表面的表面粗糙度，应尽量避免积屑瘤的产生。

三、切削力

在切削过程中，由刀具切削工件而产生的工件和刀具之间的相互作用力叫做切削力。

1. 切削力的产生

切削力产生的直接原因是切削过程中的变形和摩擦。如图 1-14（a）所示，前刀面的弹性、塑性变形抗力 $F_{n\gamma}$ 和摩擦力 $F_{f\gamma}$ 的合力为 $F_{r\gamma}$，后刀面的变形抗力 $F_{n\alpha}$ 和摩擦力 $F_{f\alpha}$ 的合力为 $F_{r\alpha}$，$F_{r\gamma}$ 和 $F_{r\alpha}$ 的总合力 F_r 即为切削力。

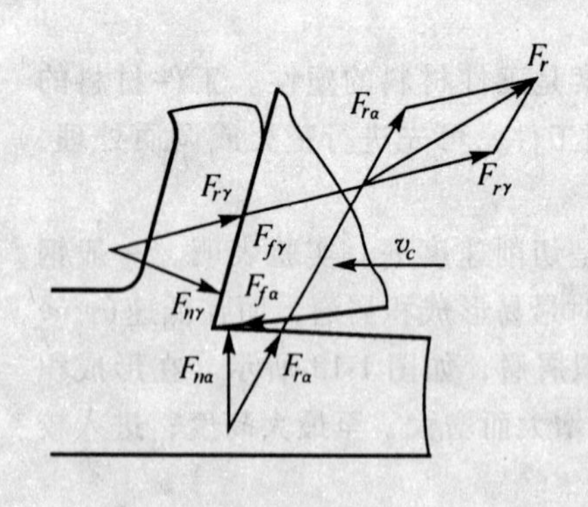

(a) 切削力的产生

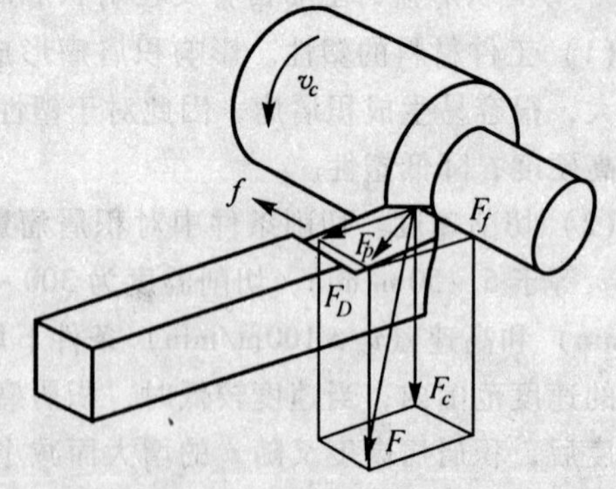

(b) 车外圆时切削力的合力与分力

图 1-14　切削力

2. 切削力的分解

实际切削过程中，切削力的大小、方向是随切削条件的变化而变化的。为方便分析，可将切削力分解为三个互相垂直的分力：F_c、F_p 和 F_f，如图 1-14（b）所示。

（1）主切削力 F_c：在主运动方向上的切削分力，也叫切向力。它是最大的分力，消耗的功率最多（占机床总功率的90%），是计算机床动力、机床和刀具的强度和刚度、夹具夹紧力的主要依据。

（2）吃刀抗力 F_p：在吃刀方向上的分力，又称径向力、背向力。它使工件弯曲变形和引起振动，对加工精度和表面粗糙度影响较大。因切削时沿工件直径方向的运动速度为零，所以径向力不做功。

（3）进给抗力 F_f：在走刀方向上的分力，又叫轴向力。它与进给方向相反。进给抗力只消耗机床很少的功率（约 1% ~3%），是计算（或验算）机床走刀机构强度的依据。

三个分力与合力的关系如下：

$$F=\sqrt{F_c^2+F_p^2+F_f^2}$$

3. 影响切削力的主要因素

（1）工件材料的影响

工件材料的成分、组织、性能是影响切削力的主要因素。材料的硬度、强度愈高，变形抗力越大，则切削力越大。在材料硬度、强度相近的情况下，材料的塑性、韧性越大，则切削力越大。当切削脆性材料时，切屑呈崩碎状态，塑性变形与摩擦都很小，故其切削力一般低于塑性材料。不锈钢 1Cr18Ni9Ti 的硬度与正火状态的 45 钢大致相等，但由于其塑性、韧性大，因而其单位切削力比 45 钢大 25%。

（2）刀具角度的影响

1）前角 γ_0的影响。γ_0愈大，切屑变形就愈小，则切削力就会减小。切削各种材料时，增大 γ_0能减小切削力。对于塑性材料，加大前角 γ_0，切削力的减小则更为明显。

2）主偏角 K_r 的影响。主偏角 K_r 对主切削力 F_c 的影响不大。$K_r=60°\sim75°$时，F_c 最小；$K_r<60°$时，F_c 随 K_r 的增大而减小；$K_r>75°$时，F_c 随 K_r 的增大而增大，不过 F_c 增大或减小的幅度均在 10% 以内。

主偏角 K_r 主要影响 F_p 和 F_f 的比值。K_r 增大时，背向力 F_p 减小，进给抗力 F_f 增大。因此，当切削细长轴时应采用较大的 K_r（90°）。

3）刃倾角 λ_s 的影响。刃倾角 λ_s 对主切削力 F_c 的影响很小，但对背向力 F_p、进给抗力 F_f 的影响显著。λ_s 减小时，F_p 增大，F_f 减小。

（3）切削用量的影响

1）进给量 F 和背吃刀量。进给量和背吃刀量增大时，切削面积增大，故切削力增大。进给量和背吃刀量对切削力的影响程度不同。背吃刀量增大时，切削力 F_c 成比例地增大；而进给量增大时，F_c 的增大却不成比例，其影响程度比背吃刀量小。根据这一规律可知，在切削面积不变的条件下，采用较大的进给量和较小的背吃刀量，可使切削力较小。

2）切削速度 ν_c。切削速度 ν_c主要通过对积屑瘤的影响来影响切削力。如图 1-15 所示，当 ν_c较低时，随着 ν_c的增大，积屑瘤增高，刀具实际前角增大，故切削力减小。ν_c较高时，随着 ν_c的增大，积屑瘤逐渐减小，切削力又逐渐增大。在积屑瘤消失后，ν_c再增大，使切削温度升高，切削层金属的强度和硬度降低，切屑变形减小，摩擦力减小，因此切削力减小。ν_c达到一定值后再增大，则切削力变化减缓，渐趋稳定。由此可见，在不影响切削效率的前提下，为降低切削力，应增大切削速度，并同时减小背吃刀量。

切削脆性金属（如铸铁、黄铜）时，由于切屑和前刀面的摩擦小，ν_c的大小对切削力没有显著的影响。

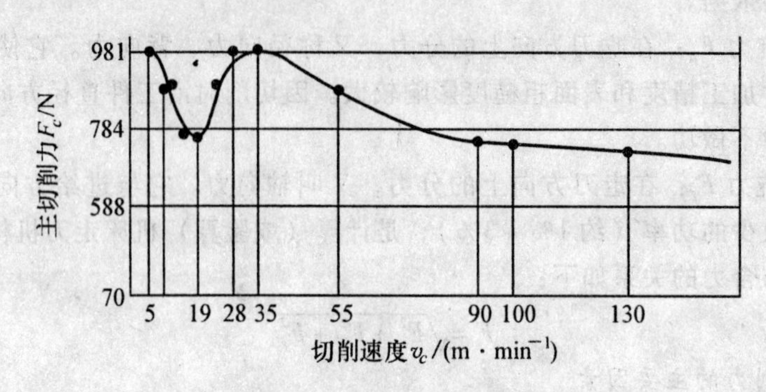

图 1-15　切削速度对切削力的影响

(4) 其他因素的影响

1) 刀具磨损。刀具磨损后，刀刃变钝会使刀面与加工表面间的挤压和摩擦加剧，使切削力增大。刀具磨损达到一定程度后，切削力会急剧增加。

2) 切削液。以冷却作用为主的水溶液对切削力的影响很小。以润滑作用为主的切削液能显著地降低切削力，因为润滑作用减少了刀具前刀面与切屑、后刀面与工件表面间的摩擦。

3) 刀具材料。刀具材料对切削力也有一定的影响，选择与工件材料摩擦系数小的刀具材料，切削力会不同程度地减小。实验结果表明，用 YT 类硬质合金刀具切钢时的切削力比用高速钢刀具约可降低 5% ~10% 。

四、切削热

切削热与切削温度是切削过程中产生的另一个重要的物理现象。切削过程中，切削力所做的功会转化为热，这些热除少量散逸在周围介质中外，其余均传散到刀具、切屑和工件中，并使其温度升高，引起工件热变形，加速了刀具的磨损。

1. 切削热的形成及传散

切削热的形成主要由切削功耗产生，而切削中的功耗主要是由被切削层金属的变形、切屑与刀具前面的摩擦和工件与刀具后面的摩擦产生。其中切削功耗（包括变形功耗和摩擦功耗）占总功耗的 98% ~99% ，因此，可以认为，切削过程中的功耗都转化为切削热。

切削热通过切屑、刀具、工件和周围介质传散。各部分传热的比例取决于工件材料、切削速度、刀具材料及其几何形状、加工方式以及是否使用切削液等。例如，不用切削液车削钢料外圆时，由切屑传出的热量约占 50% ~80% ，刀具吸收的热量约占 4% ~10% ，工件吸收的热量约占 9% ~30% ，由周围介质传出的热量约占 1% ；而钻削钢料时切削热量的 52% 传入钻头。

切削速度越高，切削厚度越大，则由切削带走的热量越多。

2. 切削温度及其对切削过程的影响

通常所说的切削温度，如无特别说明，均指切削区域（即切屑、工件、刀具接触处）的平均温度。切削温度的高低取决于切削热产生的多少和切削热传散的情况。

对于切削过程来说，并不总是切削温度越低越好的。每一种刀具材料和工件材料的组合，理论上都有一个最佳的切削温度，在这一温度范围内，工件材料的硬度和强度相对于刀具下降较多，使刀具的切削能力相对提高，磨损相对减缓。例如：

切削高强度钢时，用高速钢刀具，其最佳切削温度为480～650℃；用硬质合金刀具，其最佳切削温度为750～1000℃。

切削不锈钢时，用高速钢刀具，其最佳切削温度为280～480℃；用硬质合金刀具，其最佳切削温度小于650℃。

（1）切削温度对切削过程的不利影响有：

1）加剧刀具磨损，降低刀具耐用度。

2）使工件、刀具变形，影响加工精度。温度升高，工件受热会发生变形。例如，车长轴的外圆时，工件的热伸长使加工出的工件呈鼓形；车中等长轴时，由于车刀可伸长0.03～0.04mm（刀具热伸长始终大于刀具的磨损），因而工件会产生锥度。

3）工件表面产生残余应力或金相组织发生变化，产生烧伤退火。

（2）切削温度对切削过程的有利影响有：

1）使工件材料软化，变得容易切削。

2）改善刀具材料的脆性和韧性，减少崩刃。

3）较高的切削温度有利于阻止积屑瘤的生成。

3. 影响切削温度的主要因素

（1）切削用量对切削温度的影响包括以下三个方面。

1）切削速度。切削用量中对切削温度影响最大的是切削速度v_c。随着v_c的提高，切削温度显著提高。当切屑沿着前刀面流出时，切屑底层与前刀面发生强烈摩擦，会产生大量的热量。但由于切屑带走热量的比例也随之增大，故切削温度并不随v_c的增大成比例地提高。

2）进给量。进给量增大时，切削温度随之升高，但其影响程度不如v_c大。这是因为进给量增大时，切削厚度增加，切屑的平均变形减小，加之进给量增加会使切屑与前刀面的接触区域增加，即散热面积略有增大。

3）背吃刀量。背吃刀量对切削温度的影响最小。这是因为背吃刀量增加时，刀刃工作长度成比例增加，即散热面积也成正比例增加，但切屑中部的热量传散不出去，所以切削温度略有上升。

实验得出，切削速度增加一倍，切削温度大约增加20%～33%；进给量增加一倍，切削温度大约增加10%；背吃刀量增加一倍，切削温度大约只增加3%。

因此，在切削效率不变的条件下，通过减小切削速度来降低切削温度，比减小进给量或背吃刀量更为有利。

（2）刀具基本角度中，前角与主偏角对切削温度的影响最明显。实验证明，前角从10°增加到18°，切削温度下降15%，这是因为切削层金属在基本变形区和前刀面摩擦变形区内其变形程度随前角增大而减小。但是前角过分增大会影响刀头的散热能力，切削热因散热体积减小而不能很快传散出去。例如，当前角从18°增加到25°时，切削温度大约只能降低5%。

主偏角减小会使主切削刃工作长度增加，散热条件相应改善。另外，主偏角减小使刀头的散热体积增大，也有利于散热。因此，可采用较小的主偏角来降低切削温度。

(3) 工件材料影响切削温度的因素主要有强度、硬度、塑性及导热性能。工件材料的强度与硬度越高，切削时消耗的功越多，产生的切削热越多，切削温度就越高。在强度、硬度大致相同的条件下，塑性、韧性好的金属材料塑性变形较严重，因变形而转变成的切削热较多，因此切削温度也较高。工件材料的导热性能好，有利于切削温度的降低。例如，不锈钢1Cr18N19Ti的强度、硬度虽低于45钢，但由于其导热系数小于45钢（约为45钢的1/4），其切削温度比45钢高40%。

(4) 刀具磨损后切削刃变钝，刀具与工件间的挤压力和摩擦力增大，功耗增加，产生的切削热增多，切削温度因而提高。

(5) 切削液可减小刀具与切屑和刀具与工件间的摩擦并带走大量的切削热，因此，可有效地降低切削温度。

综上所述，为减小切削力，增大进给量 f 比增大背吃刀量 α_p 有利。但从降低切削温度来考虑，增大背吃刀量 α_p 又比增大进给量 f 有利。由于进给量 f 的增大使切削力和切削温度的增加都较小，但却使材料切除率成正比提高，因而采用大进给量切削具有较好的综合效果，特别是在粗加工、半精加工中得到广泛应用。

五、切削加工中的振动

切削加工过程中，在工件和刀具之间常常产生振动。产生振动时，正常的切削加工过程便受到干扰和破坏，从而使零件加工表面出现振纹，降低了零件的加工精度和表面质量。强烈的振动会使切削过程无法进行，甚至会引起刀具崩刃打刀现象。振动的产生加速了刀具的磨损，使机床连接部分松动，影响运动副的工作性能，并导致机床丧失精度。此外，强烈的振动及伴随而来的噪声，还会污染环境，危害操作者的身心健康，尤其对于高速回转的零件和大切削用量的加工方法，振动更是一种限制生产率提高的重要障碍。

1. 振动的类型及特征

(1) 自由振动　当振动系统受到初始干扰力激励破坏了其平衡状态后，去掉激励或约束之后所出现的振动，称为自由振动。机械加工过程中的自由振动往往是由于切削力的突然变化或其他外界力的冲击等原因所引起的。这种振动一般可以迅速衰减，因此对切削加工过程的影响较小。

(2) 受迫振动　由外界周期性的干扰力所激发的振动。受迫振动的频率与外界周期性干扰力的频率相同，或是它的整数倍。受迫振动的振幅与干扰力的振幅、振动系统的刚度及阻尼大小有关。在干扰力频率不变的情况下，干扰力幅值越大、工艺系统的刚度及阻尼越小，受迫振动的振幅就越大。干扰力频率与工艺系统某一固有频率的比值等于或接近于1时，系统将产生共振，振幅达到最大值。干扰力消除，受迫振动停止。

(3) 自激振动（颤振）　切削加工过程中，在没有周期性外力作用下，由系统内部激发反馈产生的周期性振动。自激振动的频率等于或接近于系统的固有频率。自激振动能否产生及其振幅的大小，取决于每一振动周期内系统所获得的能量与系统阻尼消耗能量的对比情况。由于维持自激振动的干扰力是由切削过程本身激发的，故切削一旦中止，干扰力及能量补充过程立即消失。

2. 振动的防治

（1）减小或消除受迫振动的途径

1）减小干扰力　减小干扰力可有效地减小振幅，使振动减弱或消除。对于转速在600 r/min以上的回转零件，如卡盘、电机转子、刀盘等应采取平衡措施。

2）改变振源或系统固有频率　避开共振区，使工艺系统各部件在准静态区运行。

3）增强工艺系统的刚度和阻尼　增加机床或工艺系统的刚度，从而增强工艺系统的抗振性；增加系统的阻尼，将增加系统对振动能量的消耗作用，能有效地防止和消除振动。

4）采取隔振措施　在振动传递的路线上设置隔振材料，使外部振源所激起的振动不能传递到加工系统上，例如在机床周围开防振沟、将电动机与机床分开等。

（2）消除或减弱自激振动的途径

切削加工中的自激振动，既与切削过程有关，又与工艺系统的结构有关。所以，减少或消除自激振动的措施是多方面的，常用的一些基本措施有：

1）合理选择切削用量

切削速度：图 1-16 所示，是在一定的条件下车削时，切削速度与振幅的关系曲线。由图中可以看出，当切削速度在 20～60m/min 范围内易产生自激振动。所以，加工中可以选择高速或低速进行专削，以避免产生自激振动。

进给量：图 1-17 表示在一定的条件下，车削时进给量与自激振动振幅的关系曲线。从图中可以看出，当进给量较小时振幅较大，随着进给量的增加振幅减小。所以，在加工表面粗糙度允许的情况下，应适当加大进给量以减小自激振动。

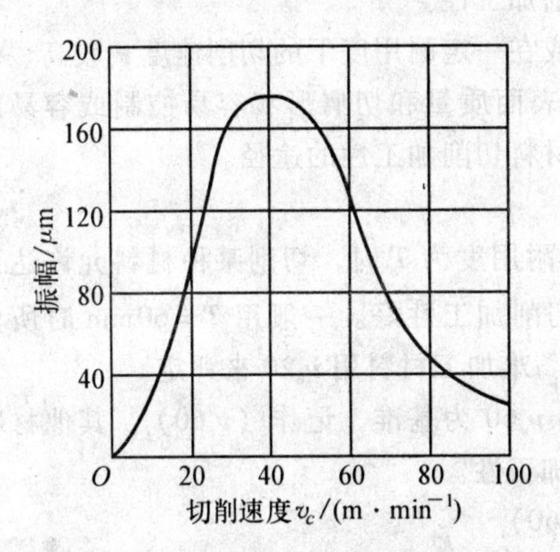

图 1-16　切削速度与自激振动振幅的关系

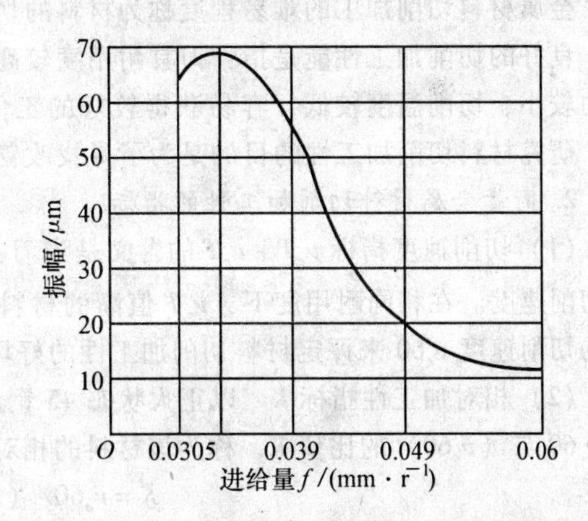

图 1-17　进给量与自激振动振幅的关系

背吃刀量：图 1-18 表示在一定的条件下，车削时背吃刀量与振幅的关系曲线。从图中可以看出，随着背吃刀量的增加，振幅也增大。因此，减小背吃刀量能减小自激振动。但由于减小背吃刀量会降低生产率，所以通常采用调整切削速度和进给量来抑制切削加工中的自激振动。

2）合理选用刀具的几何参数

试验和理论研究表明，刀具的几何参数中，对振动影响最大的是主偏角和前角。由于切屑越宽越容易产生振动，而主偏角越小，切削宽度越宽，因此越易产生振动。前角越

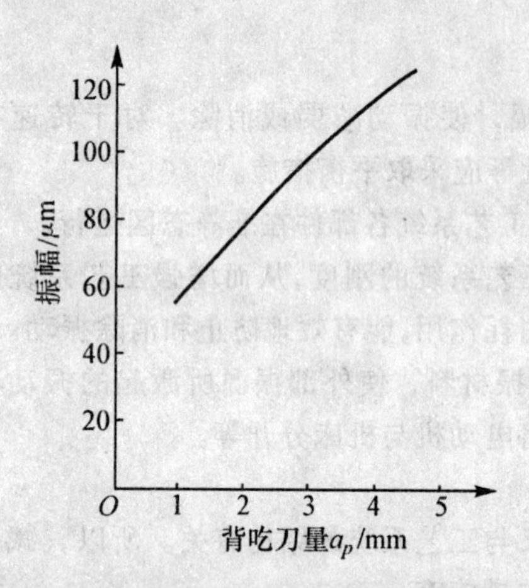

图 1-17　背吃刀量与自激振动振幅的关系

大，切削力越小，振幅也就越小。

3）提高工艺系统的抗振能力

提高工艺系统的刚度，合理安排机床部件的固有频率，增大阻尼和提高机床装配质量等都可以显著提高机床的抗振性能。

增大工艺系统的阻尼主要是选择内阻尼大的材料和增大工艺系统部件之间的摩擦阻尼。例如，铸铁阻尼比钢大，故机床的床身、立柱等大型支承件均用铸铁制造。

4）采取各种减振装置

减振装置有阻尼式减震器、动力式减震器、冲击式减震器等，它们采取消耗或抵消自激振动能量的方式来减轻或消除自激振动。

第四节　材料的切削加工性

一、切削加工性的概念和指标

1. 金属材料切削加工性的概念

金属材料切削加工的难易程度称为材料的切削加工性。

良好的切削加工性能是指：刀具耐用度较高或在一定耐用度下的切削速度 v_c 较高、切削力较小、切削温度较低，容易获得较好的工件表面质量和切屑形状容易控制或容易断屑。研究材料切削加工性的目的是为了寻找改善材料切削加工性的途径。

2. 衡量金属材料切削加工性的指标

（1）切削速度指标 v_cT　v_cT 的含义是当刀具耐用度为 T 时，切削某种材料允许达到的切削速度。在相同耐用度下，v_cT 值高的材料切削加工性好。一般用 $T=60\text{min}$ 时所允许的切削速度 v_c60 来评定材料切削加工性的好坏。难加工材料用 v_c20 来评定。

（2）相对加工性指标 K　以正火状态 45 钢的 v_c60 为基准，记作（v_c60）$_j$，其他材料的 v_c60 与（v_c60）$_j$ 的比值 K，称为该材料的相对加工性。

$$K=v_c60/(v_c60)_j$$

常用材料的相对加工性分为八级，见表 1-4。

表 1-4　　金属材料的相对加工性等级

加工性等级	材 料 种 类	相对加工性 K	代 表 材 料
1	很容易切削的材料	>3.0	铜铅合金、铝镁合金
2	容易切削的材料	2.5~3.0	退火 15Cr
3	较容易切削的材料	1.6~2.5	30 钢正火

续表

加工性等级	材料种类	相对加工性 K	代表材料
4	切削性能一般的材料	1.0~1.6	正火45钢、灰铸铁
5	稍难切削的材料	0.65~1.0	T8，2Cr13调质
6	较难切削的材料	0.5~0.65	40Cr调质、65Mn调质
7	难切削的材料	0.15~0.5	1Cr18Ni9Ti
8	很难切削的材料	<0.15	钛合金

二、影响切削加工性能的因素

工件材料的切削加工性能主要受其本身的物理力学性能的影响。

1. 工件材料的硬度

材料的硬度影响表现为几个方面：

(1) 材料的硬度越高，切屑与刀具前面的接触长度狭小，切削力与切削热集中于切削刃附近，使得切削温度增高，磨损加剧。

(2) 工件材料的高温硬度高时，刀具材料与工件材料的硬度比下降，可切削性降低，材料加工硬化倾向大，可加工性也差。

(3) 工件材料中含硬质点（如 SiO_2、Al_2O_3 等）时，对刀具的擦伤较大，材料的可加工性降低。

2. 工件材料的强度

工件材料的强度越高，切削力与切削功率越大，切削温度也增加，刀具磨损增大，可加工性降低。一般说来，材料的硬度高，强度也高。

3. 工件材料的塑性与韧性

工件材料的塑性大，则切削变形增大，切削温度升高，切屑易与刀具黏结，会加剧刀具磨损，且加工表面质量差，可切削性降低。但塑性过低，刀与切屑接触长度变小，切削力与切削热集中于刀尖附近，刀具磨损加剧，可切削性也差。韧性的影响与塑性相似，并且对断屑影响大，韧性越大，断屑越困难。

4. 工件材料的导热性

材料的热导率越小，切削热越不容易传散，使切削温度增高，刀具磨损加剧，可切削性越差。

三、改善金属材料切削加工性的途径

材料的切削加工性对生产率和表面质量有很大影响，因此在满足零件使用要求前提下，应尽量选用加工性较好的材料。

材料的切削加工性还可通过一些措施予以改善。采用适当的热处理工艺来改变材料的金相组织和物理力学性能，从而改善金属材料的切削加工性是重要途径之一。例如高碳钢和工具钢经球化退火，可降低硬度；中碳钢通过退火处理后切削加工性最好；低碳钢经正火处理或冷拔加工，可降低塑性，提高硬度；马氏体不锈钢经调质处理，可降低塑性；铸铁件切削前退火，可降低表面层的硬度。

另外，选择合适的毛坯成型方式，合适的刀具材料，确定合理的刀具角度和切削用量，安排适当的加工工艺过程，也可改善材料的切削加工条件。

第五节　切削用量及切削液的选择

一、切削用量的选择

切削用量的大小对切削力、切削功率、刀具磨损、加工质量和生产效率均有显著的影响。选择切削用量时，应在保证加工质量和刀具耐用度的前提下，充分发挥机床性能和刀具切削性能，使切削效率最高，加工成本最低。

1. 切削用量的选择原则

（1）粗加工时切削用量的选择原则

优先选取尽可能大的背吃刀量，以尽量保证较高的金属切除率；其次要根据机床动力和刚性的限制条件等，选取尽可能大的进给量；最后根据刀具耐用度确定最佳的切削速度。

（2）精加工时切削用量的选择原则

精加工要保证工件的加工质量，切削用量选择时首先应根据粗加工后的余量选用较小的背吃刀量；其次根据已加工件表面粗糙度要求，选取较小的进给量，最后在保证刀具耐用度的前提下尽可能选用较高的切削速度。

2. 切削用量选择方法

（1）背吃刀量的选择

根据加工余量确定。粗加工时，一次进给应尽可能切除全部余量。在中等功率机床上，背吃刀量可达 8 ~ 10mm。半精加工时，背吃刀量取为 0.5 ~ 2mm。精加工时，背吃刀量取为 0.1 ~ 0.4mm。

在工艺系统刚性不足或毛坯余量很大，或余量不均匀时，粗加工要分几次进给，并且应当把第一、二次进给的背吃刀量尽量取得大一些，一般第一次走刀为总加工余量的 2/3 ~ 3/4。在加工铸、锻件时应尽量使背吃刀量大于硬皮层的厚度，以保护刀尖。

（2）进给量的选择

粗加工时，进给量的选择主要受切削力的限制。由于对工件表面质量没有太高的要求，这时在机床进给机构的强度和刚性及刀杆的强度和刚性等良好的情况下，根据加工材料、刀杆尺寸、工件直径及已确定的背吃刀量来选取较大的进给量。

在半精加工和精加工时，则按表面粗糙度要求，根据工件材料、刀尖圆弧半径、切削速度来选择合理的进给量。当切削速度提高，刀尖圆弧半径增大，或刀具磨有修光刃时，可以选择较大的进给量以提高生产率。

图 1-19 所示表示了具有刀尖圆角半径时，进给量和表面粗糙度之间的关系，显然，使用尖刀对保证表面粗糙度是不利的。

（3）切削速度的选择

切削速度主要根据工件的材料、刀具的材料和机床的功率来选择，常用的切削速度可

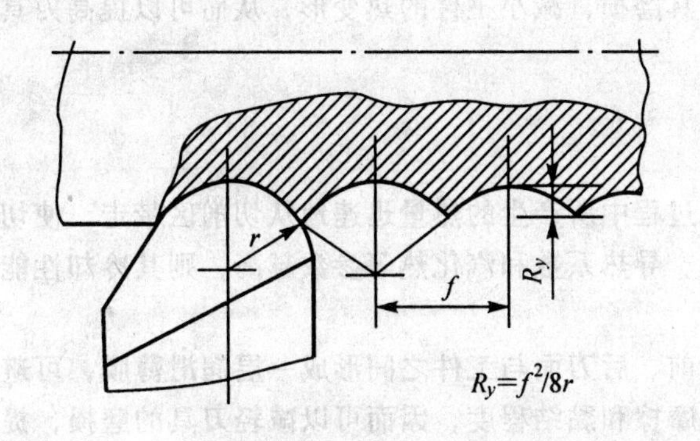

图 1-19 进给量与表面残留高度

参照表 1-5 所示。

表 1-5 常用切削速度 单位：m/min

工序 \ 工件材料 / 刀具材料		铸铁		钢及其合金		铝及其合金		铜及其合金	
		高速钢	硬质合金	高速钢	硬质合金	高速钢	硬质合金	高速钢	硬质合金
车削		—	60 ~ 100	15 ~ 25	60 ~ 110	15 ~ 200	300 ~ 450	60 ~ 100	150 ~ 200
扩	通孔	10 ~ 15	30 ~ 40	10 ~ 20	35 ~ 60	30 ~ 40	—	30 ~ 40	—
	沉孔	8 ~ 12	25 ~ 30	8 ~ 11	30 ~ 50	20 ~ 30	—	20 ~ 30	—
镗	粗镗	20 ~ 25	35 ~ 50	15 ~ 30	50 ~ 70	80 ~ 150	100 ~ 200	80 ~ 150	100 ~ 200
	精镗	30 ~ 40	60 ~ 80	40 ~ 50	90 ~ 120	150 ~ 300	200 ~ 400	150 ~ 200	200 ~ 300
铣	粗铣	10 ~ 20	40 ~ 60	15 ~ 25	50 ~ 80	150 ~ 200	350 ~ 500	100 ~ 150	300 ~ 400
	精铣	20 ~ 30	60 ~ 120	20 ~ 40	80 ~ 150	200 ~ 300	500 ~ 800	150 ~ 250	400 ~ 500
铰孔		6 ~ 10	30 ~ 50	6 ~ 20	20 ~ 50	50 ~ 75	200 ~ 250	20 ~ 50	60 ~ 100
攻螺纹		2 ~ 5	—	1 ~ 5	—	5 ~ 15	—	5 ~ 15	—
钻孔		15 ~ 25	—	10 ~ 20	—	50 ~ 70	—	20 ~ 50	—

在选择切削速度时，还应考虑以下几点：

1）应尽量避开积屑瘤产生的区域。

2）断续切削时，为减小冲击和热应力，要适当降低切削速度。

3）在易发生振动的情况下，切削速度应避开自激振动的临界速度。

4）加工大件、细长件和薄壁工件时，应选用较低的切削速度。

5）加工带外皮的工件时，应适当降低切削速度。

二、切削液及其选择

在金属切削过程中，合理选择切削液，可以改善工件与刀具间的摩擦状况，降低切削力和切削温度，减轻刀具磨损，减小工件的热变形，从而可以提高刀具耐用度，提高加工效率和加工质量。

1. 切削液的作用

(1) 冷却作用

切削液可以将切削过程中所产生的热量迅速地从切削区带走，使切削温度降低。切削液的流动性越好，比热、导热系数和汽化热等参数越高，则其冷却性能越好。

(2) 润滑作用

切削液能在刀具的前、后刀面与工件之间形成一层润滑薄膜，可避免刀具与工件或切屑间的直接接触，减轻摩擦和黏结程度，因而可以减轻刀具的磨损，提高工件表面的加工质量。其润滑性能取决于切削液的渗透能力、形成润滑膜的能力和强度。

(3) 清洗作用

切削液可以冲走切削区域和机床上的细碎切屑和脱落的磨粒，从而避免切屑黏附刀具、堵塞排屑和划伤已加工表面和导轨。这一作用对于磨削、螺纹加工和深孔加工等工序尤为重要。为此，要求切削液有良好的流动性，并且在使用时有足够大的压力和流量。

(4) 防锈作用

为了减轻和避免工件、刀具和机床受周围介质（如空气、水分等）的腐蚀，要求切削液具有一定的防锈作用。防锈作用的好坏，取决于切削液本身的性能和加入的防锈添加剂品种和比例。

2. 切削液的种类

常用的切削液分为三大类：水溶液、乳化液和切削油。

(1) 水溶液

水溶液是以水为主要成分的切削液。水的导热性能好，冷却效果好。但单纯的水容易使金属生锈，润滑性能差。因此，常在水溶液中加入一定量的添加剂，如防锈添加剂、表面活性物质和油性添加剂等，使其既具有良好的防锈性能，又具有一定的润滑性能。在配制水溶液时，要特别注意水质情况，如果是硬水，必须进行软化处理。

(2) 乳化液

乳化液是将乳化油（由矿物油和表面活性剂配成）用80% ~95%的水稀释而成，呈乳白色或半透明状的液体，它具有良好的冷却作用，但润滑、防锈性能较差。常再加入一定量的油性、极压添加剂和防锈添加剂，配制成极压乳化液或防锈乳化液。

(3) 切削油

切削油的主要成分是矿物油（如机械油、轻柴油、煤油等），少数采用动植物油或复合油。纯矿物油不能在摩擦界面形成牢固的润滑膜，润滑效果较差。实际使用中，常加入油性添加剂、极压添加剂和防锈添加剂，以提高其润滑和防锈作用。

切削油一般用于低速精加工，如精车丝杠、螺纹及齿轮加工等。

3. 切削液的选用

(1) 粗加工时切削液的选用。粗加工时，加工余量大，所选切削用量大，产生大量的切削热。采用高速钢刀具切削时，使用切削液的主要目的是降低切削温度，减少刀具磨损。硬质合金刀具耐热性好，一般不用切削液，必要时可采用低浓度乳化液或水溶液。但必须连续、充分地浇注，以免处于高温状态的硬质合金刀片产生巨大的内应力而出现裂纹。

(2) 精加工时切削液的选用。精加工时，要求表面粗糙度值较小，一般选用润滑性能较好的切削液，如高浓度的乳化液或含极压添加剂的切削油。

(3) 根据工件材料的性质选用切削液。切削塑性材料时需用切削液。切削铸铁、黄铜等脆性材料时一般不用切削液，以免崩碎切屑黏附在机床的运动部件上。

加工高强度钢、高温合金等难加工材料时，由于切削加工处于极压润滑摩擦状态，故应选用含极压添加剂的切削液。

切削有色金属和铜、铝合金时，为了得到较高的表面质量和精度，可采用10% ~ 20%的乳化液、煤油或煤油与矿物油的混合物。但不能用含硫的切削液，因硫对有色金属有腐蚀作用。

切削镁合金时不能用水溶液，以免燃烧。

思考与练习题

1. 什么是切削运动、主运动和进给运动?

2. 在实心材料上钻孔时，哪个表面是待加工表面?

3. 什么是切削要素? 切削用量常用哪些指标具体描述，它们与数控程序之间有怎样的关系?

4. 设使用ϕ12mm的硬质合金3刃立式铣刀加工模具型腔，切削速度选为250m/min，背吃刀量$\alpha_p=0.2D$，每齿进给量$f_z=0.16$mm，试求数控编程时相应的S、F指令以及分层铣削时每层大致的切削深度各为多少。

5. 外圆车刀有哪几个主要的角度? 这些角度是如何定义的? 它们的大小对切削加工有何影响?

6. 常用的刀具材料有哪些? 从提高刀具的使用效果来说，对刀具材料有哪些方面的要求?

7. 什么是积屑瘤? 它对切削加工有哪些影响? 加工中如何避免积屑瘤?

8. 由于积屑瘤在刀具的前刀面上形成后代替了刀具的切削刃对工件材料进行加工，因此积屑瘤对提高刀具的耐用度总是有利的，对吗? 试具体分析之。

9. 切削加工过程中切屑的种类有哪些? 它们分别在什么样的加工条件下出现?

10. 加工中切削热从何而来? 向何处传散? 什么是切削温度? 切削热与切削温度之间有什么关系?

11. 切削温度对切削加工一定是有害的吗? 切削用量的选择对切削温度的影响如何?

12. 加工中切削液的作用是什么? 常用切削液有哪些类型，每类的主要特点是什么，各用于何种加工场合?

13. 什么是刀具的磨钝标准? 与哪些因素有关?

14. 什么叫刀具的耐用度? 它与刀具的磨钝标准有何联系?

15. 哪些因素影响刀具的耐用度? 如何延长刀具的使用寿命?

16. 材料的切削加工性能如何评定? 如何改善材料的切削加工性能?

17. 选择切削用量的顺序如何? 为什么?

18. 对粗加工和精加工选择切削用量时应分别采用什么样的原则？

19. 金刚石由于具有极高的硬度，故金刚石刀具非常适合于加工铁质合金材料的工件，此说法对吗，为什么？

20. 硬质合金刀具和高速钢刀具在前角的选择上有何不同，为什么会有此不同？

第二章　机械加工生产过程及加工质量

第一节　生产过程及工艺过程

一、生产过程及工艺过程

生产过程是指将原材料转变为成品的全部过程。对机械制造行业来说一般包括：毛坯制造、机械加工与热处理、装配、产品包装、运输等过程。

生产过程中，改变生产对象的形状、尺寸、相对位置和性质，使其成为成品或半成品的过程，均称为工艺过程。工艺过程是生产过程中的主要部分，生产过程中除工艺过程外，其余的劳动过程则称为生产辅助过程。

二、工艺过程及其组成

机械加工工艺过程往往是比较复杂的。根据零件的结构特点、技术要求的不同，一般均需要采用不同的加工方法及加工设备，通过一系列加工步骤，才能使毛坯变成成品零件。同一零件在不同的生产条件下，可能有不同的工艺过程。

机械加工工艺过程是由一个或若干个顺序排列的工序组成的，而工序又可分为安装、工位、工步和走刀。

1. 工序

一个或一组工人，在一个工作地点，对一个或同时对几个工件加工所连续完成的那一部分工艺过程称为一道工序。划分工序的主要依据是工作地点是否变动和工作是否连续。例如图 2-1 所示的阶梯轴，当加工的零件件数较少时，其机械加工的工序组成可如表 2-1 所示；当加工的零件件数较多时，其机械加工的工序组成可如表 2-2 所示。

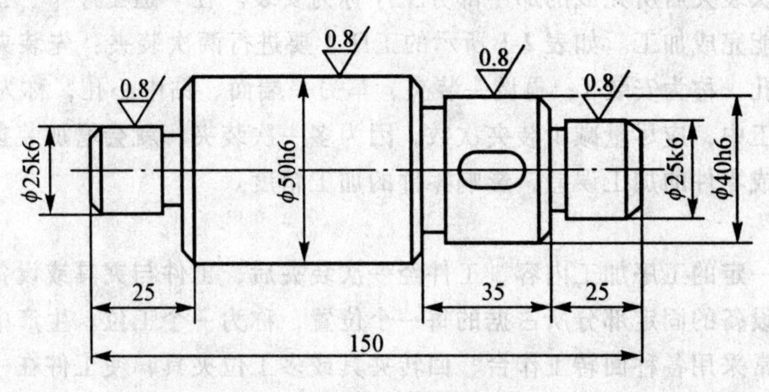

图 2-1　阶梯轴零件简图

表 2-1 的工序 1 中，粗车与精车连续完成，为一道工序；表 2-2 中外圆表面的粗车与精车分开，即先完成这批工件的粗车，然后再对这批工件进行精车，这时对每个工件来说，加工已不连续，虽然其他条件未变，但已成为两道工序。

工序是工艺过程的基本单元，也是制订劳动定额、配备设备、安排工人、制订生产计划和进行成本核算的基本单元。

表 2-1　　单件小批生产的工序组成

工　序　号	工　序　内　容	设　　备
1	平两端面至总长，两端钻中心孔，车各部，除 Ra0.8 处留磨量外，其余车至尺寸	普通车床
2	划键槽线	钳工
3	铣键槽	铣床
4	去毛刺	钳工
5	磨 Ra0.8 的外圆至尺寸	外圆磨床

表 2-2　　大批量生产的工序组成

工　序　号	工　序　内　容	设　　备
1	铣两端面、钻两端中心孔	专用机床
2	粗车外圆	车床
3	精车外圆、槽和倒角	车床
4	铣键槽	铣床
5	去毛刺	毛刺去除机
6	磨 Ra0.8 的外圆至尺寸	外圆磨床
7	检验	

2. 安装

工件经一次装夹后所完成的那一部分工序称为安装。在一道工序中，工件可能被装夹一次或多次才能完成加工。如表 2-1 所示的工序 1 要进行两次装夹：先装夹工件一端，车端面、钻中心孔，称为安装 1；再调头装夹，车另一端面、钻中心孔，称为安装 2。

工件在加工中，应尽量减少装夹次数，因为多一次装夹，就会增加装夹时间，还会因装夹误差而造成零件的加工误差，影响零件的加工精度。

3. 工位

为了完成一定的工序加工内容，工件经一次装夹后，工件与夹具或设备的可动部分一起相对刀具或设备的固定部分所占据的每一个位置，称为一个工位。生产中为了减少工件装夹的次数，常采用各种回转工作台、回转夹具或多工位夹具，使工件在一次装夹后，先后处于几个不同的位置以进行不同的加工。如图 2-2 所示，在普通立式钻床上钻法兰盘的四个等分轴向孔，当钻完一孔后，工件1连同夹具的回转部分2一起分度转过90°，然后钻另一孔。此钻孔工序包括一次安装，4个工位。

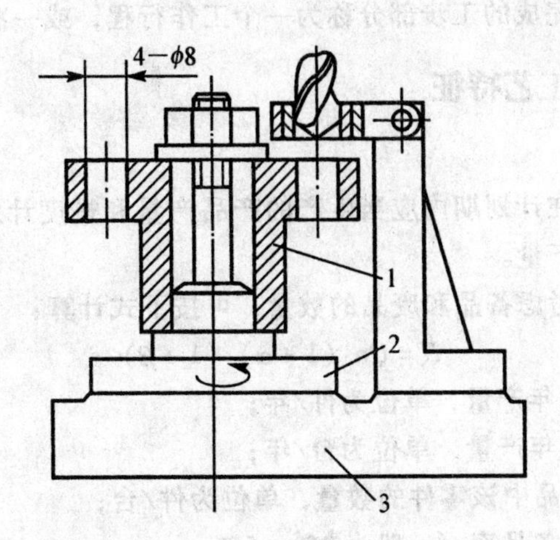

1—工件　2—夹具回转部分　3—夹具固定部分

图2-2　钻孔时的4个工位

4. 工步

在加工表面和加工刀具都不变的情况下，所连续完成的那一部分工序内容称为一个工步，一道工序中可能有一个工步，也可能有多个工步。划分工步的依据是加工表面和加工刀具是否变化。如表2-1的工序1中，就有车左端面、钻左端中心孔、车右端面、钻右端中心孔等多个工步。

实际生产中，为了简化工艺文件，习惯上将在一次安装中连续进行的若干个相同的工步，写为一个工步。例如，连续钻如图2-3所示零件上六个圆周上的φ20mm的孔，在工艺文件中就写为一个工步：钻6—φ20mm孔。

有时为了提高生产率，用几把刀具同时加工几个表面，这种情况也可看做一个工步，称为复合工步，如图2-4所示就是一个复合工步。复合工步在工艺文件中写为一个工步。

在仿形加工和数控加工中，将使用一把刀具连续切削零件的多个表面（例如阶梯轴零件的多个外圆和台阶）也看做一个工步。

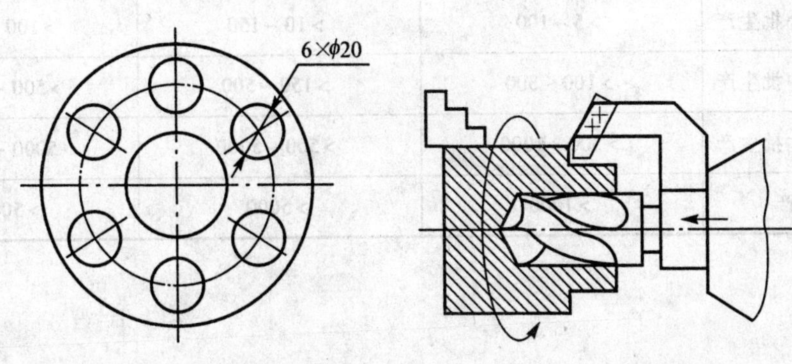

图2-3　加工六个相同表面的工步　　　　图2-4　复合工步

5. 走刀

在一个工步内，若被加工表面需切去的金属层很厚，可以作几次工作进给，分几次切削，每一次工作进给所完成的工步部分称为一个工作行程，或一次走刀。

三、生产类型及工艺特征

1. 生产纲领

生产纲领是指企业在计划期内应当生产的产品产量和进度计划。计划期常定为 1 年，因此生产纲领常称为年产量。

零件的生产纲领要考虑备品和废品的数量，可按下式计算：

$$N = Qn\ (1+\alpha)\ (1+\beta)$$

式中：N——零件的年产量，单位为件/年；

Q——产品的年产量，单位为台/年；

n——每台产品中该零件的数量，单位为件/台；

α——零件的备品率，一般为 3% ~5%；

β——零件的废品率，一般为 1% ~5%。

2. 生产类型

生产类型是指企业（或车间、工段、班组、工作地）生产专业化程度的分类，按照产品的数量一般分为大量生产、成批生产、单件生产三种类型。

生产类型的划分主要根据生产纲领确定，同时还与产品的大小和结构复杂程度有关。产品的生产类型和生产纲领的关系见表 2-3。

生产类型不同，产品和零件的制造工艺、所用设备及工艺装备、采取的技术措施、达到的技术经济效果等也不同。表 2-4 是各种生产类型的工艺特征。

表 2-3 生产类型和生产纲领的关系

生产类型		生产纲领（台/年或件/年）		
		重型零件（30kg 以上）	中型零件（4 ~ 30kg）	轻型零件（4kg 以下）
单件生产		≤5	≤10	≤100
成批生产	小批生产	>5 ~ 100	>10 ~ 150	>100 ~ 500
	中批生产	>100 ~ 300	>150 ~ 500	>500 ~ 5000
	大批生产	>300 ~ 1000	>500 ~ 5000	>5000 ~ 50000
大量生产		>1000	>5000	>50000

表 2-4　各种生产类型的工艺特征

工艺特征 \ 生产类型	单件小批生产	中批生产	大批量生产
加工对象	经常变换	周期性变换	固定不变
零件装配互换性	无互换性	普遍采用互换或选配	完全互换或分组互换
毛坯	木模手工造型或自由锻，毛坯精度低，加工余量大	金属模造型或模锻毛坯，毛坯精度中等，加工余量中等	金属模机器造型，模锻或其他高生产率毛坯制造方法，毛坯制造精度高，加工余量小
机床及其布局	普遍采用通用机床，按“机群式”布置设备	采用通用机床和少量专用机床，按工件类别分工段排列	广泛采用专用机床和自动机床，设备按流水线方式排列
工件的安装方法	划线或直接找正	广泛采用夹具，部分划线找正	夹具
获得尺寸方法	试切法	调整法	调整法或自动化加工
刀具和量具	通用刀具和量具	通用和专用刀具、量具	高效专用刀具、量具
夹具	极少采用专用夹具	广泛使用专用夹具	广泛使用高效专用夹具
工艺规程	机械加工工艺过程卡	详细的工艺规程，对重要零件有详细的工序卡片	详细的工艺规程和各种工艺文件
工人技术要求	高	中	低
生产率	低	中	高
成本	高	中	低

四、数控加工工艺的基本特点

数控加工工艺过程是利用刀具在数控机床上直接改变加工对象的形状、尺寸、表面位置等，使其成为成品和半成品的过程。需要说明的是，数控加工工艺过程往往不是从毛坯到成品的整个工艺过程，而是仅由几道数控加工工序组成。

数控加工工艺是采用数控机床加工零件时所运用的各种方法和技术手段的总和，应用于整个数控加工工艺过程。数控加工工艺是伴随着数控机床的产生、发展而逐步完善起来的一种应用技术，它是人们大量数控加工实践的总结。

数控加工工艺是数控编程的前提和依据，没有符合实际的、科学合理的数控加工工艺，就不可能有真正切实可行的数控加工程序。而数控编程就是将所制定的数控加工工艺内容格式化、符号化、数字化，以使数控机床能够正常地识别和执行。

零件的数控加工工艺与普通设备加工工艺相比，具有如下一些特点：

1. 工序高度集中，工序数量少，工艺路线短，工艺文件简单，生产的组织和管理比较容易。

2. 使用专用夹具、专用刀具和专用量具的情况大为减少。

3. 可选择配置数控机床刀具，实现大切削量强力切削，走刀次数减少，生产率高。

4. 可实现粗、精加工一次装夹完成。由于数控机床的高精度、高刚性、高重复定位精度和高的机床精度保持性，可将粗、精加工安排在一次装夹中完成，以减少装夹次数和提高加工精度。

第二节　机械加工精度

一、加工精度的概念

所谓加工精度，是指零件加工后的几何参数（尺寸、几何形状和相互位置）的实际值与理想值之间的符合程度，而它们之间的偏离程度（即差异）则为加工误差。加工误差的大小反映了加工精度的高低。加工精度包括如下三个方面。

（1）尺寸精度：限制加工表面与其基准间的尺寸误差不超过一定的范围。

（2）几何形状精度：限制加工表面的宏观几何形状误差，如圆度、圆柱度、平面度、直线度等。

（3）相互位置精度：限制加工表面与其基准间的相互位置误差，如平行度、垂直度、同轴度、位置度等。

二、获得加工精度的方法

机械加工是为了使工件获得一定的尺寸精度、形状精度、位置精度及表面质量要求。零件被加工表面的几何形状和尺寸是由各种加工方法来保证的。几何形状的尺寸精度和相互位置精度则是根据具体情况的不同，采用不同的加工方法获得。

1. 获得尺寸精度的方法

（1）试切法

试切法是通过试切——测量——调整——再试切，反复进行，直到达到要求的尺寸精度。如图2-5（a）所示，通过反复试车和测量来保证长度尺寸 l。试切法的生产率低、加工精度取决于工人的技术水平，不需要复杂的装置。主要适用于单件、小批量生产。

（2）定行程法（调整法）

采用行程控制装置调整控制刀具相对于工件的位置，并在一批零件的加工过程中始终保持这一位置不变，以获得规定的加工尺寸精度。如图2-5（b）中所示的挡铁1。这种方法比试切法加工精度的保持性好，且具有较高的生产率，对操作工人要求不高，但对调整工的要求较高，在使用普通机床大批量生产中广泛使用，数控机床由于采用坐标来控制刀具的位置，且可通过机床坐标系来记忆，加工中并不需要设置挡铁。

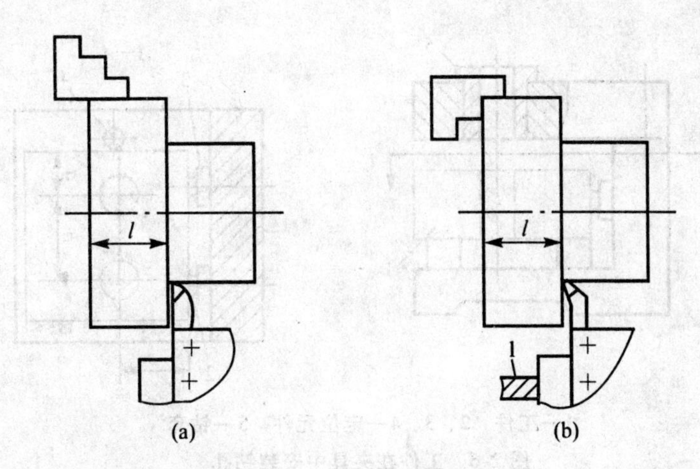

图 2-5　试切法与调整法

（3）定尺寸刀具法

直接采用具有一定尺寸精度的刀具来保证工件的加工尺寸精度。如采用钻头、扩孔钻、铰刀、拉刀、槽铣刀等，这种方法的生产率较高，加工精度由刀具来保证。

（4）自动控制法

这种方法是将测量装置、进给装置和控制系统组成一个加工系统。加工过程中自动测量装置在线测量工件的加工尺寸，并与要求的尺寸对比后发出信号，信号通过转换、放大后控制机床或刀具作相应调整，直到达到规定的加工尺寸要求后自动停止。这种方法的生产率高、加工尺寸的稳定性好，但对自动加工系统的要求较高，适用于大批量生产。

2. 获得形状精度的方法

（1）轨迹法

利用刀尖运动的轨迹来形成被加工表面的形状。普通的、仿行的或数控的车削、铣削、刨削和磨削均属于轨迹法，只是实现轨迹运动的控制方式有所不同而已。它的形状精度取决于成形运动的精度。

（2）成形刀具法

利用刀具的几何形状来代替机床的某些成形运动而获得的工件的表面形状。如成形车削、铣削、磨削等。形状精度取决于刀刃的形状精度。

（3）展成法

利用刀具和工件的展成运动所形成的包络面来得到工件的表面形状。如滚齿、插齿、磨齿等。形状精度取决于刀刃的形状精度和展成运动的精度。

3. 获得位置精度的方法

机械加工中，被加工表面对其他表面的位置精度的获得，主要取决于工件的装夹。即直接找正装夹法、划线找正装夹法和夹具装夹法三种，详细见第三章的相关叙述。如图 2-6 表示了工件在夹具中装夹钻 2 孔（夹紧装置未示出），保证孔的位置精度的原理。

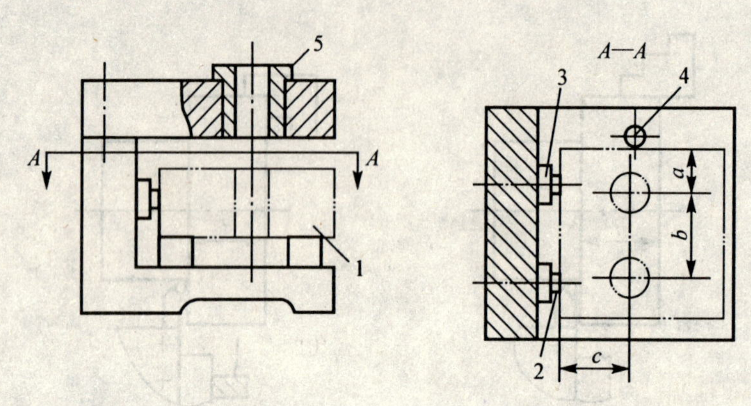

1—工件　2、3、4—定位元件　5—钻套

图 2-6　工件在夹具中安装钻孔

三、影响加工精度的主要因素

1. 工艺系统的原始误差

(1) 加工原理误差

加工原理误差是指采用了近似的成型运动或近似形状的刀具进行加工而产生的误差。

比如数控机床一般只具有直线和圆弧插补功能，因而即便是加工一条平面曲线，也必须用许多很短的折线段或圆弧去逼近它。刀具连续地将这些小线段加工出来，也就得到了所需的曲线形状。逼近的精度可由每根线段的长度来控制。因此，在曲线或曲面的数控加工中，刀具相对于工件的成型运动是近似的。进一步地说，数控机床在做直线或圆弧插补时，是利用平行坐标轴的小直线段来逼近理想直线或圆弧的，存在加工原理误差，但由于数控机床的脉冲当量可以使这些小直线段很短，逼近的精度很高，事实上数控加工可以达到很高的加工精度。

又如，在铣床上用模数铣刀加工渐开线齿轮时，理论上要求刀具轮廓与齿轮槽形完全一致。而齿轮渐开线的形成，是由基圆展开，当齿数、模数不同时，其基圆大小也不同，即齿形也不同，所以每一种模数、每一种齿数的齿轮都需要有相应的模数铣刀，这样就势必要装备大量的不同规格的铣刀，这是非常不经济的，也是不可能的。实际生产中是对每种模数的齿轮，按齿数分组，在一定的齿数范围内，使用同一把铣刀。例如，齿数 17 ~ 20 的，都使用组内按最小齿数 17 的齿轮齿形设计制造的铣刀。这样，对于组内其他齿数的齿轮来说，便会出现齿形误差。

采用近似的成型运动或近似形状的刀具，虽然会带来加工原理误差，但往往可以简化机床结构或刀具形状，减少刀具数量，提高生产效率，因此，只要这种方法产生的误差不超过允许的范围，往往比准确的加工方法能获得更好的经济效益，在生产中仍然得到广泛的应用。

(2) 机床误差

机床误差是机床的制造、安装误差和使用中的磨损形成的。在机床的各类误差中，对工件加工精度影响较大的主要是主轴回转误差和导轨误差。

主轴回转误差：机床主轴是带动工件或刀具回转以产生主切削运动的重要零件。其回转运动精度是机床主要精度指标之一，主要影响零件加工表面的几何形状精度、位置精度和表面粗糙度。主轴回转误差主要包括其径向圆跳动、轴向窜动和摆动。

造成主轴径向圆跳动的主要原因是轴径与轴承孔圆度误差、轴承滚道的形状误差、轴与孔安装后不同轴以及滚动体误差等。主轴径向圆跳动将造成工件的形状误差。

造成主轴轴向窜动的主要原因有推力轴承端面滚道的跳动、轴承间隙等。以车床为例，主轴轴向窜动将造成车削端面与轴心线的垂直度误差。

主轴前后轴颈的不同轴以及前后轴承、轴承孔的不同轴会造成主轴出现摆动现象。摆动不仅会造成工件尺寸误差，而且还会造成工件的形状误差。

导轨误差：导轨是确定机床主要部件相对位置的基准件，也是运动的基准，它的各项误差直接影响着工件的精度。以数控车床为例，当床身导轨在水平面内出现弯曲（前凸）时，工件上产生腰鼓形误差，如图 2-7（a）所示；当床身导轨与主轴轴心线在垂直面内不平行时，工件上会产生鞍形误差，如图 2-7（b）所示；而当床身导轨与主轴轴心线在水平面内不平行时，工件上会产生锥形误差，如图 2-7（c）所示。

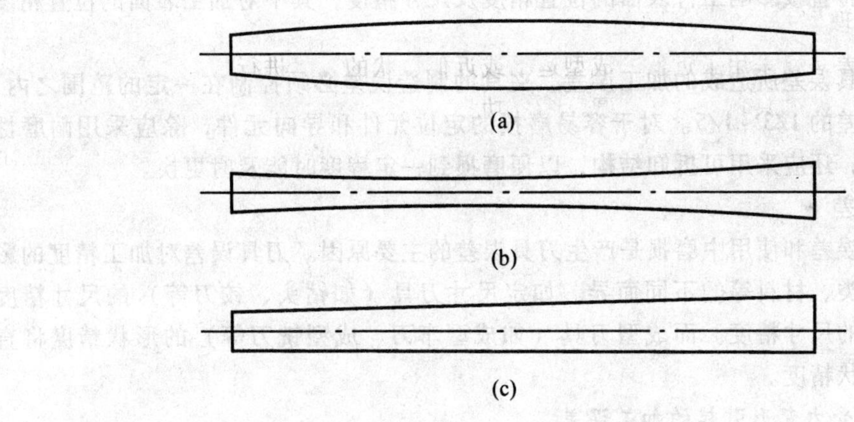

（a）腰鼓形　（b）鞍形　（c）锥形

图 2-7　机床导轨误差对工件精度的影响

事实上，数控车床导轨在水平面和垂直面内的几何误差对加工精度的影响程度是不一样的。影响最大的是导轨在水平面内的弯曲或与主轴轴心线的平行度，而导轨在垂直面内的弯曲或与主轴轴心线的平行度对加工精度的影响则很小，甚至可以忽略。如图 2-8 所示，当导轨在水平面和垂直面内都有一个误差 Δ 时，前者造成的半径方向的加工误差 $\Delta R=\Delta$，而后者 $\Delta R \approx \Delta^2/d$，完全可以忽略不计。因此，对于几何误差所引起的刀具与工件间的相对位移，如果该误差产生在加工表面的法线方向，则对加工精度构成直接影响，即为误差敏感方向；若位移产生在加工表面的切线方向，则不会对加工精度构成直接影响，即为误差非敏感方向。减小导轨误差对加工精度的影响可以通过提高导轨的制造、安装和调整精度来实现。

（3）夹具误差

产生夹具误差的主要原因是各夹具元件的制造、装配及夹具在使用过程中工作表面的

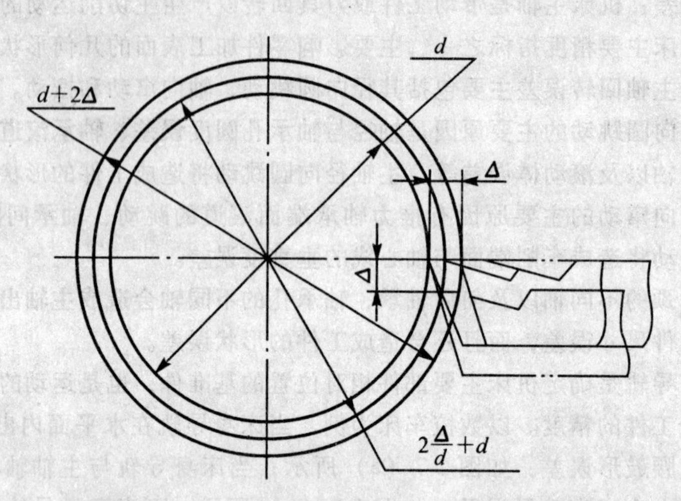

图 2-8 车床导轨的几何误差对加工精度的影响

磨损。夹具误差将直接影响工件表面的位置精度及尺寸精度，其中对加工表面的位置精度影响最大。

为了减少夹具误差所造成的加工误差，夹具的制造误差必须控制在一定的范围之内，一般常取工件公差的1/3～1/5。对于容易磨损的定位元件和导向元件，除应采用耐磨性好的材料制造外，还应采用可拆卸结构，以便磨损到一定程度时能及时更换。

(4) 刀具误差

刀具的制造误差和使用中磨损是产生刀具误差的主要原因。刀具误差对加工精度的影响，因刀具的种类、材料等的不同而异。如定尺寸刀具（如钻头、铰刀等）的尺寸精度将直接影响工件的尺寸精度。而成型刀具（如成型车刀、成型铣刀等）的形状精度将直接影响工件的形状精度。

2. 工艺系统受力变形引起的加工误差

工艺系统在切削力、传动力、惯性力、夹紧力以及重力等的作用下，会产生相应的变形，从而破坏已调好的刀具与工件之间的正确位置，使工件产生几何形状误差和尺寸误差。

例如车削细长轴时，因工件的刚度不足，在切削力的作用下，工件因弹性变形而出现"让刀"现象，使工件产生腰鼓形的圆柱度误差，如图2-9（a）所示。又如，在内圆磨床上用横向切入法磨孔时，由于内圆磨头主轴的弯曲变形，磨出的孔会出现带有锥度的圆柱度误差，如图2-9（b）所示。

工艺系统受力变形通常与其刚度有关，工艺系统的刚度越好，其抵抗变形的能力越强，加工误差就越小。工艺系统的刚度取决于机床、刀具、夹具及工件的刚度。因此，提高工艺系统各组成部分的刚度可以提高工艺系统的整体刚度，生产实际中常采取的有效措施有：减小接触面间的粗糙度；增大接触面积；适当预紧；减小接触变形，提高接触刚度；合理地布置肋板，提高局部刚度；增设辅助支承，提高工件刚度。如车削细长轴时利用中心架或跟刀架提高工件刚度；合理装夹工件，减少夹紧变形，如加工薄壁套时采用开口过渡环或专用卡爪夹紧，如图2-10（d）、（e）所示。

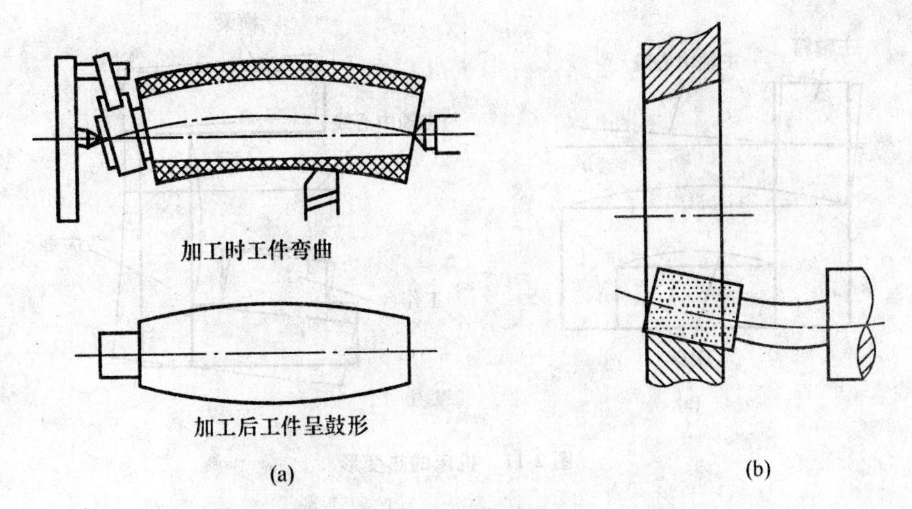

（a）腰鼓形圆柱度误差　（b）带有锥度的圆柱度误差

图 2-9　工艺系统受力变形引起的加工误差

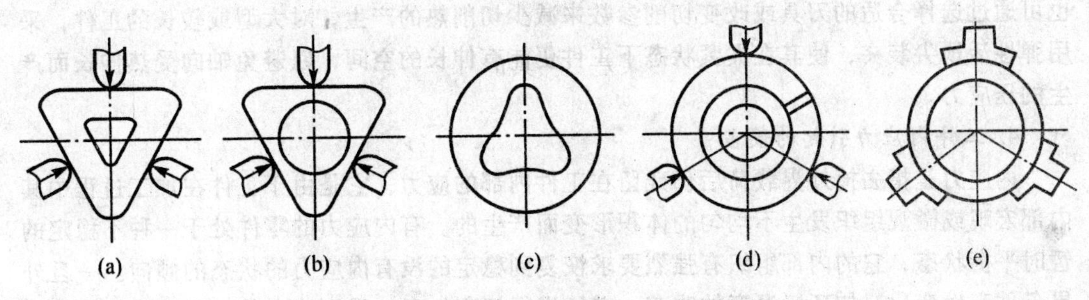

图 2-10　工件的夹紧变形误差及改善措施

3. 工艺系统热变形产生的误差

切削加工时，工艺系统由于受到切削热、机床传动系统的摩擦热及外界辐射热等因素的影响，常发生复杂的热变形，导致工件与刀刃之间已调整好的相对位置发生变化，从而产生加工误差。

（1）机床的热变形

引起机床热变形的因素主要有电动机、电器和机械动力源的能量损耗转化发出的热；传动部件、运动部件在运动过程中发生的摩擦热；切屑或切削液落在机床上所传递的切削热；还有外界的辐射热等。这些热将或多或少地使机床床身、工作台和主轴等部件发生变形，改变加工中刀具和工件的正确位置，形成加工误差，如图 2-11 所示。

为了减小机床热变形对加工精度的影响。通常在机床设计上从结构和润滑等方面对轴承、摩擦片及各传动副采取措施，减少发热。凡是可能从主机分离出去的热源，如电动机、变速箱、液压装置和油箱等均置于床身外部，以减少对主机的影响。在工艺措施方面，加工前让机床空运转一段时间，使其达到或接近热平衡时再调整机床加工零件，或将精密机床安装在恒温室中使用。

（2）工件的热变形

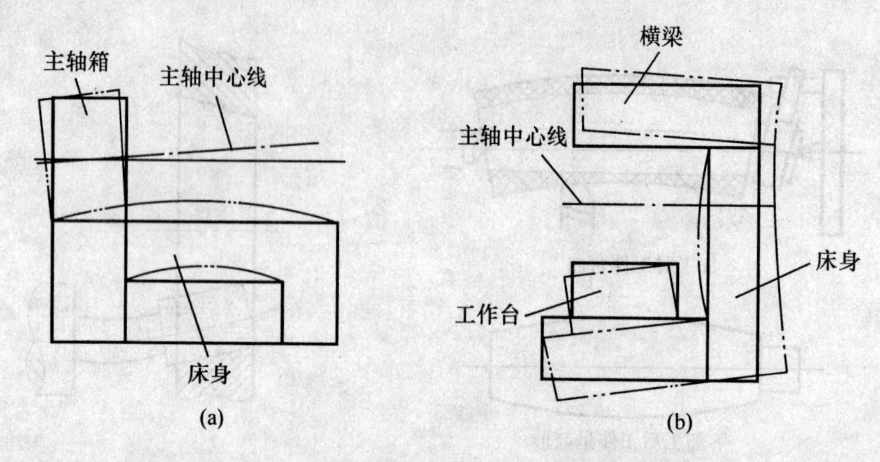

图 2-11 机床的热变形

产生工件热变形的原因主要是切削热的作用，工件因受热膨胀而影响其尺寸精度和形状精度。为了减小工件热变形对加工精度的影响，常常采用切削液冷却以带走大量热量；也可通过选择合适的刀具或改变切削参数来减少切削热的产生，对大型或较长的工件，采用弹性活顶尖装夹，使其在夹紧状态下工件仍能有伸长的空间，以避免轴向受热伸长而产生的压应力。

4. 工件内应力引起的误差

内应力是指去掉外界载荷后仍残留在工件内部的应力，它是由于工件在加工过程中其内部宏观或微观组织发生不均匀的体积形变而产生的。有内应力的零件处于一种不稳定的暂时平衡状态，它的内部组织有强烈要求恢复到稳定的没有内应力的状态的倾向。一旦外界条件产生变化，如环境温度的改变、继续进行切削加工、受到撞击等，内应力的暂时平衡就会被打破而进行重新分布，零件将产生相应的变形，从而破坏原有的精度。

为减小或消除内应力对零件加工精度的影响，在零件的结构设计中，应尽量简化结构，尽可能做到壁厚均匀，以减少在铸、锻毛坯制造中产生的内应力；在毛坯制造之后或粗加工后、精加工前，安排时效处理以消除内应力；切削加工时，将粗、精加工分开进行，使粗加工后有一定的时间间隔让内应力重新分布，以减少其对精加工质量的影响。

四、提高工件加工精度的途径

生产实际中有许多减小误差的方法和措施，从消除或减小误差的技术上看，可将这些措施分成两大类。

1. 误差预防技术

误差预防技术是指采取相应措施来减少或消除误差。亦即减少误差源或改变误差源与加工误差之间的数量转换关系。

例如，在车床上加工细长轴时，因工件刚性差，容易产生弯曲变形而造成几何形状误差。为减少或消除误差，可采用如下一些措施：

（1）采用跟刀架，消除径向力的影响。

（2）采用反向走刀，使轴向力的压缩作用变为拉伸作用，同时采用弹性活顶尖，消除可能的压弯变形。

2. 误差补偿技术

误差补偿技术是指在现有条件下，通过分析、测量，并以这些误差为依据，人为地在工艺系统中引入一个附加的误差，使之与工艺系统原有的误差相抵消，以减小或消除零件的加工误差。

例如数控机床采用的滚珠丝杠，为了消除热伸长的影响，在精磨时有意将丝杠的螺距加工得小一些，装配时预加载荷拉伸，使螺距拉大到标准螺距，产生的拉应力用来吸收丝杠发热引起的热应力。

另外也有采用预先测量或在线测量的方法，通过误差补偿控制器，进行误差补偿值的计算，将数控机床的力变形和热变形误差进行补偿处理，来控制数控机床的加工运动，以减小或消除误差源对零件加工精度的影响。

第三节 机械加工的表面质量

一、表面质量的概念

机械加工的表面质量是指零件经加工后的表面层状态，包括如下两方面的内容。

1. 表面层的几何形状偏差

(1) 表面粗糙度 指零件表面的微观几何形状误差。

(2) 表面波纹度 指零件表面周期性的几何形状误差。

2. 表面层的物理、力学性能

(1) 加工硬化 表面层因加工中塑性变形而引起的表面层硬度提高的现象。

(2) 残余应力 表面层因机械加工产生强烈的塑性变形和金相组织的可能变化而产生的内应力。按应力性质分为拉应力和压应力。

(3) 表面层金相组织变化 表面层因切削加工时切削热而引起的金相组织的变化。

二、表面质量对零件使用性能的影响

1. 对零件耐磨性的影响

零件的耐磨性不仅和材料及热处理有关，而且还与零件接触表面的粗糙度有关。当两个零件相互接触时，实质上只是两个零件接触表面上的一些凸峰相互接触，因此，实际接触面积比视在接触面积要小得多，从而使单位面积上的压力很大。当其超过材料的屈服极限时，就会使凸峰部分产生塑性变形甚至被折断或因接触面的滑移而迅速磨损。以后随着接触面积的增大，单位面积上的压力减小，磨损减慢。零件表面粗糙度越大，磨损越快，但这不等于说零件表面粗糙度越小越好。如果零件表面的粗糙度小于合理值，则由于摩擦面之间润滑油被挤出而形成干摩擦，反而使磨损加快。实验表明，最佳表面粗糙度 Ra 值大致为 0.3 ~ 1.2μm。另外，零件表面有冷作硬化层或经淬硬，也可提高零件的耐磨性。

2. 对零件疲劳强度的影响

零件表面层的残余应力性质对疲劳强度的影响很大。当残余应力为拉应力时，在拉应力作用下，会使表面的裂纹扩大，而降低零件的疲劳强度，减少了产品的使用寿命。相

反，残余压应力可以延缓疲劳裂纹的扩展，从而提高零件的疲劳强度。

加工硬化对零件的疲劳强度影响也很大。表面层的加工硬化可以在零件的表面形成一个冷硬层，因而能阻碍表面层疲劳裂纹的出现，提高零件的疲劳强度。但若零件表面层的冷硬程度与硬化深度过大，反而易产生裂纹甚至剥落，故零件的冷硬程度与硬化深度应控制在一定范围之内。

3. 对零件配合性质的影响

在间隙配合中，如果配合表面粗糙，磨损后会使配合间隙增大，改变了原配合性质。在过盈配合中，如果配合表面粗糙，则装配后表面的凸峰将被挤平，而使有效过盈量减小，降低了配合的可靠性。所以，对有配合要求的表面，应标注有对应的表面粗糙度要求。

三、影响表面质量的因素

1. 影响表面粗糙度的工艺因素及改善措施

零件在切削加工过程中，出于刀具几何形状和切削运动引起的残留面积，黏结在刀具刃口上的积屑瘤划出的沟纹，工件与刀具之间的振动引起的振动波纹以及刀具后刀面磨损造成的挤压与摩擦痕迹等原因，使零件表面上形成了粗糙度。影响表面粗糙度的工艺因素主要有工件材料、切削用量、刀具几何参数及切削液等。

1）工件材料

一般韧性较大的塑性材料，加工后表面粗糙度较大，而韧性较小的塑性材料加工后易得到较小的表面粗糙度。对于同种材料，其晶粒组织越大，加工表面粗糙度越大。因此，为了减小加工表面粗糙度，常在切削加工前对材料进行调质或正火处理，以获得均匀细密的晶粒组织和提高材料的硬度。

2）切削用量

加工时，进给量越大，残留面积高度越高，零件表面越粗糙。因此，减小进给量可有效地减小表面粗糙度。

切削速度对表面粗糙度的影响也很大。在中速切削塑性材料时，由于容易产生积屑瘤，且塑性变形较大，因此加工后零件表面粗糙度较大。通常采用低速或高速切削塑性材料，可有效地避免积屑瘤的产生，这对减小表面粗糙度有积极作用。

3）刀具几何参数

主偏角、副偏角以及刀尖圆弧半径对零件表面粗糙度有直接影响。在进给量一定的情况下，减小主偏角和副偏角，或增大刀尖圆弧半径，可减小表面粗糙度。另外，适当增大前角和后角，减小切削变形和与前后刀面间的摩擦，抑制积屑瘤的产生，也可减小表面粗糙度。

4）切削液

切削液的冷却和润滑作用能减小切削过程中的界面摩擦，降低切削区温度，使切削层金属表面的塑性变形程度下降，抑制积屑瘤的产生，因此可大大减小表面粗糙度。

2. 影响加工硬化的因素

1）刀具的几何参数

刀具的前角越大，切削层金属的塑性变形越小，故硬化层深度就越小。切削刃钝圆半径越大，已加工表面在形成过程中受挤压的程度越大，加工硬化也越大；随着刀具后刀面磨损量的增加，后刀面与已加工表面的摩擦随之增大，从而使加工硬化层深度亦增大。

2）工件材料

工件材料的塑性越大，强化指数越大，熔点越高，则硬化越严重。对于碳素结构钢，含碳量越少，则塑性越大，硬化越严重；有色金属由于熔点较低，加工硬化比钢小得多。

3）切削用量和切削液

加工硬化先是随着切削速度的增加而减小，到较高的切削速度后，又随着切削速度的增加而增加。增加进给量，将使切削力及塑性变形区范围增大，硬化程度随之增加，而切削深度改变时，对硬化层深度的影响则不显著；采用有效的冷却润滑液，也可以使加工硬化层深度减小。

3. 影响残余应力的因素

切削过程中，刀刃前方的工件材料受到前刀面的挤压，使即将成为已加工表面层的金属沿切削方向产生压缩塑性变形，该压缩塑性变形由于受到里层未变形金属的牵制，故形成残余拉应力。另外，刀具的后刀面与已加工表面产生很大的挤压与摩擦，使表层金属产生拉伸塑性变形，刀具离开后，在里层金属的作用下，表层金属产生残余压应力。

影响残余应力的因素较为复杂，凡能减小塑性变形和降低切削温度的因素都能使已加工表面的残余应力减小。

1）刀具几何参数

当前角由正值逐渐变为负值时，表层的残余拉应力逐渐减小，但残余应力层的深度增加，在一定的切削用量下，采用绝对值较大的负前角，可使已加工表面层得到残余压应力；刀具后刀面的磨损量增加时，已加工表面的残余拉应力及残余应力层深度都将随之增加。

2）工件材料

塑性较大的材料，切削加工后，通常产生残余拉应力，而且塑性越大，残余拉应力越大，切削灰铸铁等脆性材料时，加工表面层将产生残余压应力。

3）切削用量

已加工表面上的残余拉应力随切削速度的提高而增大，但残余应力层的深度减少；切削速度增加时，切削温度随之增加，当切削温度超过金属的相变温度时，情况就有所不同，此时残余应力的大小及分布性质，取决于表层金相组织的变化；进给量增加时，工件已加工表面上的残余拉应力及残余应力层深度都将随之增加；加工退火钢时，切削深度对残余应力的影响不太显著，而加工淬火后回火的45钢时，随着切削深度的增加，表面的残余应力将随之略有减小。

思考与练习题

1. 什么叫生产过程和工艺过程？
2. 什么叫一道工序？划分工序的主要依据是什么？如何划分工序？试举例说明。
3. 什么叫生产纲领？生产单位的生产类型有哪些？了解各种生产类型的工艺特征。
4. 什么叫工位？在哪些加工情况下会出现多个工位？

5. 什么是加工误差？它与加工精度、工序的公差有何区别和联系？

6. 加工中保证零件加工精度的工艺方法有哪些？

7. 什么是原始误差？它包括哪些内容？它与加工误差有何关系？

8. 什么叫加工原理误差？存在加工原理误差的加工方法是一种不太完善的加工方法，对吗？试举例说明之。

9. 什么是主轴回转误差？它可分解成哪几种基本形式？其产生原因是什么？对加工误差有何影响？

10. 何为误差敏感方向？卧式车床与平面磨床的误差敏感方向有何不同？

11. 举例说明机床传动链的误差对哪些加工的加工精度影响大？对哪些加工的加工精度影响小或无影响？

12. 在车床上加工一批光轴的外圆，加工后经测量发现整批工件有下列几何形状误差，试分析说明产生图 2-12 中（a）、（b）、（c）、（d）形状误差的各种因素？

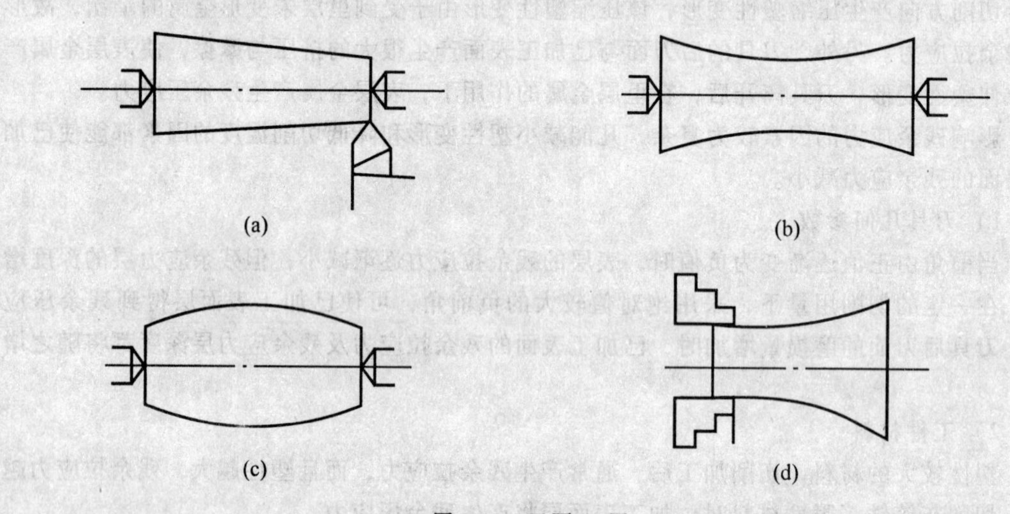

图 2-12　习题 12 图

13. 车削加工时，工件的热变形对加工精度有何影响？如何减小热变形的影响？

14. 机械加工的表面质量包括哪些主要内容？为什么机械零件的表面质量与加工精度具有同等重要的意义？

15. 加工中影响零件表面质量的工艺因素有哪些？

第三章 机械加工工艺设计基础

第一节 机械加工工艺规程

一、工艺规程的作用

将比较合理的工艺过程确定下来，写成工艺文件，作为组织生产和进行技术准备的依据，这种规定产品或零部件制造工艺过程和操作方法等的工艺文件，称为工艺规程。

1. 机械加工工艺规程的作用

机械加工工艺规程是零件生产中关键性的指导文件，它主要有以下几个方面的作用。

(1) 是指导生产的主要技术文件

生产工人必须严格按工艺规程进行生产，检验人员必须按照工艺规程进行检验，一切有关生产人员必须严格执行工艺规程，不得擅自更改，这是严肃的工艺纪律，否则可能造成废品，或者产品质量和生产效率下降，甚至会引起整个生产过程的混乱。

但是，工艺规程也不是一成不变的，要注意及时把广大工人和技术人员的创造发明和技术革新成果吸收到工艺规程中来，同时，还要不断吸收国内外已成熟的先进技术。

(2) 是生产组织管理和生产准备工作的依据

生产计划的制订，生产投入前原材料和毛坯的供应，工艺装备的设计、制造和采购，机床负荷的调整，作业计划的编排，劳动力的组织，工时定额及成本核算等，都是以工艺规程作为基本依据的。

(3) 是新设计和扩建工厂（车间）的技术依据

新设计和扩建工厂（车间）时，生产所需的设备的种类和数量、机床的布置、车间的面积、生产工人的工种、等级和数量以及辅助部门的安排等都是以工艺规程为基础，根据生产类型来确定的。

除此之外，先进的工艺规程起着推广和交流的作用，典型的工艺规程可指导同类产品的生产和工艺规程制定。

2. 对工艺规程的要求

工艺规程设计的原则是：在一定的生产条件下，以保证产品的质量要求为前提，尽量提高生产率和降低成本，使其获得良好的经济效益和社会效益。在工艺规程设计时应注意以下四个方面的问题：

(1) 技术上的先进性

所谓技术上的先进性，是指产品高质量、生产高效益的获得不是建立在提高工人劳动强度和操作手艺的基础上，而是依靠采用相应的技术措施来保证的。因此，在工艺规程设计时，要了解国内、外本行业工艺技术的发展，通过必要的工艺试验，尽可能采用先进的工艺手段和工艺装备。

（2）经济上的合理性

在一定的生产条件下，可能会有几个都能满足产品质量要求的工艺方案，此时应通过成本核算或评比，选择经济上最合理的方案，使产品成本最低。

（3）有良好的劳动条件，避免环境污染

在工艺规程设计时，要注意保证工人具有良好而安全的劳动条件，尽可能地采用先进的技术措施，将工人从繁重的体力劳动中解放出来。同时，要符合国家环境保护法的有关规定，避免环境污染。

（4）格式上的规范性

工艺规程应做到正确、完整、统一和清晰，所用术语、符号、计量单位、编号等都要符合相应标准。

二、工艺规程的格式

将工艺规程的内容，填入一定格式的卡片，即成为生产准备和加工所依据的工艺文件。这些文件常包括：

1. 机械加工工艺过程卡片（见表 3-1）

表 3-1　　机械加工工艺过程卡片

<table>
<tr><td colspan="2" rowspan="2">（工厂名）</td><td rowspan="2">机械加工
工艺过程卡</td><td colspan="2">产品型号</td><td></td><td colspan="2">零（部）件图号</td><td></td><td colspan="2">共　页</td></tr>
<tr><td colspan="2">产品名称</td><td></td><td colspan="2">零（部）件名称</td><td></td><td colspan="2">第　页</td></tr>
<tr><td>材料名称</td><td colspan="2">材料牌号</td><td>毛坯种类</td><td>毛坯尺寸</td><td>每毛坯件数</td><td colspan="2">每台件数</td><td rowspan="2">零件
重量</td><td>毛重</td><td></td></tr>
<tr><td></td><td colspan="2"></td><td></td><td></td><td></td><td colspan="2"></td><td>净重</td><td></td></tr>
<tr><td rowspan="2">工序
号</td><td rowspan="2">工序
名称</td><td rowspan="2">工序内容</td><td rowspan="2">车间</td><td rowspan="2">工段</td><td rowspan="2">设备名称
及编号</td><td colspan="3">工艺装备及编号</td><td colspan="2">工时</td></tr>
<tr><td>夹具</td><td>刀具</td><td>量具</td><td>准终</td><td>单件</td></tr>
<tr><td></td><td></td><td></td><td></td><td></td><td></td><td></td><td></td><td></td><td></td><td></td></tr>
<tr><td></td><td></td><td></td><td></td><td></td><td></td><td></td><td></td><td></td><td></td><td></td></tr>
<tr><td></td><td></td><td></td><td></td><td></td><td></td><td></td><td></td><td></td><td></td><td></td></tr>
<tr><td></td><td></td><td></td><td></td><td></td><td></td><td></td><td></td><td></td><td></td><td></td></tr>
<tr><td></td><td></td><td></td><td></td><td></td><td></td><td></td><td></td><td></td><td></td><td></td></tr>
<tr><td></td><td></td><td></td><td></td><td></td><td></td><td></td><td></td><td></td><td></td><td></td></tr>
<tr><td colspan="6"></td><td>编制</td><td>会签</td><td>审核</td><td colspan="2">批准</td></tr>
<tr><td></td><td></td><td></td><td></td><td></td><td></td><td colspan="5"></td></tr>
<tr><td>标记</td><td>处记</td><td>更改
文件号</td><td>签字</td><td>日期</td><td>标记</td><td>处记</td><td>更改
文件号</td><td>签字</td><td>日期</td><td></td></tr>
</table>

这种卡片主要列出了零件加工所经过的工艺路线（包括毛坯、机械加工和热处理等），主要用来了解零件的加工流向，是制定其他工艺文件的基础，也是生产技术准备、编制作业计划和组织生产的依据。

加工工艺卡是以工序为单位详细说明整个工艺过程的工艺文件。内容包括零件的材料、质量，毛坯的制造方法、各工序的具体内容及加工后要达到的精度和表面粗糙度等。它是用来指导工人生产和帮助车间管理人员和技术人员掌握整个零件加工过程的一种主要技术文件。它广泛地应用于成批生产和小批量生产的重要零件。

在这种卡片中，各工序的说明不具体，多作为生产管理方面使用。在单件小批量生产中，通常不编制其他更详细的工艺文件，而以这种卡片指导生产。其格式见表 3-1。

2. 机械加工工序卡片（见表 3-2）

表 3-2　　　　机械加工工序卡片

(工厂名)	机械加工工序卡片	产品型号		零件图号		共　页
		产品名称		零件名称		第　页

材料牌号		毛坯种类		毛坯外形尺寸		每毛坯件数		每台件数	

(工序简图)	车间	工序号	工序名称	材质状态
	同时加工件数	工人技术等级	单件时间(min)	准终时间(min)
	设备名称	设备编号	夹具名称	夹具编号

工步号	工步内容	切削用量			刀具		量具		自检频次
		主轴转速(r/min)	进给速度(mm/min)	背吃刀量	名称/规格	编号/刀号	名称/规格	编号	

										编制	会签	审核	批准
标记	处记	更改文件号	签字	日期	标记	处记	更改文件号	签字	日期				

这种卡片更详细地说明了零件的各个工序如何进行加工。在这种卡片上，要画出工序简图，说明该工序的加工表面及应达到的尺寸和公差、零件的装夹方法，刀具的类型和位置、进刀方向和切削用量等。一般只在大批量生产中使用这种卡片。其格式见表3-2。

3. *数控加工工序及刀具卡片（见表3-3）*

表3-3　**数控加工工序及刀具卡片**

<table>
<tr><td>产品厂家</td><td>零件名称</td><td>零（部）件图号</td><td>工序名称</td><td>工序号</td><td>存档号</td></tr>
<tr><td>777</td><td>显示盒</td><td>ST8. 030. 089</td><td>铣显示盒内腔及侧面</td><td>2</td><td></td></tr>
<tr><td>材料名称</td><td>铸造铝合金</td><td colspan="2" rowspan="7">Y
G54
X</td><td colspan="2" rowspan="7">说明：
1. G54：X 轴分中，Y 轴碰下边，Z 轴下底面对零。
2. 先做中间，再做左右两侧，注意压板的装夹方式和位置。</td></tr>
<tr><td>材料牌号</td><td>ZL111</td></tr>
<tr><td>机床名称</td><td>数控铣床</td></tr>
<tr><td>机床型号</td><td>XD40</td></tr>
<tr><td>夹具编号</td><td></td></tr>
<tr><td rowspan="2">程序号</td><td>中间：01. NC</td></tr>
<tr><td>左右两侧：02. NC</td></tr>
<tr><td>备注</td><td>1. 装夹时注意毛刺情况
2. 加工完后应去毛刺 R<0.3</td><td>刀具路径</td><td colspan="3">中间：T1（D16钻）→T2（D12钻）→T3（D8合）→T4（D5钻）→T5（D3合）→T9（D10球刀）→T10（D8球刀）→T6（D2合）→T7（D1合）→T11（D1.5中心钻）
左右两侧：T1（D16钻）→T2（D12钻）→T3（D8合）→T4（D5钻）→T5（D3合）→T6（D2合）→T11（D1.5中心钻）</td></tr>
</table>

刀号	刀具名称	刀具规格	装刀长度	工作内容	使用刀号	主轴转速	切削深度	进给速度
T1	钻钢刀	D16	≥20	开粗	1	S2300	16	F800
T2	钻钢刀	D12	≥20	半精修	2	S2500	16	F600
T3	合金刀	D8	≥20	精修	3	S3000	16	F500
T4	钻钢刀	D5	≥20	清角，开粗	4	S3500	16	F400
T5	合金刀	D3	≥20	精修	5	S3500	16	F200
T6	合金刀	D2	≥20	清角及密封槽	6	S4000	6	F200
T7	合金刀	D1	≥20	清角	7	S4000	6	F150
T9	球刀	D10R5	≥20	铣圆弧曲面	9	S2200	16	F500
T10	球刀	D8R4	≥20	铣圆弧曲面	10	S2500	16	F400
T11	中心钻	D1.5	≥20	点中心孔	11	S3000	16	F150
编制			审核			批准		

在使用数控加工方法加工批量较小的零件时，为简化工艺文件，可采用表 3-3 所示的数控加工工序及刀具卡片。

4. *数控加工走刀路线图*

在数控加工中还可以通过走刀路线图来告诉操作者数控程序的刀具运动路线，包括编程原点、下刀点、抬刀点、刀具的走刀方向和轨迹等，以防止程序运行过程中，刀具与夹具或机床的意外碰撞。表 3-4 是一种常用的格式。

表 3-4　**数控加工的走刀路线图**

数控加工走刀路线图	零件图号		工序号		工步号		程序号	
机床型号		程序号		加工内容		铣外形	第　页	共　页
							编程说明：	
							编程	
							校对	
							审批	

符号									
含义	抬刀	下刀	编程原点	起刀点	走刀方向	刀路相交	爬斜坡	钻孔	行切

三、工艺规程设计的步骤

1）分析产品的装配图和零件图。

2）选择和确定毛坯。

3）拟定工艺路线。

4）详细拟订工序的具体内容。

5）进行技术经济分析，选择最佳方案。

6）确定工序尺寸。

7）填写工艺文件。

第二节　机械加工工艺规程的制订

一、零件工艺分析

零件的工艺分析，是指对所设计的零件在满足使用要求的前提下进行加工制造的可行性和经济性分析。它包括零件的铸造、锻造、冲压、焊接、热处理、切削加工工艺性能分析等。在制定机械加工工艺规程时，主要进行零件切削加工工艺性能分析。

1. 读图和审图

首先要认真分析与研究产品的用途、性能和工作条件，了解零件在产品中的位置、装配关系及其作用，弄清各项技术要求对装配质量和使用性能的影响，找出主要的和关键的技术要求，然后对零件图样进行分析。

（1）分析零件图是否完整、正确，零件的视图是否正确、清楚，尺寸、公差、表面粗糙度及有关技术要求是否齐全、明确。

（2）分析零件的技术要求，包括尺寸精度、形位公差、表面粗糙度及热处理是否合理。过高的要求会增加加工难度，提高成本；过低的要求会影响工作性能。两者都是不允许的。例如图 3-1 所示汽车板弹簧和吊耳，吊耳两内侧面与板弹簧要求不接触，因此其表面粗糙度可由原设计的 Ra3.2μm 增大至 Ra12.5μm，这样，在铣削时可增大进给量，提高生产率。

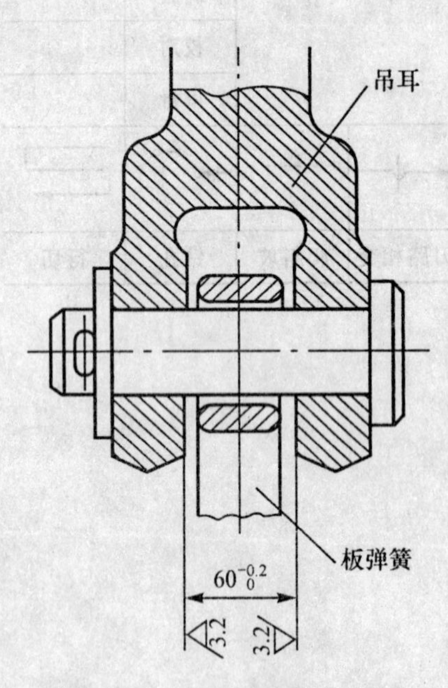

图 3-1　汽车板弹簧与吊耳

（3）尺寸标注应符合数控加工的特点。零件图样上的尺寸标注对工艺性有较大的影响。尺寸标注既要满足设计要求，又要便于加工。由于数控加工程序是以准确的坐标点来编制的，因而各图形几何要素间的相互关系（如相切、相交、垂直和平行等）应明确，各几何要素的条件要充分，应无引起矛盾的多余尺寸或影响工序安排的封闭尺寸等。数控加工的零件，图样上的尺寸可以不采用局部分散标注，而用集中标注的方法；或以同一基准标注，即标注坐标尺寸，这样既便于编程，又有利于设计基准、工艺基准与编程原点的统一。

（4）定位基准可靠。在数控加工中，加工工序往往较集中，可对零件进行双面、多面的顺序加工，因此以同一基准定位十分必要，否则很难保证两次安装加工后两个面上的轮廓位置及尺寸协调。如零件本身有合适的孔，最好就用它作定位基准孔，即使没有合适的孔，也可设置工艺孔。如果无法制出工艺孔，可考虑以零件轮廓的基准边定位或在毛坯上增加工艺凸台，制出工艺孔，在加工完后除去。

2. 数控加工的内容选择

对于某个零件而言，并非全部加工工艺过程都适合在数控机床上完成，而往往只是其中的一部分适合于数控加工。这就需要对零件图样进行仔细的工艺分析，选择那些最适合、最需要进行数控加工的内容和工序。在选择并作出决定时，应结合本企业设备的实际，立足于解决难题、攻克关键和提高生产效率，充分发挥数控加工的优势。选择数控加工的内容时，一般可按下列顺序考虑：

（1）通用机床无法加工的内容，应作为优选内容（如内腔成型面）。

（2）通用机床难加工，质量也难以保证的内容应作为重点选择的内容（如车锥面、端面时，普通车床的转速恒定，使表面粗糙度不一致，而数控车床具有恒线速度功能，可选择最佳线速度，使加工后的表面粗糙度小而且均匀一致）。

（3）通用机床效率低、工人劳动强度大的内容，可在数控机床尚存在富余能力的基础上进行选择采用。

一般来说，上述这些加工内容采用数控加工后，在产品质量、生产效率和综合效益等方面都会得到明显提高。相比之下，下列一些内容则不宜采用数控加工：

（1）占机调整时间长，如以毛坯的粗基准定位加工第一个精基准、要用专用工装协调的加工内容。

（2）加工部位分散，要多次安装、设置原点，这时采用数控加工很麻烦，效果不明显，可安排通用机床加工。

此外，在选择和决定加工内容时，也要考虑生产批量、生产周期、工序间周转情况等。总之，要尽量做到合理使用数控机床，达到多、快、好、省的目的；要防止把数控机床降格为通用机床使用。

3. 零件结构的工艺性

零件结构的工艺性是指所设计零件的结构在满足使用要求的前提下制造的可行性和经济性。它包括零件各个制造过程中的工艺性，如零件的铸造、锻造、冲压、焊接、热处理和切削加工工艺性等。好的工艺性会使零件加工容易、节省工时、降低消耗，差的工艺性会使零件加工困难（甚至无法加工），多耗工时、增大消耗。

应该指出的是，数控加工的工艺性问题涉及面很广，某些零件用普通机床可能难于加工，即所谓结构工艺性差，但采用数控机床加工则可轻而易举地实现。因此，在分析零件的加工工艺性时，需要结合所使用的工艺方法对结构工艺性进行具体评价。

图 3-2 所示的三类槽型，从普通车床或磨床的切削加工方式进行结构工艺性判断，a 型的工艺性最好，b 型次之，c 型最差，因为 b 型和 c 型槽的刀具制造困难，切削抗力比较大，刀具磨损后不易重磨。若改用数控车床加工，如图 3-3 所示，则 c 型工艺性最好，b 型次之，c 型最差，因为 a 型槽在数控车床上加工时仍要用成型槽刀切削，不能充分利用数控加工能走刀的特点，而 b 型和 c 型槽则可用通用的外圆刀具加工。

图 3-4 是一个端面形状比较复杂的盘类零件，其轮廓剖面由多段直线、斜线和圆弧组成。虽然形状比较复杂，但用标准的 35°刀尖角的菱形刀片可以毫无障碍地完成整个型面的切削，这一设计方案的数控加工工艺性是良好的。

在设计时，如果对某些细小的部位不加以注意，则有可能给数控加工带来很多问题。例如，在圆弧上端出口处没有安排一段 45°的斜线。而是以圆弧与端面相交（如图 3-5 所示），则会导致零件的数控车削工艺性极差，难以加工。一般情况下，车削内孔中的型面比车削外圆和端面上的型面更困难一些。因此；当内孔有复杂型面的设计要求时，更要注

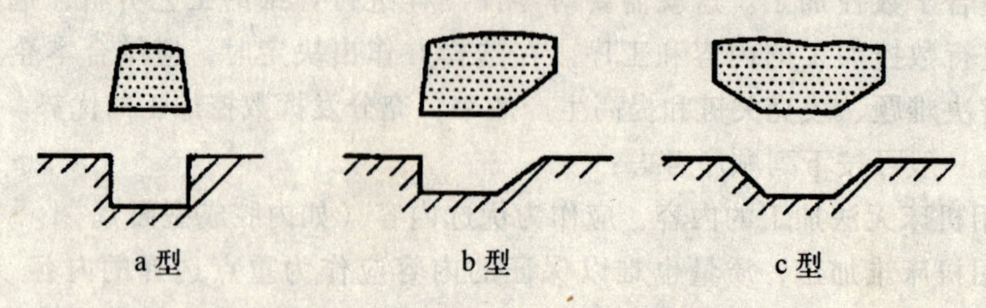

图 3-2 普通车床用成型车刀加工沟槽

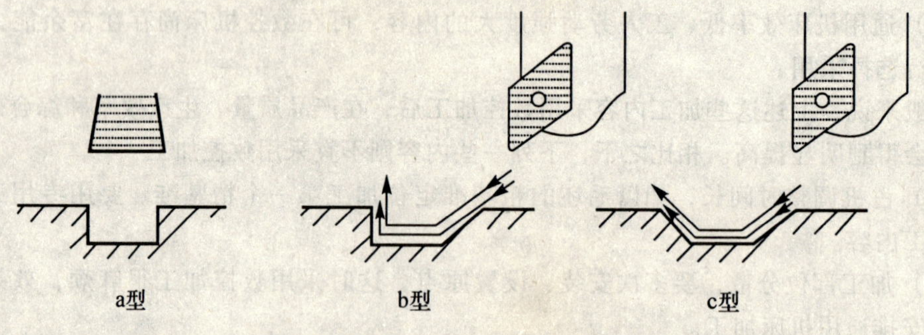

图 3-3 数控车床对不同槽型的加工

意数控车削的走刀特点。尽量让普通的刀具能一次走刀成型。

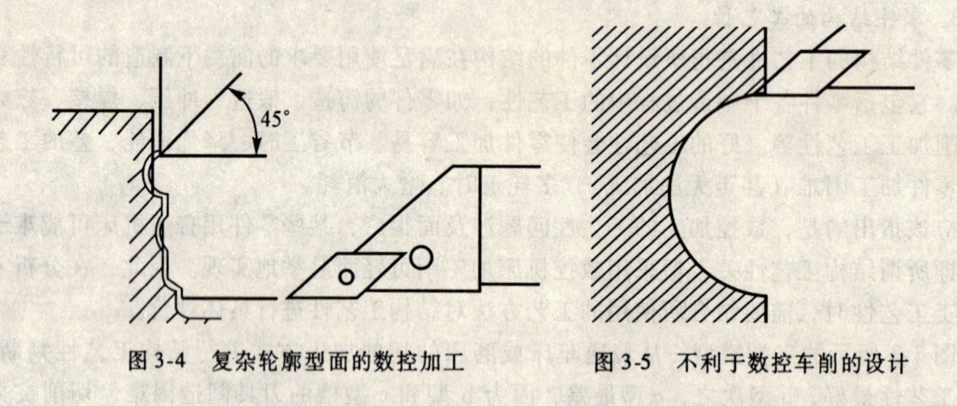

图 3-4 复杂轮廓型面的数控加工　　图 3-5 不利于数控车削的设计

零件设计的外形、内腔最好采用统一的几何类型和尺寸，这样不仅可以减少换刀次数，还可采用子程序以缩短程序长度。图 3-6（a）所示的零件，由于圆角大小决定着刀具直径大小，因而内型的多个圆角应选相同的半径，并且其半径应与刀具的结构尺寸相匹配。图 3-6（b）所示为应尽量避免设计成的结构。

对零件进行工艺分析中发现的问题，工艺人员可提出修改意见，经设计部门同意并通过一定的审批程序后方可修改。

二、毛坯选择

毛坯制造是零件生产过程的一部分。根据零件的技术要求、结构特点、材料、生产纲领等方面的情况，合理地确定毛坯的种类、毛坯的制造方法、毛坯的形状和尺寸等。同时

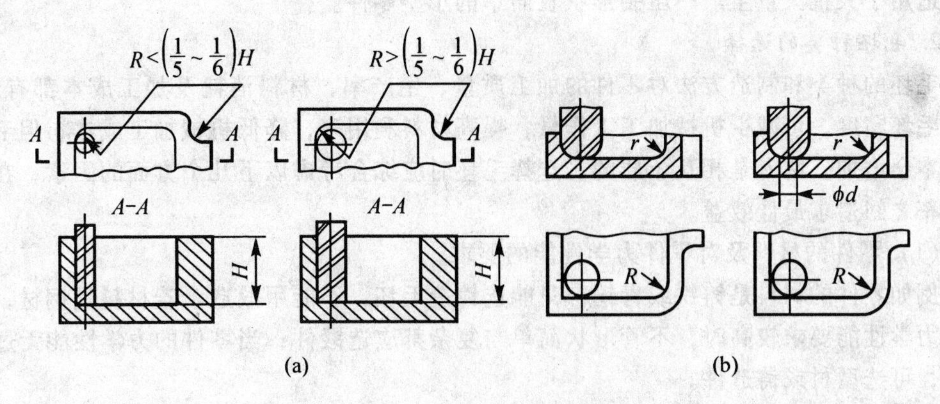

图 3-6　数控加工工艺性

还要从工艺角度出发，对毛坯的结构，形状提出要求。

1. 毛坯的种类

毛坯的种类很多，同一毛坯又有很多制造方法。机械制造中常用的毛坯有以下几种。

(1) 铸件　形状复杂的毛坯，易采用铸造方法制造。按铸造材料的不同可分为铸铁、铸钢和有色金属铸造。

根据制造方法的不同，铸件又可分为以下几种类型：砂型铸造的铸件、金属型铸造的铸件、离心铸造铸件、压力铸造铸件和精密铸造铸件。

(2) 锻件　机械强度较高的钢制件，一般要采用锻件毛坯。锻件有自由锻造锻件、胎模锻造锻件和模具锻造锻件几种。自由锻造锻件是在锻锤或压力机上直接锻造而成形的锻件。它的精度低，加工余量大，生产率也低，适用于单件小批量生产及大型锻件。模锻件是在锻锤或压力机上通过专用锻模锻制而成的锻件。它的精度和表面质量均比自由锻造好，加工余量小，锻件的机械强度高，生产率也高。但需要专用的模具，且锻造设备的吨位比自由锻造大。主要适用于批量较大的中小型零件，胎模锻造件介于前两者之间。

(3) 型材　型材有冷拉和热轧两种。热轧的精度低、价格便宜，用于一般零件的毛坯。冷拉的尺寸较小，精度高，易于实现自动送料，但价格贵，多用于批量较大，在自动机床上进行加工的毛坯。型材按截面形状可分为圆形、方形、六角形、扁形、角形、槽形及其他截面形状的型材。

(4) 焊接件　将型材或钢板焊接成所需的结构，适用于单件小批量生产中制造大型零件，其优点是制造简单、周期短，毛坯重量轻；缺点是焊接件的抗振性差，焊接变形大，因此在机械加工前要进行时效处理。

(5) 冲压件　在冲床上用冲模将板料冲制而成。冲压件的尺寸精度高，可以不再进行加工或只进行精加工，生产率高。适用于批量较大而厚度较小的中小型板状结构零件。

(6) 冷挤压件　在压力机上通过挤压模挤压而成。生产率高、毛坯精度高、表面粗糙度值小，只需进行少量的机械加工。但要求材料塑性好，主要为有色金属和塑性好的钢材。适用于大批量生产中制造简单的小型零件。

(7) 粉末冶金件　以金属粉末为原料，在压力机上通过模具压制成坯料后经高温烧结而成。生产效率高，表面粗糙度值小，一般只需进行少量的精加工，但粉末冶金成本较高。适用于大批大量生产中压制形状较简单的小型零件。

2. 毛坯种类的选择

毛坯的种类和制造方法对零件的加工质量、生产率、材料消耗及加工成本都有影响。提高毛坯精度，可减少机械加工工作量，提高材料利用率，降低机械加工成本，但毛坯制造成本会增加，两者是相互矛盾的。选择毛坯时应综合考虑以下几个方面的因素，在成本和效率之间追求最佳效益。

（1）零件的材料及对零件力学性能的要求

例如零件的材料是铸铁或青铜，只能选铸造毛坯，不能用锻造。若材料是钢材，当零件的力学性能要求较高时，不管形状简单与复杂都应选锻件；当零件的力学性能无过高要求时，可选型材或铸造件。

（2）零件的结构形状与外形尺寸

钢质的一般用途的阶梯轴，如台阶直径相差不大，用棒料；若台阶直径相差大，则宜用锻件或铸件，以节约材料和减少机械加工工作量。大型零件受设备条件限制，一般只能用自由锻和砂型铸造；中小型零件根据需要可选用模锻和各种先进的铸造方法。

（3）生产类型

大批大量生产时，应选毛坯精度和生产率都较高的先进的毛坯制造方法，使毛坯的形状、尺寸尽量接近零件的形状、尺寸，以节约材料，减少机械加工工作量，由此而节约的费用会远远超出毛坯制造所增加的费用，获得好的经济效益。单件小批生产时，采用先进的毛坯制造方法所节约的材料和机械加工成本，相对于毛坏制造所增加的设备和专用工艺装备费用就得不偿失了，故应选毛坯精度和生产率均比较低的一般毛坯制造方法，如自由锻和手工木模造型等方法。

（4）生产条件

选择毛坯时，应考虑现有生产条件，如现有毛坯的制造水平和设备状况，外协的可能性等。可能时，应尽可能组织外协，实现毛坯制造的社会专业化生产，以获得好的经济效益。

（5）充分考虑利用新工艺、新技术和新材料

随着毛坯制造专业化生产的发展，目前毛坯制造方面的新工艺、新技术和新材料的应用越来越多，如精铸、精锻、冷轧、冷挤压、粉末冶金和工程塑料的应用日益广泛，这些方法可大大减少机械加工量，节约材料，有十分显著的经济效益，我们在选择毛坯时，应予充分考虑，在可能的条件下，尽量采用。

3. 毛坯形状和尺寸的选择

选择毛坯形状和尺寸总的要求是：毛坯形状要力求接近成品形状，以减少机械加工的劳动量。但也有以下四种特殊情况，需作特别的考虑。

（1）采用锻件、铸件毛坯时，因模锻时的欠压量与允许的错模量不等，铸造时也会因砂型误差、收缩量及金属液体的流动性差不能充满型腔等造成余量的不等，此外，锻造、铸造后，毛坯的挠曲与扭曲变形量的不同也会造成加工余量不均匀、不稳定，所以，不论是锻件、铸件还是型材，其加工表面均应有较充足的余量。

对于热轧中、厚铝板，经淬火时效后很容易在加工中与加工后出现变形现象，因此需要考虑加工时是否分层切削，分几层切削，一般尽量做到各个加工表面的切削余量均匀，

以减少内应力所致的变形。

（2）尺寸小或薄的零件，为便于装夹并减少材料浪费，可将多个工件连在一起，由一个组合毛坯制出。如图 3-7 所示的活塞环的筒状毛坯，图 3-8 所示的凿岩机棘爪毛坯都是组合毛坯，待机械加工到一定程度后再分割开来成为一个个零件。

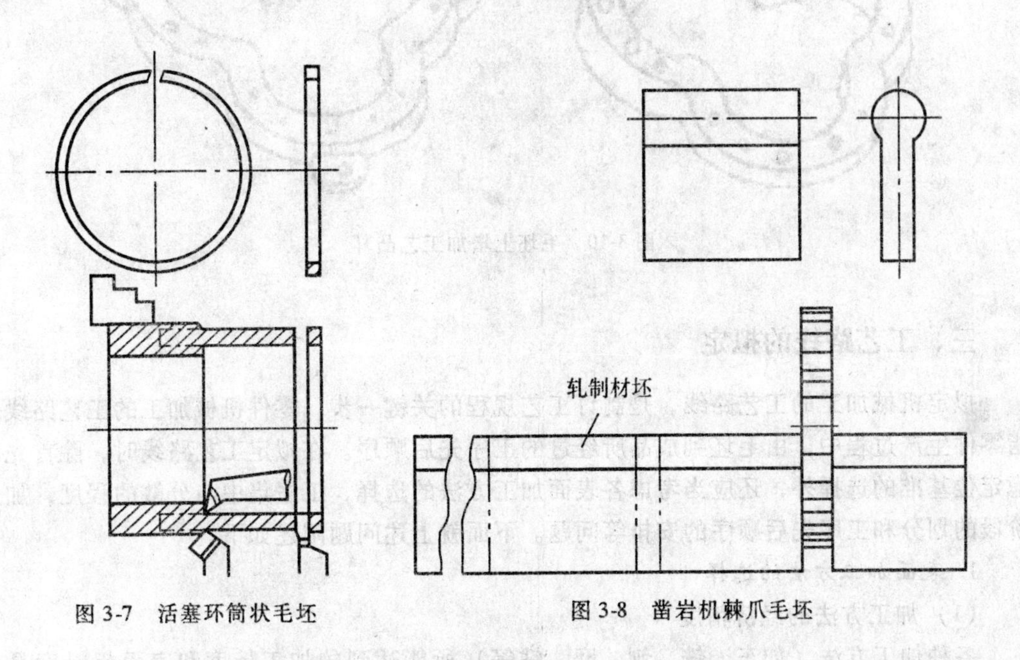

图 3-7　活塞环筒状毛坯　　　　图 3-8　凿岩机棘爪毛坯

（3）装配后形成同一工作表面的两个相关零件，为保证加工质量并使加工方便，常把两件（或多件）合为一个整体毛坯，加工到一定阶段后再切开。例如图 3-9（a）所示的开合螺母外壳、图 3-9（b）所示的发动机连杆和曲轴轴瓦盖等毛坯都是两件合制的。

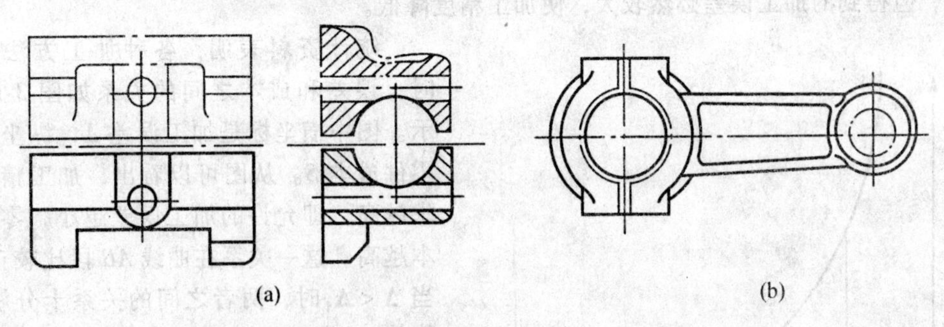

（a）开合螺母外壳　　（b）发动机连杆和曲轴轴瓦盖

图 3-9　两件合制在一起的毛坯

（4）对于不便装夹的毛坯，可考虑在毛坯上另外增加装夹余料或工艺凸台、工艺凸耳等辅助基准。如图 3-10 所示，由于该工件缺少合适的定位基准，因而可在毛坯上铸出三个工艺凸耳，在凸耳上制出定位基准孔。工艺凸耳在加工后一般均应切除，如确实对零件使用没有影响，也可保留在零件上。

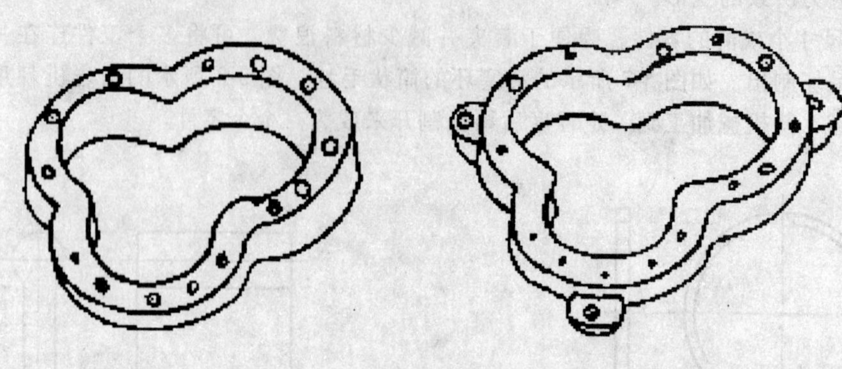

图 3-10　毛坯上增加工艺凸耳

三、工艺路线的拟定

拟定机械加工的工艺路线，是制订工艺规程的关键一步，零件机械加工的工艺路线是指零件生产过程中，由毛坯到成品所经过的工序先后顺序。在拟定工艺路线时，除首先考虑定位基准的选择外，还应当考虑各表面加工方法的选择，工序集中与分散的程度，加工阶段的划分和工序先后顺序的安排等问题。下面就上述问题阐述如下。

1. 表面加工方法的选择

(1) 加工方法的经济精度

各种加工方法（如车、铣、刨、磨、钻等）所能达到的加工精度和表面粗糙度是有一定范围的。任何一种加工方法，如果由技术水平高的熟练工人在精密完好的设备上仔细地慢慢地操作，必然使加工误差减小，可以得到较高的加工精度和较小的表面粗糙度，但却使成本增加；反之，若由技术水平较低的工人在精度较差的设备上快速操作，虽然成本下降，但得到的加工误差必然较大，使加工精度降低。

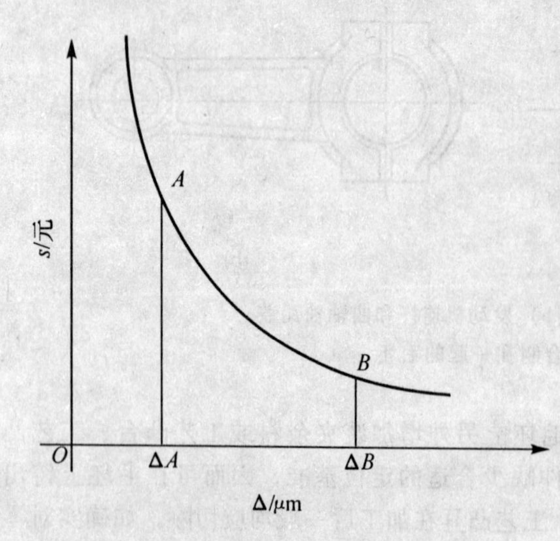

图 3-11　零件成本和加工误差的关系

统计资料表明，各种加工方法加工时：误差和成本之间的关系如图 3-11 所示。图中横坐标是加工误差 Δ，纵坐标是零件成本 S。从图可以看出，加工精度要求越高，即允许的加工误差越小，零件成本越高。这一关系在曲线 AB 段比较正常，当 $\Delta < \Delta_A$ 时，两者之间的关系十分敏感，即加工误差减少一点，成本增加很多；当 $\Delta > \Delta_B$ 时，即使加工误差增加很多，成本下降却很少。显然上述两种情况都是不经济的，也是不应当采用的精度范围。

曲线 AB 段所显示的加工精度范围是某种加工方法在正常加工条件下所能保证的加工精度，称为加工的经济精度。所谓正常的加工条件是指采用符合质量标准的设备、工艺装备和标准技术等级的工人，不延长加工时间的条件。各种加工方法都有一个加工的经济精度和表面粗糙度范围。选择表面加工方法时，应当使得工件的加工要求与之相适应。表3-5介绍了各种加工方法的加工经济精度和表面粗糙度，供选择加工方法时参考。

表3-5　**各种表面不同加工方法的经济精度及表面粗糙度**

加工表面	加工方法	经济精度等级 IT	表面粗糙度 Ra（μm）
外圆柱面和端面	粗车	11～13	12.5～50
	半精车	9～10	3.2～6.3
	精车	7～8	0.8～1.6
	粗磨	8～9	0.4～0.8
	精磨	6	0.1～0.4
	研磨	5	0.012～0.1
	超精加工	5～6	0.012～0.1
	金刚车	6	0.025～0.4
圆柱孔	钻孔	11～12	12.5～25
	粗镗（扩孔）	11～12	6.3～12.5
	半精镗（精扩）	8～9	1.6～3.2
	精镗（铰孔、拉孔）	7～8	0.8～1.6
	粗磨	7～8	0.2～0.8
	精磨	6～7	0.1～0.2
	珩磨	6～7	0.025～0.1
	研磨	5～6	0.025～0.1
平　面	粗刨（粗铣）	11～13	12.5～50
	精刨（精铣）	8～10	1.6～6.3
	粗磨	8～9	1.25～5
	精磨	6～7	0.16～1.25
	刮研	6～7	0.16～1.25
	研磨	5	0.006～0.1

（2）选择表面加工方法应考虑的因素

选择表面加工方法时，首先应根据零件的加工要求，查表或根据经验来确定哪些加工方法能达到所要求的加工精度。从表3-5中可以看出，满足同样精度要求的加工方法有若干种，所以选择加工方法时还必须考虑下列因素，才能最后确定下来。

1）工件材料的性质　如有色金属的精加工不宜采用磨削，因为有色金属易使砂轮堵塞，因此常采用高速精细车削或金刚镗等切削加工方法。

2）工件的形状和尺寸　如形状比较复杂、尺寸较大的零件，其上的孔一般不宜采用拉削或磨削；直径大于 ϕ60mm 的孔不宜采用钻、扩、铰等。

3）选择的加工方法要与生产类型相适应　一般说来，大批、大量生产应选用高生产率的和质量稳定的加工方法，而单件、小批生产应尽量选择通用设备和避免采用非标准的专用刀具来加工。如平面加工一般采用铣削或刨削，但刨削由于生产率低，除特殊场合（如狭长表面）外，在成批以上生产中已逐渐被铣削所代替，而大批大量生产时，常常要考虑拉削平面的可能性。对于孔加工来说，镗削由于刀具简单，在单件小批生产中得到极其广泛的应用。

4）车间的生产条件　选择加工方法时，必须考虑工厂现有的加工设备和它们的工艺能力、工人的技术水平，以充分利用现有设备和工艺手段，同时也要注意不断引进新技术，对老设备进行技术改造，挖掘企业的潜力，不断提高工艺水平。

（3）各种表面的典型加工路线

根据上述因素确定了某个表面的最终加工方法后，还必须同时确定该表面前面的预加工方法，形成一个表面的加工路线，才能付诸实施。下面介绍几种生产中较为成熟的表面加工路线，供选用时参考。

1）外圆表面的加工路线

图 3-12 所示是常用的外圆表面加工路线，有以下四条：

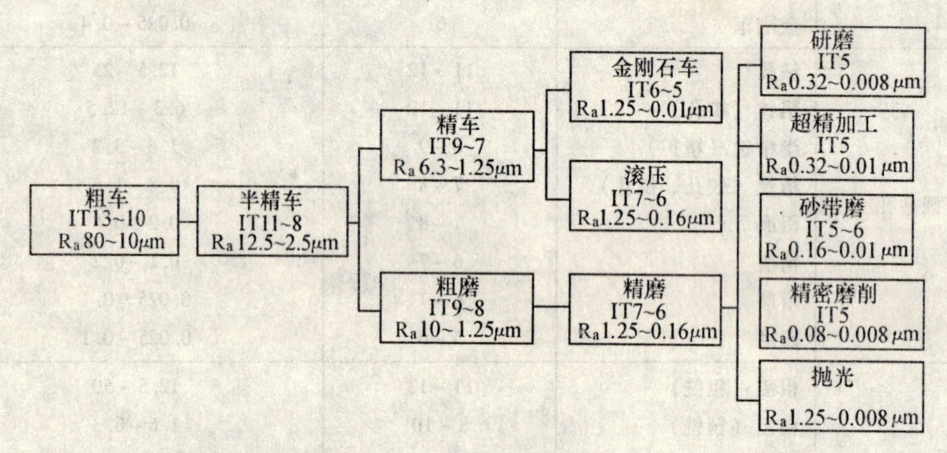

图 3-12　外圆表面的加工路线

①粗车—半精车—精车　如果加工精度要求较低，可以只粗车或粗车—半精车。

②粗车—半精车—粗磨——精磨　对于黑色金属材料，加工精度等于或低于 IT 6，表面粗糙度等于或大于 R_a0. 4μm 的外圆表面，特别是有淬火要求的表面，通常采用这种加工路线，有时也可采取粗车—半精车—磨的方案。

③粗车—半精车—精车—金刚石车　这种加工路线主要适用于有色金属材料及其他不宜采用磨削加工的外圆表面。

④粗车—半精车—粗磨—精磨—精密加工（或光整加工）当外圆表面的精度要求特别高或表面粗糙度值要求特别小时，在方案②的基础上，还要增加精密加工或光整加工方法。常用的外圆表面的精密加工方法有研磨、超精加工、精密磨等；抛光、砂带磨等光整加工方法则是以减小表面粗糙度为主要目的的。

2）孔的加工路线

图 3-13 所示是孔的加工路线框图。常用的加工路线有以下四条：

①钻—扩—粗铰—精铰　此方案广泛用于加工直径小于 ϕ40 mm 的中小孔。其中扩孔

有纠正孔位误差的能力，而铰刀又是定尺寸刀具，容易保证孔的尺寸精度。对于直径较小的孔，有时只需铰一次便能达到要求的加工精度。

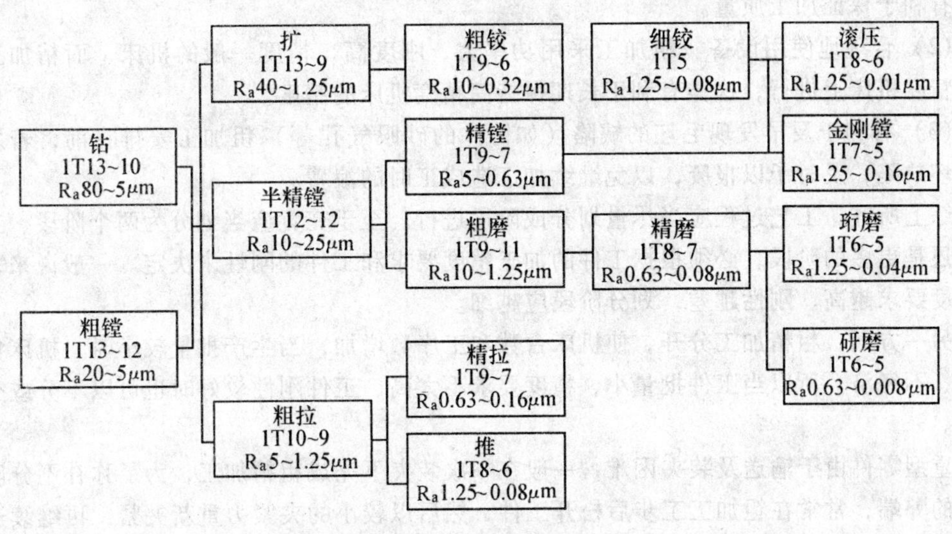

图 3-13　孔的加工路线

②粗镗（或钻）——半精镗——精镗　这条加工路线适用于下列情况：直径较大的孔、位置精度要求较高的孔系、单件小批生产中的非标准中小尺寸孔或有色金属材料的孔。

在上述情况下，如果毛坯上已有铸出或锻出的孔，则第一道工序先安排粗镗（或扩），若毛坯上没有孔，第一道工序便安排钻或两次钻。当孔的加工要求更高时，可在精镗后再安排浮动镗或金刚镗或珩磨等其他精密加工方法。

③钻——拉　多用于大批大量生产中加工盘、套类零件的圆孔、单键孔及花键孔。拉刀为定尺寸刀具，其加工质量稳定，生产率高。加工要求较高时，拉削可分为粗拉和精拉。

④粗镗——半精镗——粗磨——精磨　该方案主要用于中小型淬硬零件的孔加工。当孔的精度要求更高时，可再增加研磨或珩磨等精加工工序。

3）平面的加工路线

平面加工一般采用铣削或刨削。要求较高的表面铣或刨以后还须安排磨削、刮研、高速精铣等精加工。

2. 加工阶段的划分

工件上每一个表面的加工，总是先粗后精。粗加工去掉大部分余量，要求生产率高；精加工保证工件的精度要求。对于加工精度要求较高的零件，应当将整个工艺过程划分成粗加工、半精加工、精加工和精密加工（光整加工）等几个阶段，在各个加工阶段之间安排热处理工序。划分加工阶段有如下优点：

（1）有利于保证加工质量　粗加工时，由于切去的余量较大，切削力和所需的夹紧力也较大，因而加工工艺系统受力变形和热变形都比较严重，而且毛坯制造过程因冷却速度不均使工件内部存在着内应力，粗加工从表面切去一层金属，致使内应力重新分布也会引起变形，这就使得粗加工不仅不能得到较高的精度和较小的表面粗糙度，还可能影响其他已经精加工过的表面。粗精加工分阶段进行，就可以避免上述因素对精加工表面的影响，有利于保证加工质量。

(2) 合理地使用设备　粗加工采用功率大、刚度高、精度一般的机床，而精加工应在高精度机床上进行，这样有利于长期保持高精度机床的精度。

(3) 有利于及早发现毛坯的缺陷（如铸件的砂眼气孔等）粗加工安排在前，若发现了毛坯缺陷，及时予以报废，以免继续加工造成工时的浪费。

综上所述，工艺过程应当尽量划分成阶段进行。至于究竟应当划分为两个阶段、三个阶段还是更多的阶段，必须根据工件的加工精度要求和工件的刚性来决定。一般说来，工件精度要求越高、刚性越差，划分阶段应越细。

另一方面，粗精加工分开，使机床台数和工序数增加，当生产批量较小时，机床负荷率低、不经济。所以当工件批量小、精度要求不太高、工件刚性较好时也可以不分或少分阶段。

重型零件由于输送及装夹困难，一般在一次装夹下完成粗精加工，为了弥补不分阶段带来的弊端，常常在粗加工工步后松开工件，然后以较小的夹紧力重新夹紧，再继续进行精加工工步。

3. 工序的集中与分散

(1) 集中与分散的概念

安排零件的工艺过程时，还要解决工序的集中与分散问题。所谓工序集中，就是在一个工序中包含尽可能多的工步内容。在批量较大时，常采用多轴、多面、多工位机床、自动换刀机床和复合刀具来实现工序集中，从而有效地提高生产率。多品种中小批量生产中，越来越多地使用加工中心机床，便是一个工序集中的典型例子。

工序分散与上述情况相反，整个工艺过程的工序数目较多，工艺路线长，而每道工序所完成的工步内容较少，最少时一个工序仅一个工步。

(2) 工序集中与分散的特点

工序集中的优点如下：

1) 减少了工件的装夹次数。当工件各加工表面位置精度较高时，在一次装夹下把各个表面加工出来，既有利于保证各表面之间的位置精度，又可以减少装卸工件的辅助时间。

2) 减少了机床数量和机床占地面积，同时便于采用高生产率的机床加工，可以大大提高生产率。

3) 简化了生产组织和计划调度工作。因为工序集中后工序数目少、设备数量少、操作工人少，生产组织和计划调度工作比较容易。

但工序集中程度过高也会带来下列问题：一是使机床结构过于复杂，一次投资费用高，机床的调整和使用费时费事，二是不利于划分加工阶段。

工序分散的特点正好相反，由于工序内容简单，所用的机床设备和工艺装备也简单，调整方便，对操作工人的技术水平要求较低。

(3) 工序集中与分散程度的确定

在制定机械加工工艺规程时，恰当地选择工序集中与分散的程度是十分重要的。必须根据生产类型、工件的加工要求、设备条件等具体情况来进行分析而确定最佳方案。当前机械加工的发展方向趋向于工序集中。在单件小批生产中，常常将同工种的加工集中在一台普通机床上进行，以避免机床负荷不足。在大批大量生产中，广泛采用各种高生产率设备使工序高度集中。而数控机床尤其是加工中心机床的使用使多品种中小批量生产几乎全部采用了工序集中的方案。

但对于某些零件，如活塞、轴承等，采用工序分散仍然可以体现较大的优越性。如分散加工的各个工序可以采用效率高而结构简单的专用机床和专用夹具，投资少又易于保证加工质量，同时也方便按节拍组织流水生产，故常常采用工序分散的原则制订工艺规程。

4. 工序顺序的安排

(1) 工序顺序安排的原则

1)“基面先行”的原则

工艺路线开始安排的加工表面，应该是后续工序选作为精基准的表面，然后再以该基准面定位，加工其他表面。如轴类零件第一道工序一般为铣端面钻中心孔，然后以中心孔定位加工其他表面。再如箱体零件常常先加工基准平面和其上的两个孔，再以一面两孔为精基准，加工其他表面。

2)“先面后孔”原则

当零件上有较大的平面可以用来作为定位基准时，总是先加工平面，再以平面定位加工孔，保证孔和平面之间的位置精度，这样定位比较稳定，装夹也方便。同时若在毛坯表面上钻孔，钻头容易引偏，所以从保证孔的加工精度出发，也应当先加工平面再加工该平面上的孔。

当然，如果零件上并没有较大的平面，它的装配基准和主要设计基准是其他的表面，此时就可以运用上述第一个原则，先加工其他表面。如变速箱拨叉零件就是先加工深孔，再加工端面和其他小平面的。

3)“先主后次”原则

零件上的加工表面一般可以分为主要表面和次要表面两大类。主要表面通常是指位置精度要求较高的基准面和工作表面；而次要表面则是指那些要求相对较低，对零件整个工艺过程影响较小的辅助表面，如键槽、螺孔、紧固小孔等。这些次要表面与主要表面间也有一定的位置精度要求，一般是先加工主要表面，再以主要表面定位加工次要表面。对于整个工艺过程而言，次要表面的加工一般安排在主要表面最终精加工之前。

4)“先粗后精”原则

如前所述，对于精度要求较高的零件，加工应划分粗精加工阶段。这一点对于刚性较差的零件，尤其不能忽视。

(2) 热处理工序的安排

热处理工序在工艺路线中安排得是否恰当，对零件的加工质量和材料的使用性能影响很大，因此应当根据零件的材料和热处理的目的妥善安排之。以下就常见的几种热处理安排介绍如下。

1) 退火与正火

退火或正火的目的是为了消除组织的不均匀，细化晶粒，改善金属的切削加工性能。对高碳钢零件用退火降低其硬度，对低碳钢零件用正火提高其硬度，以获得适中的硬度和较好的可切削性，同时能消除毛坯制造中的应力。退火与正火一般安排在机械加工之前进行。

2）时效处理

毛坯制造和切削加工都会在工件内部造成残余应力，残余应力将会引起工件的变形，影响加工质量甚至造成废品。为了消除残余应力，在工艺过程中常需安排时效处理。对于一般铸件，常在粗加工前或粗加工后安排一次时效处理；对于要求较高的零件，在半精加工后尚需再安排一次时效处理；对于一些刚性较差、精度要求特别高的重要零件（如精密丝杠、主轴等)，常常在每个加工阶段之间都安排一次时效处理。

3）淬火和调质处理

淬火和调质处理可以获得需要的力学性能。但淬火和调质处理后会产生较大的变形，所以调质处理一般安排在机械加工以前，而淬火则因其硬度高且不易切削一般安排在精加工阶段的磨削加工之前进行。

4）渗碳淬火和渗氮

低碳钢零件有时需要渗碳淬火，并要求保证一定的渗碳层厚度。渗碳变形较大，一般安排在精加工之前进行，但渗碳表面常预先安排粗磨，以便控制渗碳层厚度和减少以后的磨削余量，渗碳时对零件上不需要淬硬的部位（如装配时需要配铰的销孔等）应注意保护，或者在渗碳后安排切除渗碳层工序，然后再进行淬火和进行精加工。

渗氮处理是为了提高工件表面硬度和抗蚀性，它的变形较小，一般安排在工艺过程的最后阶段、该表面的最终加工之前或之后进行。

（3）辅助工序的安排

1）检验工序

为了确保零件的加工质量，在工艺过程中必须合理地安排检验工序。一般在重要关键工序前后，各加工阶段之间及工艺过程的最后都应当安排检验工序，以保证加工质量。

除了一般性的尺寸检查外，对于重要的零件有时还需要安排X射线检查、磁粉探伤、密封性试验等对工件内部质量进行检查，根据检查的目的可安排在机械加工之前（检查毛坯）或工艺过程的最后阶段进行。

2）清洗和去毛刺

切削加工后在零件表层或内部有时会留下毛刺，它们将影响装配的质量甚至机器的性能，应当安排去毛刺处理。

工件在进入装配之前，一般应安排清洗。特别是研磨、珩磨等光整加工工序之后，砂粒易附着在工件表面上，必须认真清洗，以免加剧零件在使用中的磨损。

3）其他工序

可根据需要安排平衡、去磁等其他工序。

必须指出，正确地安排辅助工序是十分重要的。如果安排不当或遗漏，将会给后续工序带来困难，甚至影响产品的质量，所以必须给予重视。

工艺路线拟定后，各道工序的内容已基本确定，接下来就要对每道工序进行设计。工序设计包括为各道工序选择机床及工艺装备、确定进给路线、确定加工余量、计算工序尺寸及公差、选择切削用量、计算工时定额等内容。

第三节 工件的定位及定位基准选择

一、工件的安装方式

根据加工的具体情况不同，工件在机床上装夹一般有三种方式：直接找正装夹、划线找正装夹和用夹具装夹。

1. 直接找正装夹

工件装夹时，用量具（如百分表，千分表）、划线盘或目测直接在机床上找正工件上某一表面，使工件处于正确的位置，称为直接找正装夹。在这种装夹方式中，被找正的表面就是工件的定位基准（基面）。如图 3-14 所示的套筒零件，为了保证磨孔时的加工余量均匀，先将套筒预夹在四爪单动卡盘中，用划针或百分表找正内孔表面，使其轴心线与机床主轴回转中心同轴，然后夹紧工件。此时定位基准是内孔而不是表面外圆。

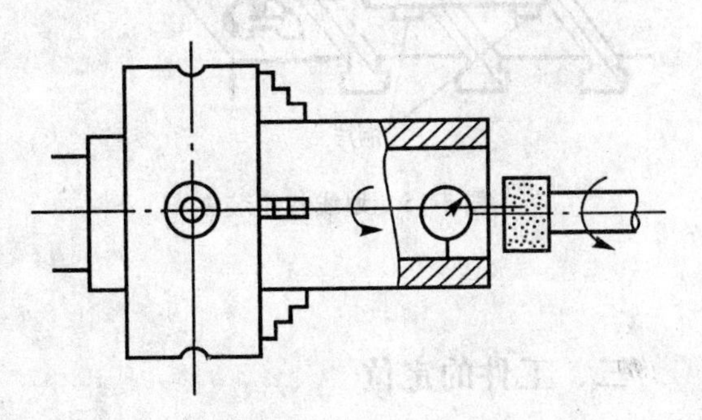

图 3-14 直接找正装夹

这种装夹方式的定位精度与所用量具的精度和操作者的技术水平有关，找正所需的时间长，结果也不稳定，只适用于单件小批生产。但是当工件加工要求特别高，而又没有专门的高精度夹具时，可以采用这种方式。此时必须由技术熟练的工人使用高精度的量具仔细地操作。

2. 划线找正装夹

这种装夹方式是先按加工表面的要求在工件上划出中心线、对称线和各待加工表面的加工线，加工时在机床上按线找正以使工件获得正确的位置。图 3-15 所示为在牛头刨床上按划线找正装夹。找正时可在工件底面垫上适当的纸片或铜片以获得正确的位置，也可将工件支承在几个千斤顶上，调整千斤顶的高低以获得工件正确的位置。此法受到划线精度的限制，找正精度比较低，多用于批量较小、毛坯精度较低以及大型零件的粗加工中。

3. 用夹具装夹

机床夹具是指在机械加工工艺过程中用以装夹工件的机床附加装置。常用有通用夹具和专用夹具两种类型。车床的三爪自定心卡盘和铣床用平口虎钳便是最常用的通用夹具，图 3-16 所示的钻模是专用夹具的一个例子。从图中可以看出，工件 4 以其内孔套在夹具定位销 2 上，用螺母和压板夹紧工件，钻头通过钻套 3 引导，在工件上钻出孔来。

使用夹具装夹时，工件在夹具中迅速而正确地获得加工所要求的位置，不需找正就能保证工件与机床、刀具间的正确位置。这种方式生产率高、定位精度好，广泛用于成批生产和单件小批生产的关键工序中。

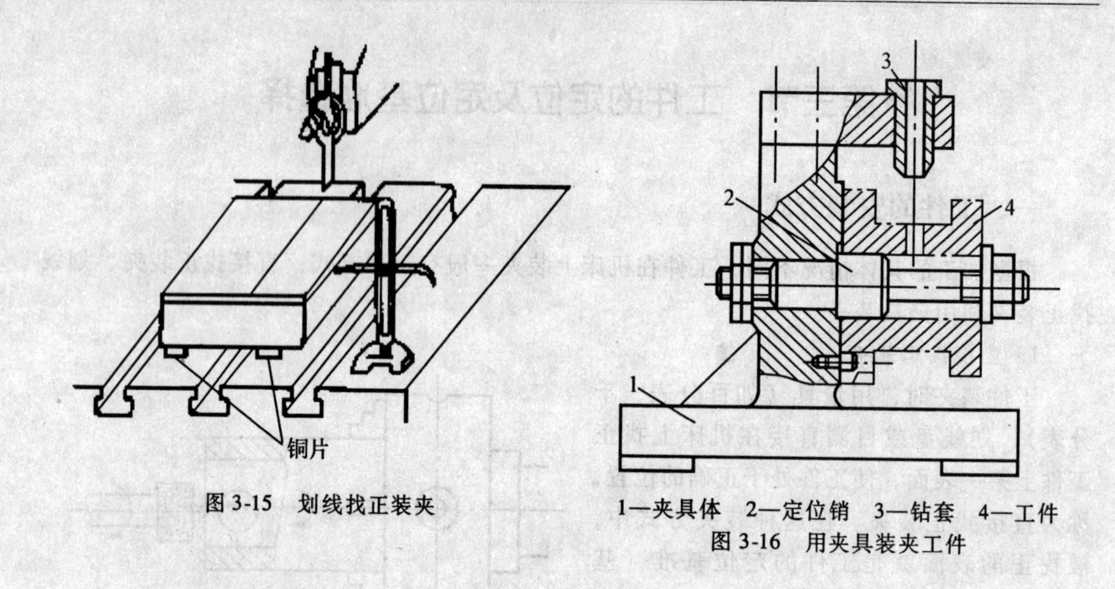

图 3-15 划线找正装夹

1—夹具体 2—定位销 3—钻套 4—工件
图 3-16 用夹具装夹工件

二、工件的定位

1. 工件的自由度及其限制

一个在空间处于自由状态的工件，位置的不确定性可描述如下：如图 3-17（a）所示，将一未定位的工件放在空间直角坐标系中，工件可以沿 x、y、z 轴有不同的位置，称做工件沿 x、y、z 轴的移动自由度，用 $\vec{x}$、$\vec{y}$、$\vec{z}$ 表示；也可以绕 x、y、z 轴有不同的位置，称作工件绕 x、y、z 轴的转动自由度，用 $\widehat{x}$、$\widehat{y}$、$\widehat{z}$ 表示。用以描述工件位置不确定性的 $\vec{x}$、$\vec{y}$、$\vec{z}$ 和 $\widehat{x}$、$\widehat{y}$、$\widehat{z}$，称为工件的六个自由度。

确定工件相对于机床的正确加工位置，就是要限制工件的六个自由度。设空间有一固定点，工件的底面与该点保证接触，那么工件沿 Z 轴的位置自由度就被限制了。如图 3-17（b）所示，设有六个固定点，工件的三个面分别与这些点保持接触，工件的六个自由度就被限制了。这些用来限制工件自由度的固定点，称为定位支承点，简称支承点。

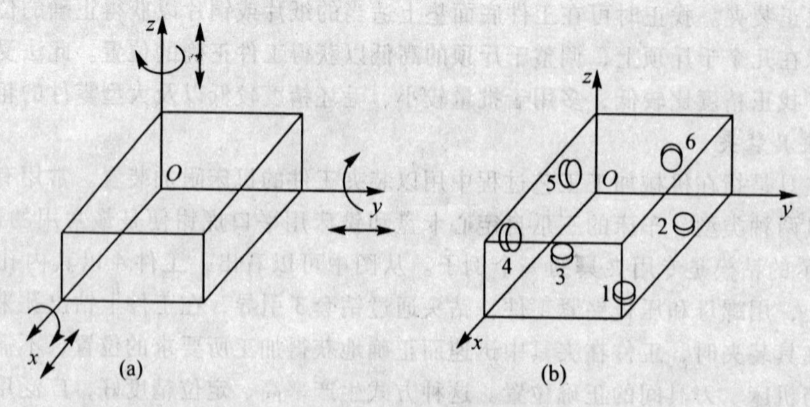

图 3-17 六点定位原理

无论工件的形状和结构怎么不同，它们的六个自由度都可以用六个支承点来限制，只是六个支承点的空间分布状态不同罢了。

用合理分布的六个支承点限制工件六个自由度的法则，称为六点定则。

支承点的分布必须合理，否则六个支承点就限制不了六个自由度，或不能有效地限制六个自由度。例如，图 3-18 中工件底面上的 1、2、3 三个支承点限制了 $\vec{z}$、$\widehat{x}$、$\widehat{y}$，它们应放成三角形，三角形的面积越大，定位越稳。工件侧面上的 4、5 两个支承点限制了 $\vec{y}$、$\widehat{z}$，它们就不能垂直放置，否则，工件绕 Z 轴的转动自由度 $\widehat{z}$ 就不能限制了。

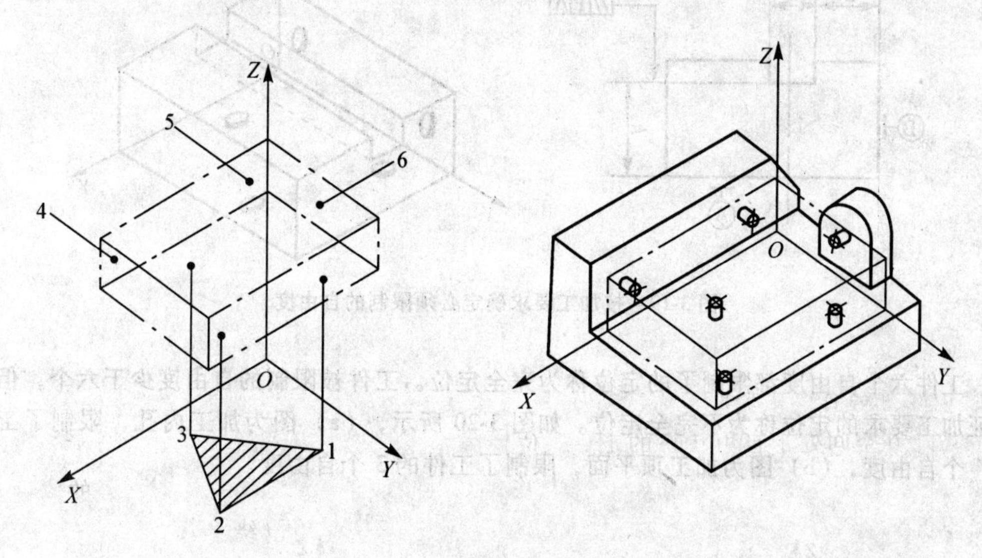

图 3-18　长方体定位支承点分布

六点定则是工件定位的基本法则，在生产实际中，起支承点作用的是一定形状的几何体。这些用来限制工件自由度的几何体就是定位元件。

2. 对工件定位的两种错误理解

我们在分析工件在夹具中的定位时，容易产生两种错误的理解。一种认为：工件在夹具中被夹紧了，也就没有自由度而言，因此，工件也就定了位。这种把定位和夹紧混为一谈，是概念上的错误。我们所说的工件的定位是指所有加工工件在夹紧前要在夹具中按加工要求占有一致的正确位置（不考虑定位误差的影响），而夹紧是在任何位置均可夹紧，不能保证一批工件的每个工件在夹具中处于同一位置。

另一种错误的理解认为工件定位后，仍具有沿定位支承相反的方向移动的自由度，这种理解显然也是错误的。因为工件的定位是以工件的定位基准面与定位元件相接触为前提条件的，如果工件离开了定位元件就不成其为定位，也就谈不上限制其自由度了。至于工件在外力的作用下，有可能离开定位元件，那是要由夹紧来解决的问题。

3. 限制工件自由度与加工要求的关系

工件定位的实质就是要限制对加工有不良影响的自由度，影响加工要求的自由度必须限制；不影响加工要求的自由度，有时需要限制，有时不需要限制，要视具体情况而定。

按照加工要求确定工件必须要限制的自由度，是零件装夹中首先要解决的问题。

(1) 完全定位和不完全定位

如图 3-19 所示零件，要在工件上铣槽，槽底与 A 面的平行度和 h 尺寸两项加工要求，

需限制 $\vec{z}$、$\widehat{x}$、$\widehat{y}$ 三个自由度；为保证槽侧面与 B 面的平行度及 b 尺寸两项加工要求，需限制 $\vec{y}$、$\widehat{z}$ 两个自由度。若铣通槽，则 $\vec{x}$ 自由度不必限制，若槽不铣通，则 $\vec{x}$ 自由度必须限制。

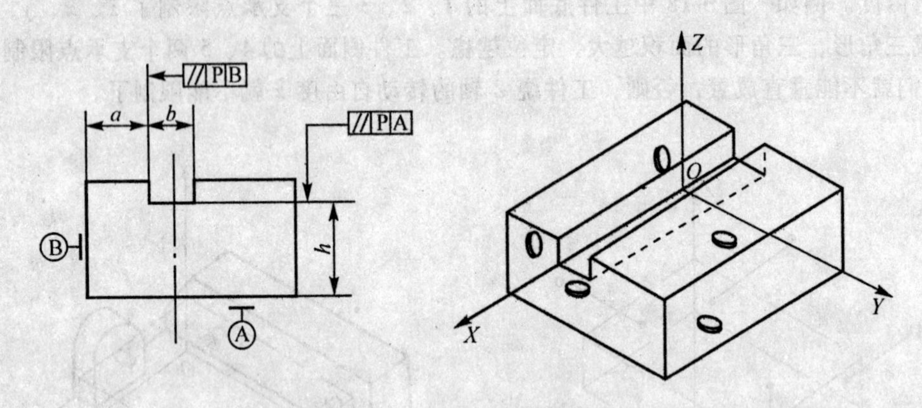

图 3-19　按加工要求确定必须限制的自由度

工件六个自由度都限制了的定位称为完全定位。工件被限制的自由度少于六个，但能保证加工要求的定位称为不完全定位。如图 3-20 所示，（a）图为加工内孔，限制了工件的 4 个自由度，（b）图为加工顶平面，限制了工件的 3 个自由度。

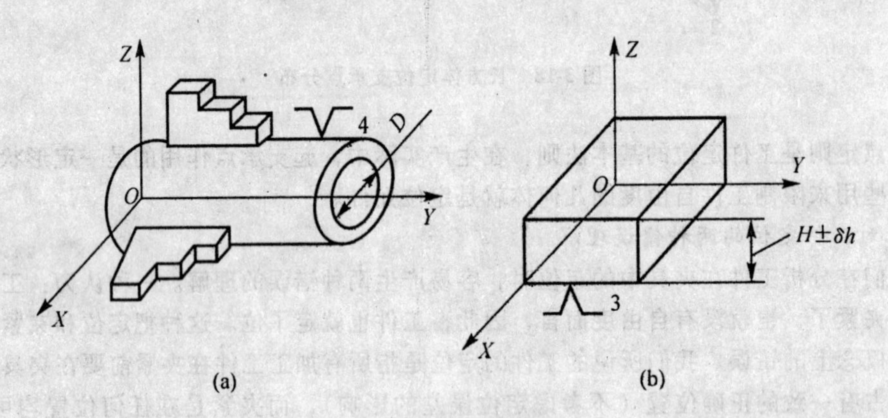

图 3-20　工件的不完全定位

（2）欠定位和过定位

根据工件加工的技术要求，应该限制的自由度而没有被限制的定位状态称为欠定位。欠定位必然不能保证本工序的加工技术要求，是不允许的。如图 3-21 所示，在工件上钻孔，若在 x 方向上未设置定位挡销，孔到端面的距离就无法保证。

工件的同一自由度被两个以上不同的定位元件重复限制的定位，称为过定位。如图 3-22 所示在插齿机上插齿时工件的定位，工件 4 以内孔在心轴 1 上定位，限制了工件的 $\vec{x}$、$\vec{y}$、$\widehat{x}$、$\widehat{y}$ 四个自由度，又以端面在凸台 3 上定位，限制了工件的 $\vec{z}$、$\widehat{x}$、$\widehat{y}$ 三个自由度，其中 $\widehat{x}$、$\widehat{y}$ 被心轴和凸台重复限制。由于工件的内孔和心轴的间隙很小，当工件的内孔与端面的垂直度误差较大时，工件端面与凸台实际上只有一点相接触。如图 3-23（a）

所示，造成定位不稳定。更为严重的是工件一旦被压紧，在夹紧力的作用下，势必引起心轴或工件的变形，如图 3-23（b）所示，这样就会影响工件的装卸和加工精度，这种过定位是不允许的。

在有些情况下，形式上的过定位是允许的。如图 3-22 当工件的内孔和定位端面是在一次装夹中加工出来的，具有良好的垂直度，而夹具的心轴和凸台也具有较好的垂直度，即使两者仍然有很小的垂直度误差，但可有心轴和内孔之间的配合间隙来补偿。因此，尽管心轴和凸台重复限制了 $\widehat{x}$、$\widehat{y}$ 自由度，存在过定位，但由于不会引起相互干涉和冲突，在夹紧力的作用下，工件和心轴不会变形。这种定位的定位精度高、夹具的受力状态好，在实际生产中广泛使用。

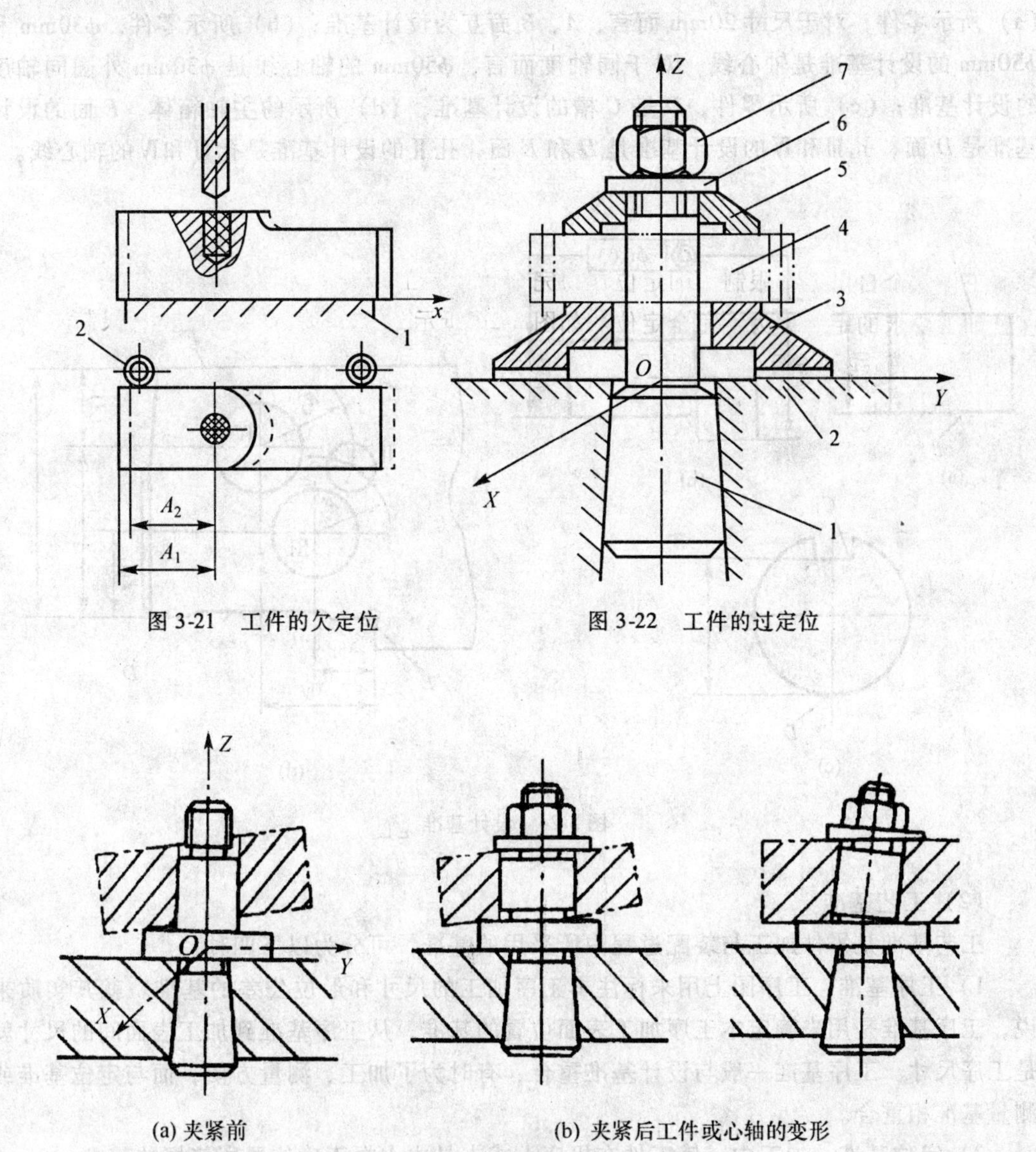

图 3-21　工件的欠定位

图 3-22　工件的过定位

(a) 夹紧前

(b) 夹紧后工件或心轴的变形

图 3-23　过定位对装夹的影响

三、定位基准的选择

工件装夹时必须依据一定的基准，下面先讨论基准的概念。

1. 基准的概念及分类

基准就是根本的依据。机械制造中所说的基准是指用来确定生产对象上几何要素间的几何关系所依据的那些点、线、面。根据作用和使用场合的不同，基准可分为设计基准和工艺基准两大类，其中工艺基准又可分为：工序基准、定位基准、测量基准和装配基准。

（1）设计基准

零件图上用来确定零件上某些点、线、面位置所依据的点、线、面，如图 3-24 所示。（a）所示零件，对于尺寸 20mm 而言，*A*、*B* 面互为设计基准；（b）所示零件，ϕ30mm 和 ϕ50mm 的设计基准是轴心线，对于同轴度而言，ϕ50mm 的轴心线是 ϕ30mm 外圆同轴度的设计基准；（c）所示零件，*D* 是 *C* 槽的设计基准；（d）所示的主轴箱体，*F* 面的设计基准是 *D* 面，孔Ⅲ和Ⅳ的设计基准是 *D* 和 *E* 面，孔Ⅱ的设计基准是孔Ⅲ和Ⅳ的轴心线。

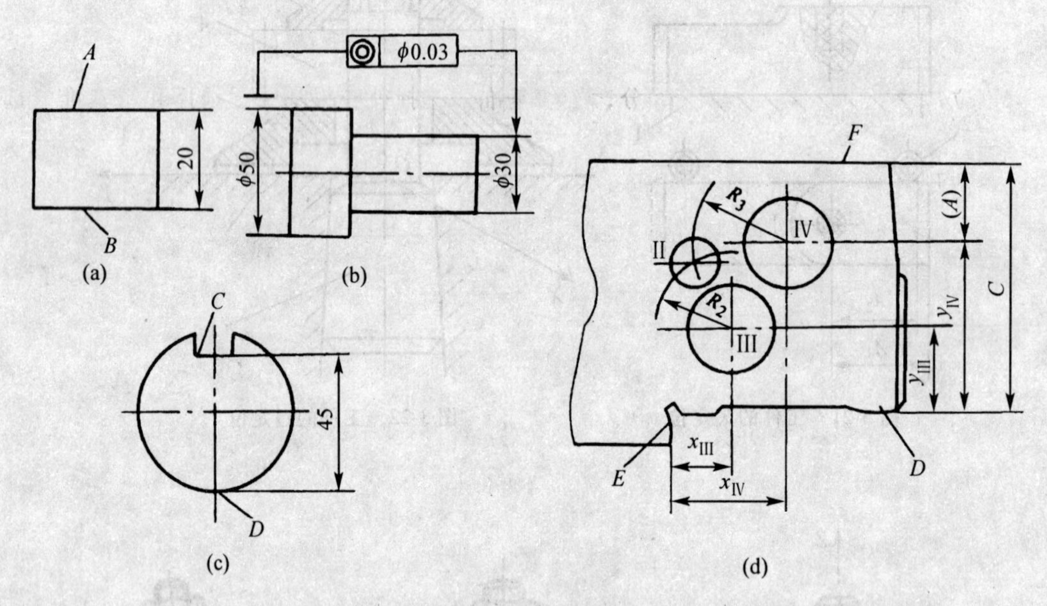

图 3-24 设计基准

（2）工艺基准

工艺基准是零件加工与装配过程中所采用的基准，可分为以下四种。

1）工序基准　工序图上用来标注本工序加工的尺寸和形位公差的基准。就其实质来说，工序基准是用来确定本工序加工表面位置的基准，从工序基准到加工表面间的尺寸就是工序尺寸。工序基准一般与设计基准重合，有时为了加工、测量方便，而与定位基准或测量基准相重合。

2）定位基准　加工中，使工件在机床上或夹具中占据正确位置所依据的基准。

如用直接找正装夹工件，找正面就是定位基准；用划线找正装夹，所划线就是基准；用夹具装夹，工件与定位元件相接触的面就是定位基准（定位基面）。

作为定位基准的点、线、面，可能是工件上的某些面，也可能是看不见摸不着的中心线、中心平面、球心等，往往需要通过工件某些定位表面来体现，这些表面称为定位基面。例如用三爪卡盘夹着工件外圆，体现以轴线为定位基准，外圆面为定位基面。严格地说，定位基准与定位基面有时并不是一回事，但可以代替，只是中间存在一个误差的问题。

3）测量基准　工件在加工中或加工后测量时所用的基准。

4）装配基准　装配时，用以确定零件在部件或产品中的相对位置所采用的基准。

上述各类基准应尽可能使其重合。在设计机械零件时，应尽可能以装配基准作为设计基准，以便于保证装配精度。在编制零件加工工艺规程时，应尽可能以设计基准为工序基准，以便保证零件的加工精度。在加工和测量工件时，应尽量使定位基准和测量基准与工序基准重合，以便消除基准不重合误差。

2. 定位基准的选择

定位基准是零件在加工过程中，安装、定位的基准，通过定位基准，使工件在机床或夹具上获得正确的位置。对机械加工的每一道工序来说，都要求考虑其安装、定位的方式和定位基准的选择问题。

定位基准有粗基准和精基准之分，定位基准的选择就有粗基准的选择和精基准的选择。

零件开始加工时，所有的表面都未加工，只能以毛坯面作定位基准，这种以毛坯面为定位基准的称为粗基准。

在随后的工序中，用加工后的表面作为定位基准称为精基准。在加工中，首先使用的是粗基准，但在选择定位基准时，为了保证零件的加工精度，首先考虑的是选择精基准，精基准选择之后，再考虑合理选择粗基准。

（1）定位精基准的选择

选择精基准时，重点考虑的是减少工件的定位误差，保证零件的加工精度和加工表面之间的位置精度，同时也要考虑零件的装夹方便、可靠、准确。一般应遵循以下原则：

1）基准重合原则

直接选用设计基准为定位基准，称为基准重合原则。采用基准重合原则可以避免定位基准和设计基准不重合引起的定位误差（基准不重合误差），零件的尺寸精度和位置精度能更易于保证，关于基准不重合所引起的定位误差的分析计算，详见第四章定位误差的计算部分。

2）基准统一原则　同一零件的多道工序尽可能选择同一个（一组）定位基准定位，称为基准统一原则，比如柄式刀具的两端中心孔定位和箱体零件的一面双孔定位等。定位基准统一可以保证各加工表面间的相互位置精度，避免或减少因基准转换而引起的误差，并且简化了夹具的设计和制造工作，降低了成本，缩短了生产准备时间。

基准重合和基准统一原则是选择精基准的两个重要原则，但有时会遇到两者相互矛盾的情况。这时对尺寸精度要求较高的表面应服从基准重合原则，以避免容许的工序尺寸实际变动范围减小，给加工带来困难，除此之外，主要考虑基准统一原则。

3）自为基准原则　精加工和光整加工工序要求余量小而均匀，用加工表面本身作为精基准，称为自为基准原则。加工表面与其他表面之间的相互位置精度则由先行工序保证。如图 3-25 所示机床导轨表面的加工。

4）互为基准原则　为使各加工表面间有较高的位置精度，或为使加工表面具有均匀的加工余量，有时可采用两个加工表面互为基准反复加工的方法，称为互为基准原则。如图 3-26 所示精密齿轮的加工，精加工时先以齿面为基准定位加工内孔，再以内孔为基准定位加工齿面。

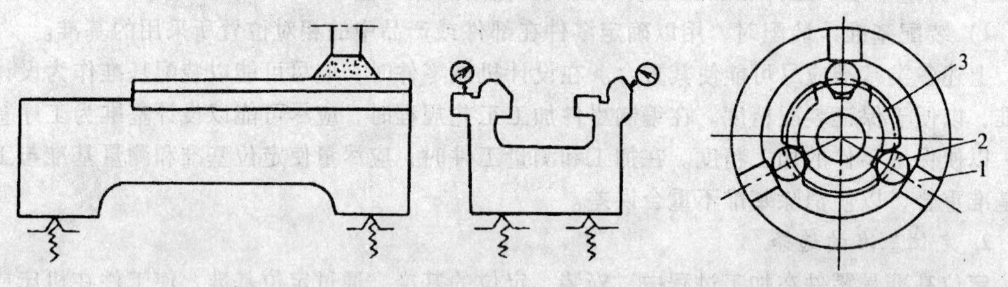

图 3-25　机床导轨面自为基准实例　　图 3-26　精密齿轮互为基准实例

5）装夹方便原则　所选精基准应能保证工件定位准确、稳定，装夹方便、可靠，夹具结构简单。定位基准应有足够大的接触和分布面积，以使能承受较大的切削力，使定位稳定可靠。

（2）定位粗基准的选择

粗基准的选择要重点考虑如何保证各个加工表面都能分配到合理的加工余量，保证加工面与不加工面的位置、尺寸精度，同时还要为后续工序提供可靠的精基准。一般按下列原则选择：

1）保证相互位置要求的原则选取与加工表面相互位置精度要求较高的不加工表面作为粗基准。如图 3-27 所示，应选择外圆表面作为粗基准，这样可以保证加工面与不加工面的位置精度。

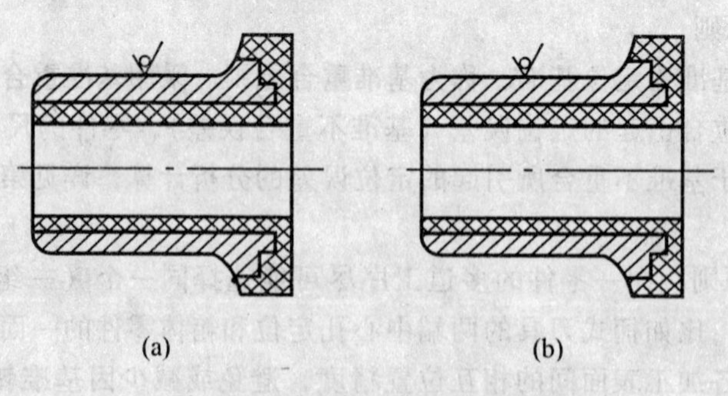

图 3-27　以不加工表面为粗基准

2）以余量最小的表面作为粗基准，以保证各表面都有足够的余量。如图 3-28 所示的锻造轴毛坯大小端外圆的偏心达 3mm，若以大端外圆为粗基准，则小端外圆可能无法加工出来，所以应选择加工余量较小的小端外圆为粗基准。

3）选择零件上重要的表面作为粗基准。如图 3-29 所示为机床导轨加工，先以导轨面

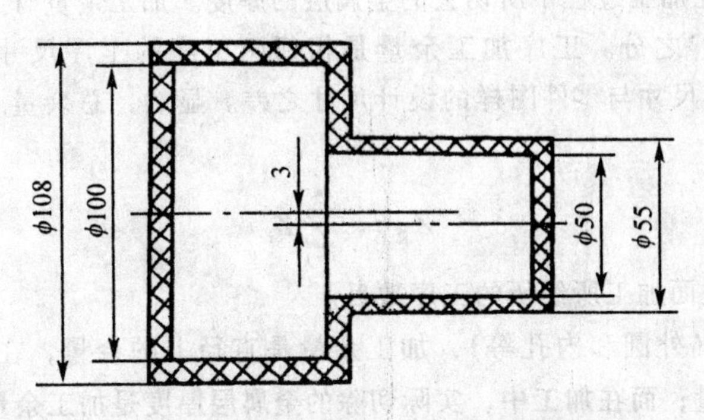

图 3-28　以加工余量小的表面为粗基准

作为粗基准来加工床脚底面，然后以底面作为精基准加工导轨面，如图 3-29（a）所示，这样才能保证床身的重要表面——导轨面加工时所切去的金属层尽可能薄且均匀，以保留组织紧密、耐磨的金属表面，而图 3-29（b）所示则为不合理的定位方案。

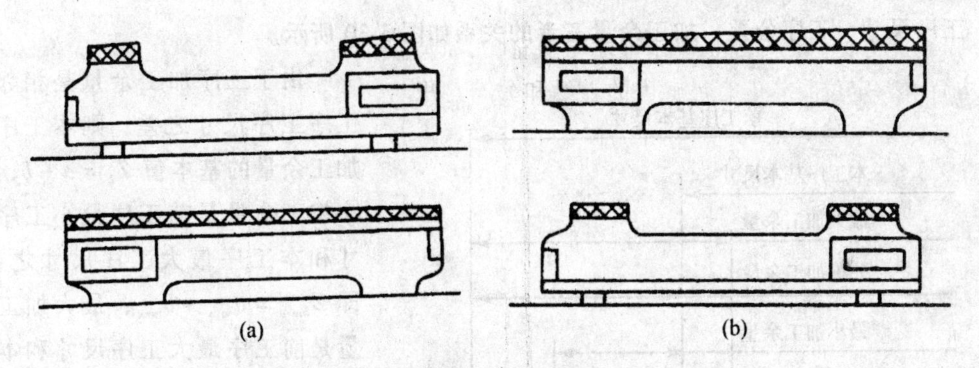

图 3-29　床身导轨面加工粗基准的比较

4）便于工件装夹的原则　选择毛坯上平整光滑的表面（不能有飞边、浇口、冒口和其他缺陷）作为粗基准，以使定位可靠，夹紧可靠。

5）粗基准尽量避免重复使用原则

因为粗基准未经加工，表面较为粗糙，在第二次安装时，其在机床上（或夹具中）的实际位置与第一次安装时可能不一样。

对于复杂的大型零件，从兼顾各方面的要求出发，可采用划线找正的方法来选择粗基准以合理地分配加工余量。

第四节　工序尺寸的确定

一、加工余量与工序尺寸

1. 加工余量及其确定

（1）加工余量的概念

加工余量是指在加工过程中所切去的金属层的厚度。加工余量有工序加工余量和加工总余量（毛坯余量）之分。工序加工余量是相邻两工序的工序尺寸之差；加工总余量（毛坯余量）是毛坯尺寸与零件图样的设计尺寸之差。显然，总余量 $Z_{总}$ 与工序余量 Z_i 的关系为

$$Z_{总} = \sum_{i=1}^{n} Z_i$$

式中：n 为零件某表面加工所经历的工序数目。

对于回转表面（外圆和内孔等），加工余量是直径上的余量，在直径上是对称分布的，故称为对称余量；而在加工中，实际切除的金属层厚度是加工余量的一半，因此又有双面余量和单面余量之分。对于平面，由于加工余量只在一面单向分布，因而只有单面余量。

无论是双面余量、单面余量，还是外表面、内表面，都涉及工序尺寸的问题。每道工序完成后应保证的尺寸称为该工序的工序尺寸。由于加工中不可避免地存在误差，因而，工序尺寸也有公差，这种公差称为工序公差。

工序尺寸、工序公差、加工余量三者的关系如图 3-30 所示。

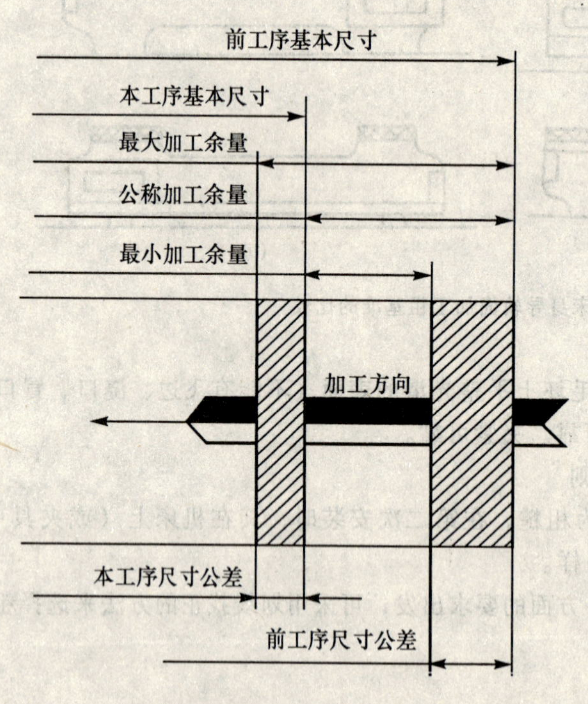

图 3-30　加工余量及其公差

由于工序加工余量是相邻两工序工序尺寸之差，则本工序的加工余量的基本值 $Z_b = a - b$，最小加工余量是前工序最小工序尺寸和本工序最大工序尺寸之差，即 $Z_{b\min} = a_{\min} - b_{\max}$；最大加工余量是前工序最大工序尺寸和本工序最小工序尺寸之差，即 $Z_{b\max} = a_{\max} - b_{\min}$。其中 a 表示前道工序的工序尺寸，b 表示本道工序的工序尺寸。

(2) 确定加工余量的方法

在保证加工质量的前提下，加工余量越小越好。确定加工余量有以下三种方法。

1）经验估算法　工艺人员根据生产的技术水平，靠经验来确定加工余量。为了防止余量不足而产生废品，通常所取的加工余量都偏大。此法一般用于单件小批量生产。

2）查表修正法　根据各工厂长期的生产实践与试验研究所积累的有关加工余量资料，制成各种表格并汇编成手册。如《机械加工工艺手册》、《机械工艺工程师手册》、《机械加工工艺设计手册》等。确定加工余量时，查阅这些手册，在根据本厂的实际情况

进行适当的修正后确定。目前，这种方法运用较为普遍。

单件小批生产中，加工中、小零件时，其单边加工余量可参考如下数据。

①总加工余量（毛坯余量）：

（手工造型）铸件	3.5～7mm
自由锻件	2.5～7mm
模锻件	1.5～3mm
圆钢料	1.5～2.5mm

②工序加工余量：

粗车	1～1.5mm
半精车	0.8～1mm
高速精车	0.4～0.5mm
低速精车	0.1～0.15mm
磨削	0.1～0.15mm
研磨	0.002～0.005mm
粗铰	0.15～0.35mm
精铰	0.05～0.15mm
珩磨	0.02～0.15mm

3）分析计算法。分析计算法根据计算公式和一定的试验资料，对影响加工余量的各项因素进行分析，并计算确定加工余量。这种方法比较合理，但必须有比较全面和可靠的试验资料，目前较少采用。

2. 工序尺寸及其公差的确定

每道工序完成后应保证的尺寸称为该工序的工序尺寸。工件上的设计尺寸及其公差是经过各加工工序加工后最后才得到的。每道工序的工序尺寸都不相同，它们逐步向设计尺寸接近。为了最终保证工件的设计要求，各中间工序的工序尺寸及其公差需要计算确定。

工序余量确定后，就可计算工序尺寸。工序尺寸及其公差的确定要根据工序基准或定位基准与设计基准是否重合，采取不同的计算方法。

基准重合时工序尺寸及其公差的计算比较简单。例如，对外圆和内孔的多工序加工均属于这种情况。此时，工序尺寸及其公差与工序余量的关系如图 3-30 所示。计算顺序是：先确定各工序的基本尺寸，再由后往前逐个工序推算，即由工件的设计尺寸开始，由最后一道工序向前推算，直到毛坯尺寸；工序尺寸的公差则都按各工序的经济精度确定，并按“入体原则”确定上、下偏差，毛坯尺寸则按双向对称取上、下偏差。

例如：一套筒零件内孔（$\phi60_{0}^{+0.019}$）的加工路线为：毛坯孔→粗车→半精车→磨削→珩磨，求各工序尺寸。

首先，通过查表或凭经验确定毛坯总余量及其公差、工序余量以及工序的经济精度和公差值，然后，计算工序尺寸，计算结果见表 3-6。

表 3-6　　　　工序尺寸及公差的计算　　　　单位：mm

工序名称	工序余量	工序经济精度	工序基本尺寸	工序尺寸及公差
珩磨	0.1	0.019	60	$\phi60_0^{+0.019}$
磨削	0.4	0.03	60 - 0.1 = 59.9	$\phi59.9_0^{+0.03}$
半精车	1.5	0.18	59.9 - 0.4 = 59.5	$\phi59.5_0^{+0.18}$
粗车	8	0.45	59.5 - 1.5 = 58	$\phi58_0^{+0.45}$
毛坯孔	10	±1.5	58 - 8 = 50	$\phi50 \pm 1.5$

二、工艺尺寸链与工序尺寸

工序基准或定位基准与设计基准不重合时，工序尺寸及其公差计算比较复杂，需用工艺尺寸链来分析计算。

1. 尺寸链的基本概念

在零件加工或机器装配过程中，由相互连接的尺寸按照一定的顺序排列成为封闭的尺寸组称为尺寸链。

如图 3-31 所示零件图样上标注的尺寸 A_1、A_0，设 A、B 面已加工，现采用调整法加工 C 面，若以设计基准 B 作为定位基准，定位和夹紧都不方便；若以 A 面作为定位基准，直接保证的是对刀尺寸 A_2，图样上要求的设计尺寸 A_0 将由本工序尺寸 A_2 和上工序尺寸 A_1 来间接保证，当 A_1 和 A_2 确定之后，A_0 随之确定。像这样一组相互关联的尺寸，组成封闭的形式，如同链条一样环环相扣，形象地称为尺寸链。

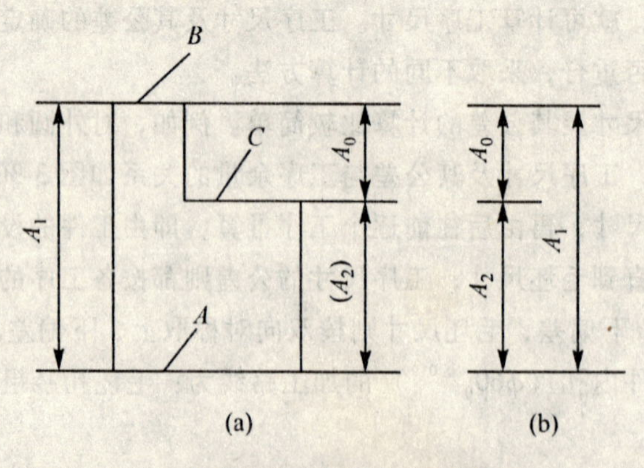

（a）台阶零件　（b）尺寸链图

图 3-31　零件加工过程中的尺寸链

在零件图纸上，用来确定表面之间相互位置的尺寸链，称为设计尺寸链；在工艺文件上，由加工过程中的同一零件的工艺尺寸组成的尺寸链，称为工艺尺寸链。

2. 工艺尺寸链的组成

组成尺寸链的各个尺寸称为环，而环又有组成环和封闭环之分。在尺寸链中凡是最后被间接获得的尺寸，称为封闭环。封闭环一般以下脚标“0”表示。如图3-31中的A_0就是封闭环。

应该特别指出：在计算尺寸链时，区分封闭环是至关重要的，封闭环搞错了，一切计算结果都是错误的。在工艺尺寸链中，封闭环随着加工顺序的改变或测量基准的改变而改变，区分封闭环的关键在于要紧紧抓住“间接获得”或“最后形成”的设计尺寸这一概念。

在加工过程中直接形成的尺寸（在零件加工的工序中出现或直接控制的尺寸），称为组成环。任一组成环的变动，必然引起封闭环的变动，根据它对封闭环影响的不同，组成环可分为增环和减环。

增环：若该环尺寸增大时封闭环随着增大或该环尺寸减小时封闭环尺寸随着减小，则该环称为增环。以$\vec{A}_j$表示。

减环：若该环尺寸增大时封闭环随着减小或该环尺寸减小时封闭环尺寸随着增大，则该环称为减环。以$\overleftarrow{A}_j$表示。

当尺寸链中的组成环较多时，根据定义来区别增、减环比较麻烦，可用简易的方法来判断：在尺寸链简图中，先在封闭环上任定一方向画一箭头，然后沿着此方向绕尺寸链回路依次在每一组成环上画出一箭头，凡是组成环上所画箭头方向与封闭环箭头方向相同的为减环，相反的为增环。

在一个尺寸链中，只有一个封闭环。组成环和封闭环的概念是针对一定尺寸链而言的，是一个相对的概念。同一尺寸，在一个尺寸链中是组成环，在另一尺寸链中有可能是封闭环。

3. 工艺尺寸链计算的基本公式

工艺尺寸链的计算方法有极值法和概率法两种，生产中一般多采用极值法进行计算工艺尺寸，其基本计算公式如下：

（1）封闭环的基本尺寸　封闭环的基本尺寸A_0等于所有增环的基本尺寸之和减去所有减环的基本尺寸之和。

$$A_0 = \sum_{i=1}^{m} \vec{A}_i - \sum_{j=1}^{n} \overleftarrow{A}_j$$

式中：m为增环的数目；

n为减环的数目。

（2）封闭环的上偏差　封闭环的上偏差$ES(A_0)$等于所有增环的上偏差之和减去所有减环的下偏差之和。

$$ES(A_0) = \sum_{i=1}^{m} ES(\vec{A}_i) - \sum_{j=1}^{n} EI(\overleftarrow{A}_j)$$

（3）封闭环的下偏差　封闭环的下偏差$EI(A_0)$等于所有增环的下偏差之和减去所有减环的上偏差之和。

$$EI(A_0) = \sum_{i=1}^{m} EI(\vec{A}_i) - \sum_{j=1}^{n} ES(\overleftarrow{A}_j)$$

(4) 封闭环的公差　封闭环的公差 T_0 等于所有组成环公差之和。

$$T_0 = \sum_{i=1}^{m} T_i + \sum_{j=1}^{n} T_j$$

显然，在工艺尺寸链的计算中，封闭环的公差大于任一组成环的公差。当封闭环公差一定时，若组成环的数目较多，各组成环的公差就会过小，造成工序加工困难。因此，在分析尺寸链时，应使尺寸链组成环数最少，即遵循尺寸链最短原则。

4. 工艺尺寸链的应用

在机械加工过程中，每一道工序的加工结果都以一定的尺寸值表示出来，尺寸链反映了相互关联的一组尺寸之间的关系，也就反映了这些尺寸所对应的加工工序之间的相互关系。

从一定意义上讲，尺寸链的构成反映了加工工艺的构成。特别是加工表面之间位置尺寸的标注方式，在一定程度上决定了表面加工的顺序。在工艺尺寸链中，组成环是各工序的工序尺寸，即各工序直接得到并保证的尺寸；封闭环是间接得到的设计尺寸或工序加工余量。

在零件工艺过程制订中遇到的尺寸链的应用情况是：已知封闭环和部分组成环的尺寸，求剩余的一个组成环的尺寸。

(1) 定位基准与设计基准不重合

零件加工中，当定位基准与设计基准不重合时，要保证设计尺寸的要求，必须求出工序尺寸来间接保证设计尺寸，要进行工序尺寸的换算。

如图 3-32 (a) 所示的零件，孔 D 的设计尺寸是 $\phi100 \pm 0.15$mm，设计基准是 C 孔的轴线。在加工 ϕD 孔前，A 面、B 孔、C 孔已加工，为了使工件装夹方便，加工 D 孔时以 A 面定位，按工序尺寸 A_3 加工，试求 A_3 的基本尺寸及极限偏差。

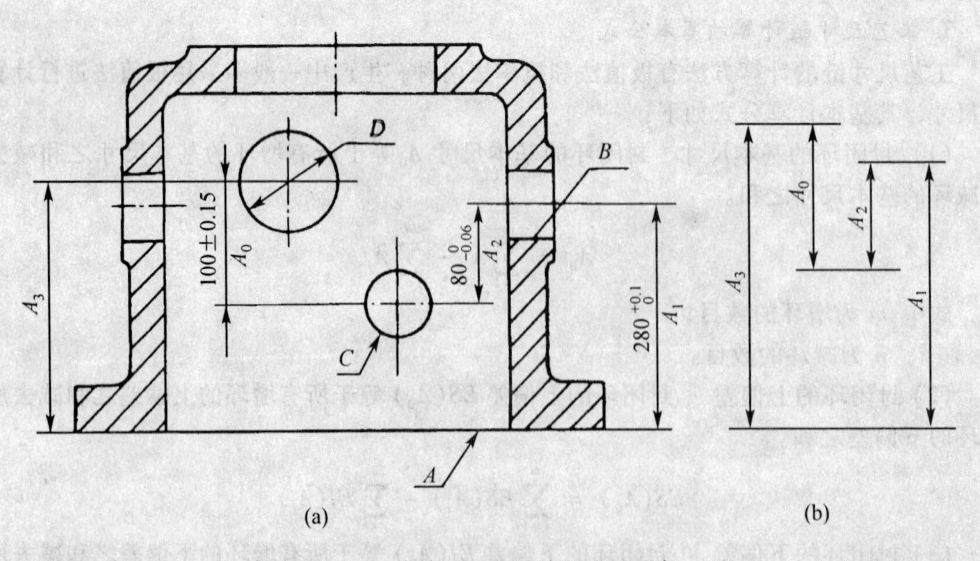

图 3-32　定位基准与设计基准不重合

解　计算步骤如下：

①画出尺寸链简图。其尺寸链简图如图 3-32（b）所示。

②确定封闭环。这时孔的定位基准与设计基准不重合，设计尺寸 A_0是间接得到的，因而 A_0是封闭环。

③确定增环、减环。A_2、A_3是增环，A_1是减环。

④判断：$T_0 > \sum_{i=1}^{m+n-1} T_i$，即判断：已知组成环的公差之和是否小于封闭环的公差。

若满足上式，则可以进入下一步骤，直接用公式计算；否则，需先压缩某一组成环的公差（提高该工序尺寸的制造精度要求，并需在工序图中标注该提高后的尺寸要求），再按压缩后的工序尺寸的上、下偏差代入公式进行计算。

对本例：由于 0.3 > 0.06 + 0.1 故可以直接用公式计算（差值即为待求组成环的公差值）。

⑤利用基本计算公式进行计算。

$$A_0 = \sum_{i=1}^{m} \vec{A}_i - \sum_{j=1}^{n} \overleftarrow{A}_j \Rightarrow A_0 = A_2 + A_3 - A_1 \Rightarrow 100 = 80 + A_3 - 280 \Rightarrow A_3 = 280\text{mm}$$

$$ES(A_0) = \sum_{i=1}^{m} ES(\vec{A}_i) - \sum_{j=1}^{n} EI(\overleftarrow{A}_j) \Rightarrow 0.15 = 0 + ES(A_3) - 0 \Rightarrow ES(A_3) = 0.15\text{mm}$$

$$EI(A_0) = \sum_{i=1}^{m} EI(\vec{A}_i) - \sum_{j=1}^{n} ES(\overleftarrow{A}_j) \Rightarrow -0.15 = -0.06 + EI(A_3) - 0.1 \Rightarrow EI(A_3) = 0.01\text{mm}$$

所以工序尺寸 A_3 为：$A_3 = 300^{+0.15}_{+0.01}\text{mm}$。

（2）设计基准与测量基准不重合

测量时，由于测量基准和设计基准不重合，需测量的尺寸不能直接测量，只能由其他测量尺寸来间接保证，也需要进行尺寸换算。

如图 3-33（a）所示，加工时尺寸 $10^{0}_{-0.36}$mm 不便测量，改用深度游标尺测量孔深 A_2，通过孔深 A_2，总长 $50^{0}_{-0.17}$mm（A_1）来间接保证设计尺寸 $10^{0}_{-0.36}$mm（A_0），求孔深 A_2。

解　计算步骤如下：

①画出尺寸链简图。其尺寸链简图如图 3-33（b）所示。

②确定封闭环。这时孔深的测量基准与设计基准不重合，设计尺寸 A_0是通过 A_2间接得到的，因而 A_0是封闭环。

③确定增环、减环。A_1是增环，A_2是减环。

④判断：0.36 > 0.17 故可以直接用公式计算

⑤利用基本计算公式进行计算。

$$10 = 50 - A_2 \Rightarrow A_2 = 40\text{mm}$$

$$0 = 0 - EI(A_2) \Rightarrow EI(A_2) = 0$$

$$-0.36 = -0.17 - ES(A_2) \Rightarrow ES(A_2) = 0.19\text{mm}$$

所以孔深 A_2为：$A_2 = 40_{0}^{+0.19}$mm。

（3）工序尺寸的基准有加工余量时工艺尺寸链的计算

零件图上有时存在几个尺寸从同一基准面进行标注，当该基准面精度和表面粗糙度要求较高时，往往是在工艺过程的精加工阶段进行最后加工。这样，在进行该面的最终一次加工时，要同时保证几个设计尺寸，其中只有一个设计尺寸可以直接保证，其他设计尺寸

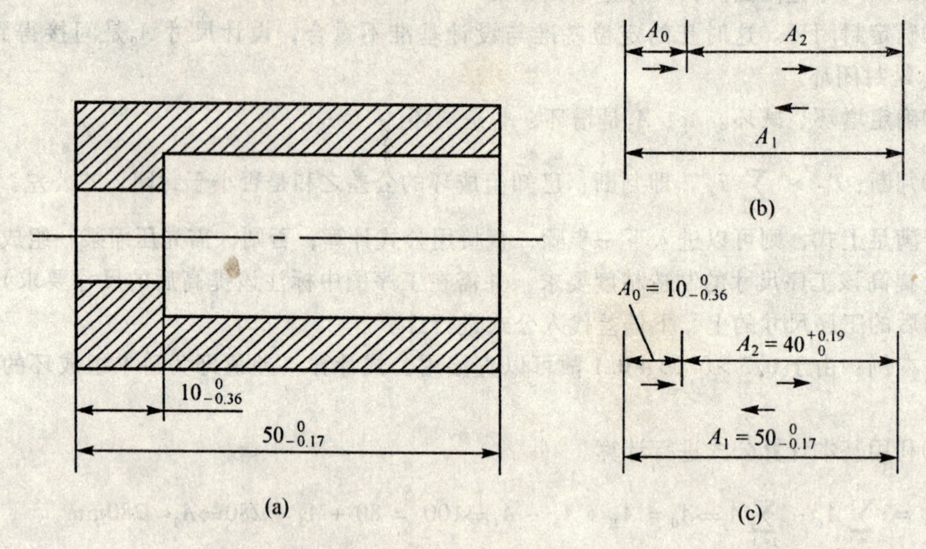

图 3-33 设计基准与测量基准不重合

只能间接获得，需要进行尺寸计算。下面以实例来说明。

如图 3-34（a）所示为齿轮内孔局部简图。内孔和键槽的加工顺序为：

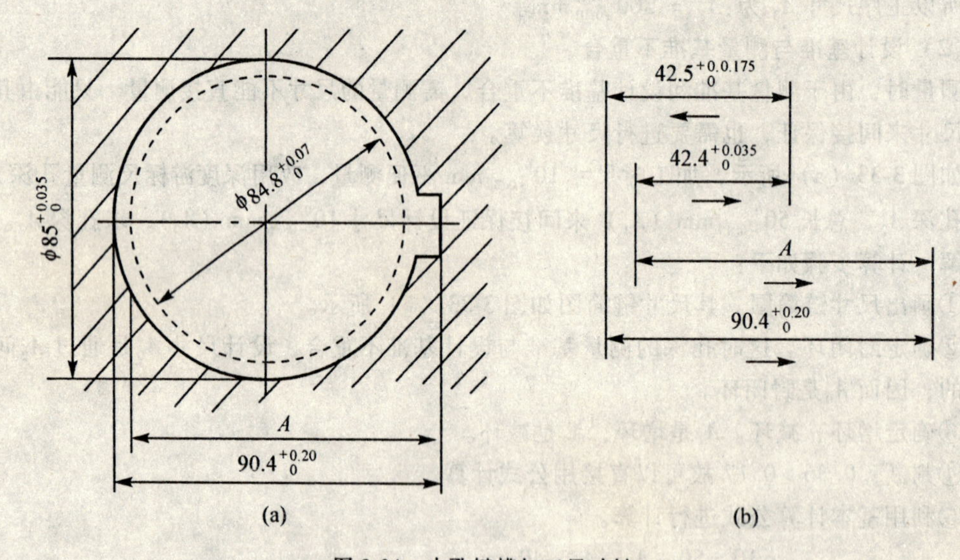

图 3-34 内孔键槽加工尺寸链

①半精镗孔至 $\phi 84.8_{0}^{+0.1}$ mm；

②插键槽至尺寸 A；

③淬火；

④磨内孔至尺寸 $\phi 85_{0}^{+0.035}$ mm，同时保证键槽深度 $90.4_{0}^{+0.2}$ mm。

求插键槽工序的深度尺寸 A。

解 计算步骤如下：

①画出尺寸链简图。在这里要注意直径的基准是轴线，其尺寸链简图如图 3-34（b）所示。

②确定封闭环。键槽深度 $90.4_{0}^{+0.2}$ 是间接得到的，因而 $90.4_{0}^{+0.2}$ 是封闭环。

③确定增环、减环。如尺寸链简图所示。

④判断：$0.2>0.0175+0.035$

⑤利用基本计算公式进行计算。

$$90.4=A+42.5-42.4 \quad \text{即}\ A=90.3\text{mm}$$

$$0.2=ES(A)+0.0175-0 \quad \text{即}\ ES(A)=0.1825\text{mm}$$

$$0=EI(A)+0-0.035 \quad \text{即}\ EI(A)=0.035\text{mm}$$

所以插键槽的尺寸 A 为 $90.3_{+0.035}^{+0.183}$mm。

思考与练习题

1. 何谓工艺规程？机械加工工艺规程有何作用和要求？

2. 何谓零件的结构工艺性？图 3-35 所示零件的结构工艺性存在什么问题？试分析如何改进。

3. 对零件加工工艺性的分析，在普通设备加工和数控设备加工的情况下，其好或不好的评价标准是一样的吗？试举例说明。

4. 零件的加工过程为什么要划分加工阶段？一般划分为哪几个加工阶段？什么情况下可以不划分或不严格划分加工阶段？

5. 何谓“工序集中”与“工序分散”？各有什么优缺点，各用在什么情况下，采用数控加工时工序划分宜按照何种原则？试说明其原因。

6. 安排工序顺序时，一般应遵循哪些原则？

7. 退火、正火、时效、调质、淬火，渗碳淬火、渗氮等热处理工序各应安排在工艺过程哪个位置才恰当，为什么？

8. 零件加工的常用毛坯有哪些？选择确定毛坯种类和形状、尺寸时应该考虑哪些因素？

9. 加工余量如何确定？影响工序间加工余量的因素有哪些？

10. 工件的装夹方式有哪几种？试分析它们的特点和应用场合。

11. 什么叫六点定位原则？什么叫完全定位、不完全定位？举例说明。

12. 何谓欠定位、过定位？这两种定位方式由于都存在问题，故在生产中都是不允许存在的，对吗？试举例分析说明。

13. 举例说明基准的种类及其定义。

14. 工件装夹在夹具中，凡是有六个定位支承点，即为完全定位，凡是超过六个定位支承点就是过定位，不超过六个定位支承点，就不会出现过定位。这种说法对吗？为什么？试举例说明。

15. 由于在加工前我们总是将工件在机床或夹具上完全夹紧的，工件相对于机床不能再产生任何的位置移动，故在装夹时工件最后总是都被限制了全部的自由度，此说法对吗，为什么？

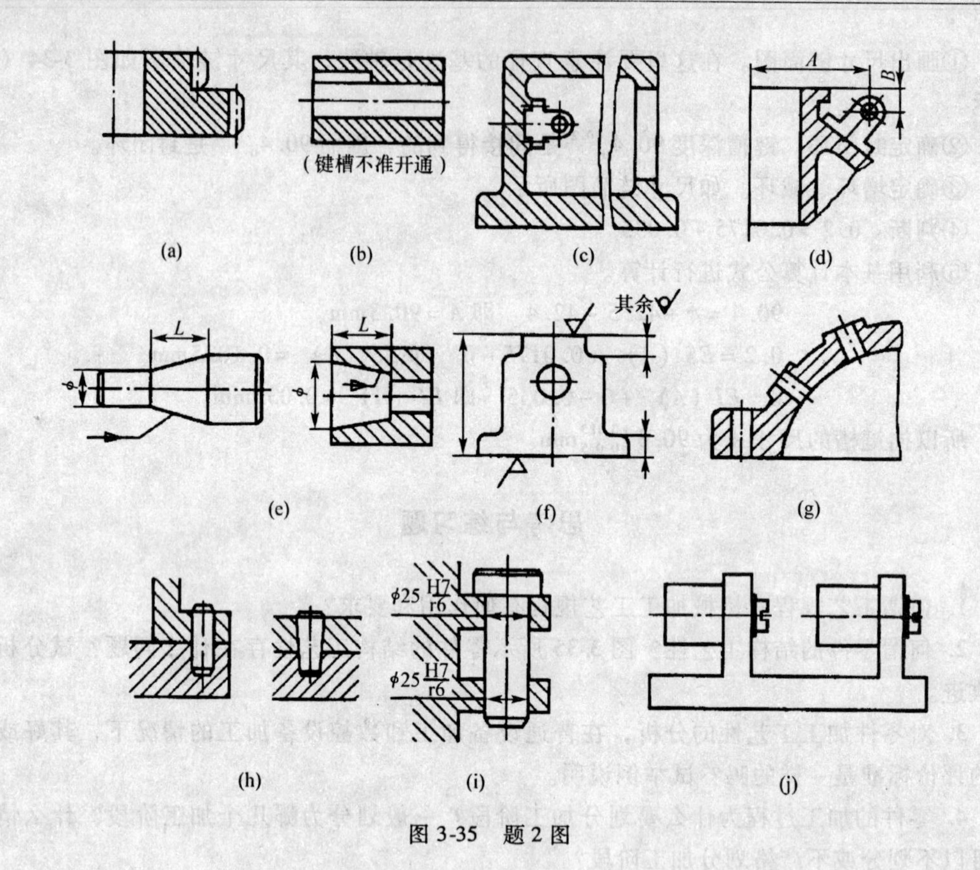

图 3-35 题 2 图

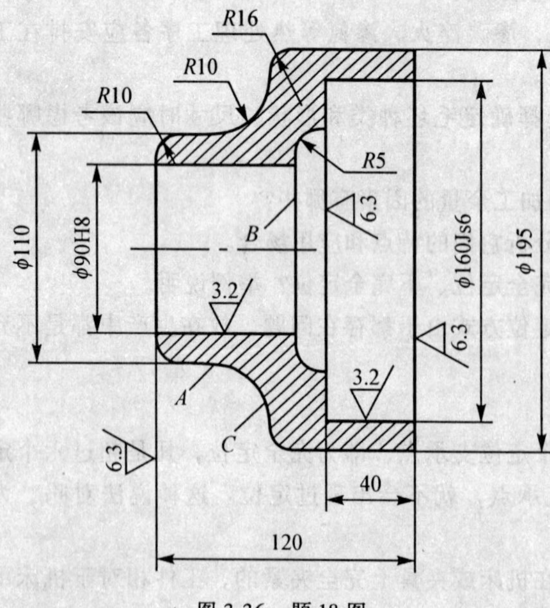

图 3-36 题 18 图

16. 什么叫粗基准、精基准？粗基准和精基准选择的原则各有哪些？

17. 什么叫经济加工精度？它与机械加工工艺规程的制定有什么关系？

18. 试选择图 3-36 所示端盖零件加工的粗基准，并简述理由。

19. 图 3-37 所示零件，现 A、B、C 面，$\phi10$H7 孔和 $\phi30$H7 孔均已加工好，试选择加工 $\phi12$H7 孔时的定位基准，并分析各限制哪些自由度。

20. 图 3-38 所示各零件，设其余各面均已加工完毕，现加工标注有“▽”符号的表面，试选择定位基准，并分别确定限制几个自由度。

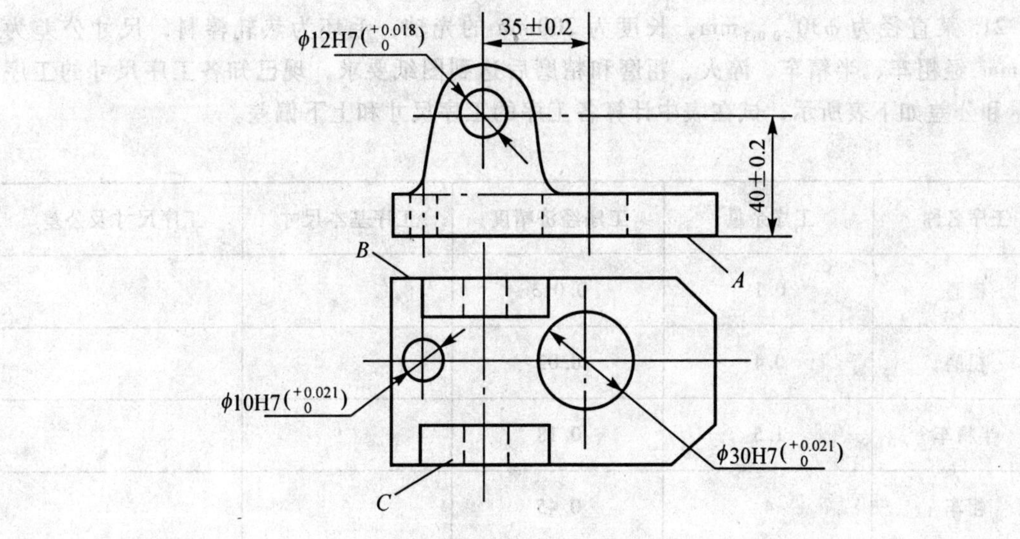

图 3-37　题 19 图

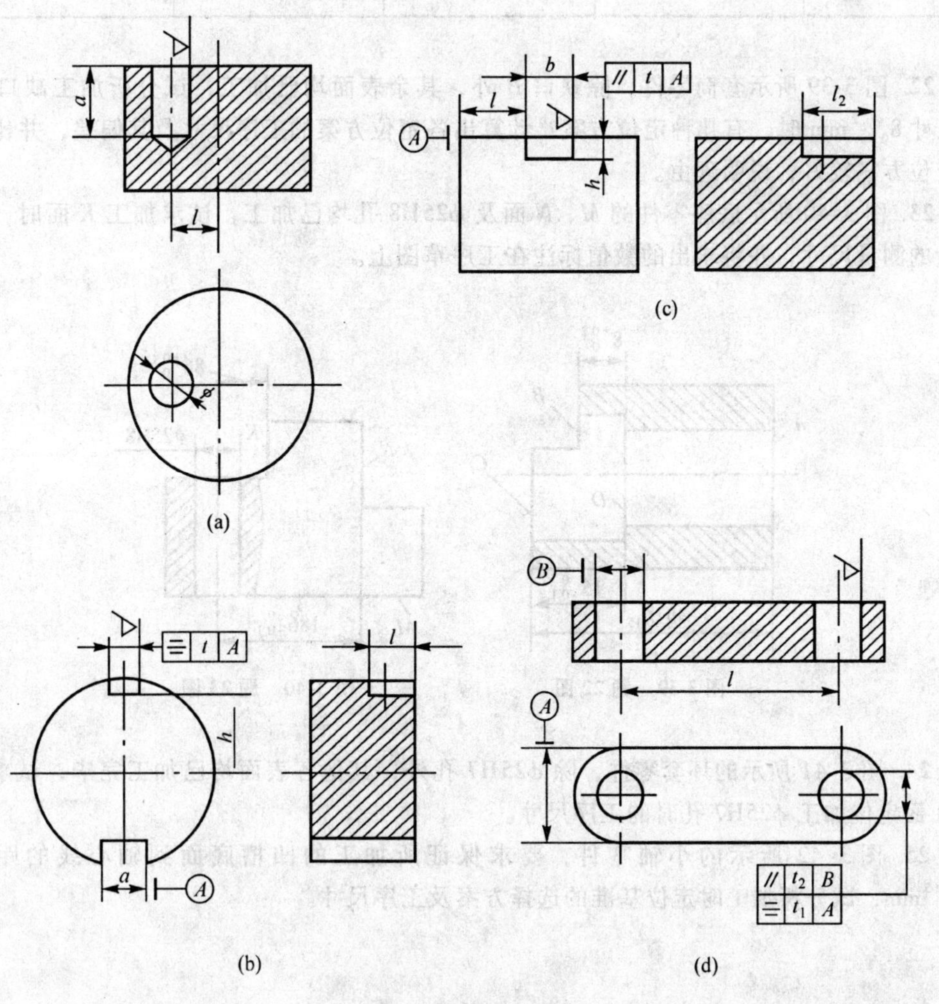

图 3-38　题 20 图

21. 某直径为 $\phi30^{0}_{-0.013}$ mm，长度为 200mm 的光轴，毛坯为热轧棒料，尺寸公差为 ±1mm,经粗车、半精车、淬火、粗磨和精磨后达到图纸要求，现已知各工序尺寸的工序余量和公差如下表所示，试在表中计算各工序的工序尺寸和上下偏差。

工序名称	工序余量	工序经济精度	工序基本尺寸	工序尺寸及公差
精磨	0.1	0.013		
粗磨	0.4	0.03		
半精车	1.5	0.18		
粗车	4	0.45		
毛坯棒料		±1		

22. 图 3-39 所示套筒零件，除缺口 *B* 外，其余表面均已加工，试分析加工缺口 *B* 保证尺寸 $8_{0}^{+0.2}$mm 时，有几种定位方案？计算出各定位方案的工序尺寸及其偏差，并比较哪个定位方案较好，说明理由。

23. 图 3-40 所示底座零件的 *M*、*N* 面及 ϕ25H8 孔均已加工，试求加工 *K* 面时，便于测量的测量尺寸，并将求出的数值标注在工序草图上。

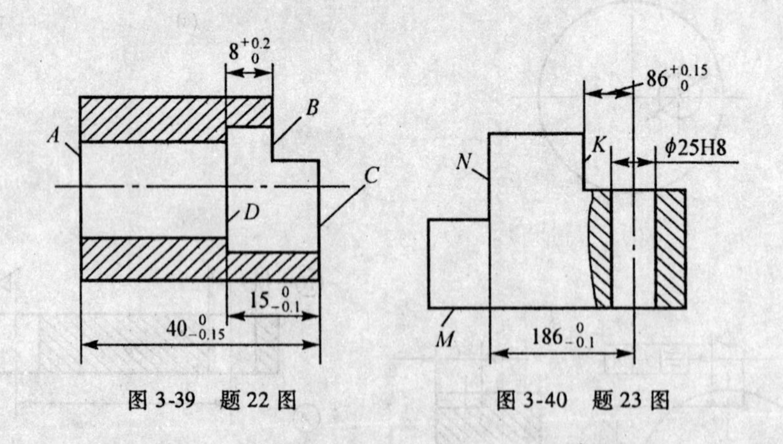

图 3-39 题 22 图　　图 3-40 题 23 图

24. 图 3-41 所示的环套零件，除 ϕ25H7 孔外，其他各表面均已加工完毕，试求：当以 *A* 面定位加工 ϕ25H7 孔时的工序尺寸。

25. 图 3-42 所示的小轴零件，要求保证所加工的凹槽底面到轴心线的距离为 $5_{0}^{+0.05}$mm，试分析加工时定位基准的选择方案及工序尺寸。

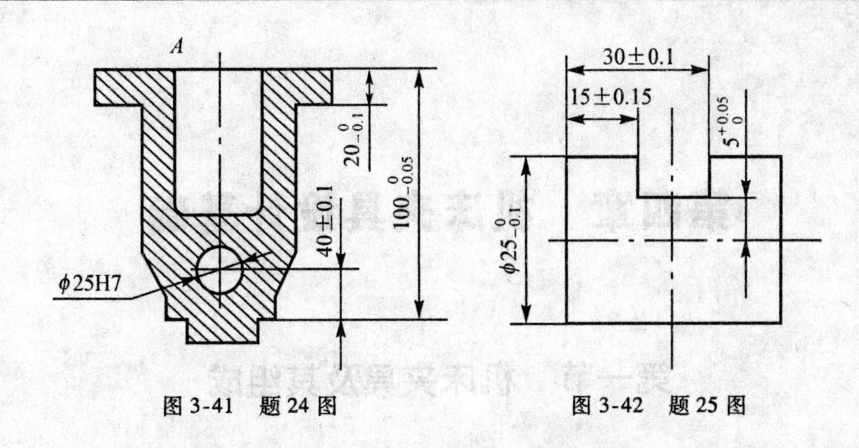

图 3-41　题 24 图　　　　图 3-42　题 25 图

26. 如图 3-43 所示销轴零件，其相关的工艺过程为：车外圆→铣槽→热处理→磨外圆保证图纸要求。试求其铣槽工序的工序尺寸 X。

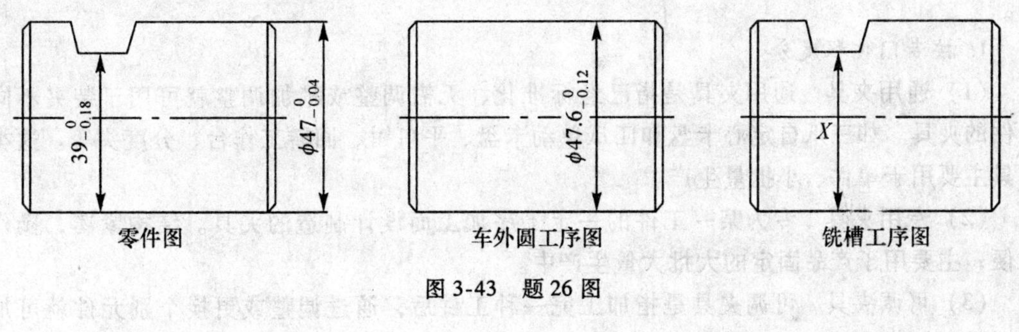

图 3-43　题 26 图

第四章 机床夹具设计基础

第一节 机床夹具及其组成

一、机床夹具的类型

机床夹具是在机床上用来快速、准确、方便地安装工件的工艺装备。其使用情况如下。

1. 按专门化程度分

(1) 通用夹具 通用夹具是指已经标准化、无需调整或稍加调整就可用于装夹不同工件的夹具。如三爪自定心卡盘和四爪单动卡盘、平口钳、回转工作台、分度头等。这类夹具主要用于单件、小批量生产。

(2) 专用夹具 专为某一工件的一定工序加工而设计制造的夹具。结构紧凑，操作方便，主要用于产品固定的大批大量生产中。

(3) 可调夹具 可调夹具是指加工完一种工件后，通过调整或更换个别元件就可加工形状相似、尺寸相近的其他工件。多用于中小批量生产。

(4) 组合夹具 组合夹具是指按一定的工艺要求，由一套预先制造好的通用标准元件和部件组合而成的夹具。这种夹具使用完后，可进行拆卸或重新组装夹具，具有缩短生产周期，减少专用夹具的品种和数量的优点。适用于新产品的试制及多品种、小批量的生产。

(5) 随行夹具 随行夹具是在自动线加工中针对某一种工件而采用的一种夹具。除了具有一般夹具所担负的装夹工件的任务外，还担负着沿自动线输送工件的任务。

2. 按使用的机床类型分

有车床夹具、铣床夹具、钻床夹具、镗床夹具、加工中心机床夹具和其他机床夹具等。

3. 按驱动夹具工作的动力源分

有手动夹具、气动夹具、液压夹具、电动夹具、磁力夹具、真空夹具及自夹紧夹具等。

二、机床夹具的组成

虽然机床夹具种类很多，但它们的基本组成是相同的。下面以一个数控铣床夹具为例，说明夹具的组成。图 4-1 所示为在数控铣床上铣连杆槽夹具。该夹具靠工作台 T 形槽和夹具体上定位键 9 确定其在数控铣床上的位置，用 T 形螺钉紧固。

加工时，工件在夹具中的正确位置靠夹具体 1 的上平面、圆柱销 11 和菱形销 10 保证。夹紧时，转动螺母 7，压下压板 2，压板 2 一端压着夹具体，另一端压紧工件，保证工件的正确位置不变。

从上例可知，机床夹具由以下几部分组成。

1）定位装置　定位装置是由定位元件及其组合而构成的。它用于确定工件在夹具中的正确位置。如图 4-1 中的圆柱销 11、菱形销 10、夹具体的上平面等都是定位元件。

2）夹紧装置　夹紧装置用于保证工件在夹具中的既定位置，使其在外力作用下不致产生移动。它包括夹紧元件、传动装置及动力装置等。如图 4-1 中的压板 2、螺母 3 和螺母 7、垫圈 4 和垫圈 5、螺栓 6 及弹簧 8 等元件组成的夹紧装置。

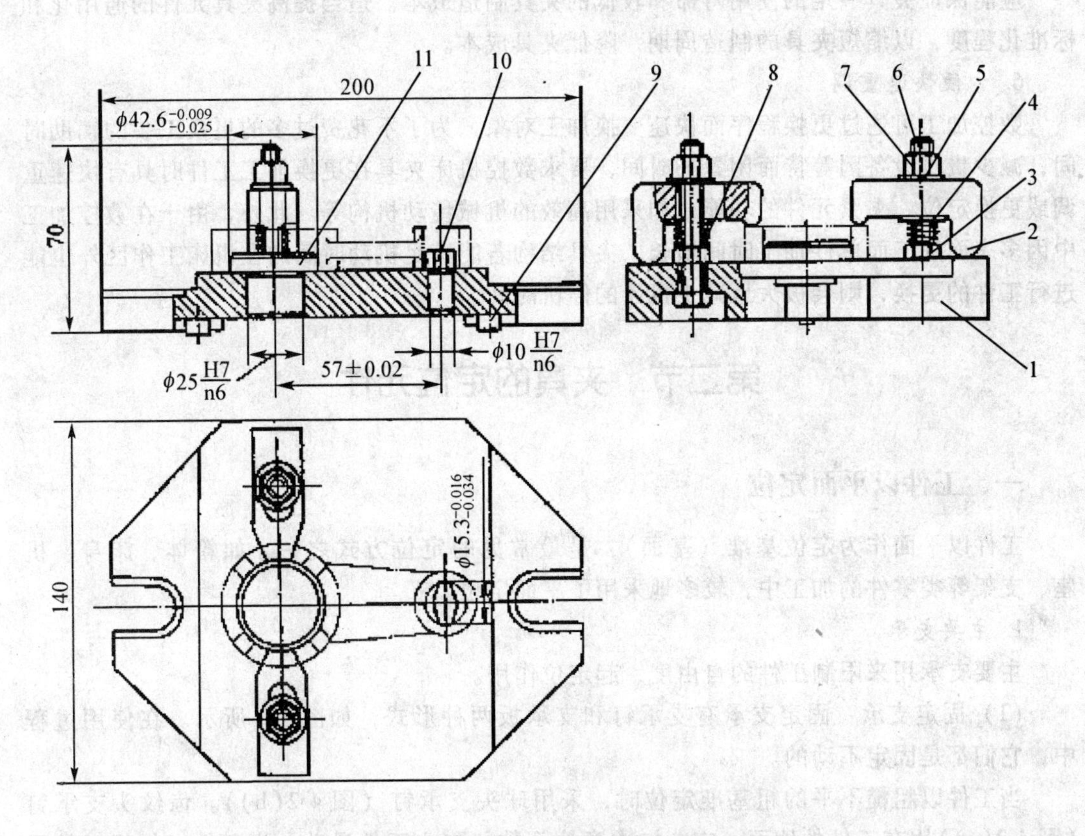

1—夹具体　2—压板　3、7—螺母　4、5—垫圈　6—螺栓　8—弹簧　9—定位键　10—菱形销　11—圆柱销

图 4-1　连杆铣槽夹具结构

3）夹具体　用于连接夹具各元件及装置，使其成为一个整体的基础件，以保证夹具的精度和刚度。

4）其他元件及装置　如定位键、操作件和分度装置，以及标准化连接元件等。

三、对机床夹具的基本要求

1. 保证工件的加工精度

夹具应有合理的定位方案，尤其对于精加工工序，应有合适的尺寸、公差和技术要求，确保加工工件的尺寸公差和形位公差等要求。

2. 提高生产效率

机床夹具的复杂程度及先进性应与工件的生产纲领相适应，根据工件生产批量的大小进行合理设置，以缩短辅助时间，提高生产效率。

3. 工艺性好

机床夹具的结构应简单、合理，便于加工、装配、检验和维修。

4. 使用性好

机床夹具的操作应简便、省力、安全可靠、排屑方便，必要时可设置排屑结构。

5. 经济性好

应能保证夹具一定的使用寿命和较低的夹具制造成本。适当提高夹具元件的通用化和标准化程度，以缩短夹具的制造周期，降低夹具成本。

6. 方便快速重调

数控加工可通过更换程序而快速变换加工对象，为了不花费过多的更换工装的辅助时间，减少贵重设备因等待而闲置的时间，要求数控机床夹具在更换加工工件时具有快速重调或更换定位、夹紧元件的功能，如采用高效的机械传动机构等。此外，由于在数控加工中因多表面加工而单件加工时间增长，夹具结构若能满足机动时间内在机床工作区外也能进行工件的更换，则会极大地减少机床的停机时间。

第二节　夹具的定位元件

一、工件以平面定位

工件以平面作为定位基准（基面），是最常见的定位方式之一。如箱体、床身、机座、支架等类零件的加工中，较多地采用了平面定位。

1. 主要支承

主要支承用来限制工件的自由度，起定位作用。

（1）固定支承　固定支承有支承钉和支承板两种形式，如图 4-2 所示。在使用过程中，它们都是固定不动的。

当工件以粗糙不平的粗基准定位时，采用球头支承钉（图 4-2(b)）。齿纹头支承钉(图 4-2(c))用在工件的侧面，它能增大摩擦系数，防止工件滑动。当工件以加工过的平面定位时，可采用平头支承钉（图 4-2(a)）或支承板。图 4-2(d)所示支承板的结构简单，制造方便，但孔边切屑不易清除干净，故适合于侧面和顶面定位。图 4-2(e)所示支承板便于清除切屑，适用于底面定位。

为保证各固定支承的定位表面严格共面，装配后，需将其工作表面一次磨平。若支承钉需要经常更换时，应加衬套，如图 4-3 所示。

（2）可调支承　可调支承是指支承钉的高度可以进行调节。图 4-4 为几种常用的可调支承。调整时要先松后调，调好后用防松螺母锁紧。

可调支承主要用于工件以粗基准面定位、或定位基面的形状复杂（如成型面、台阶面等），以及各批毛坯的尺寸、形状变化较大时的情况。如图 4-5(a)所示工件，毛坯为砂

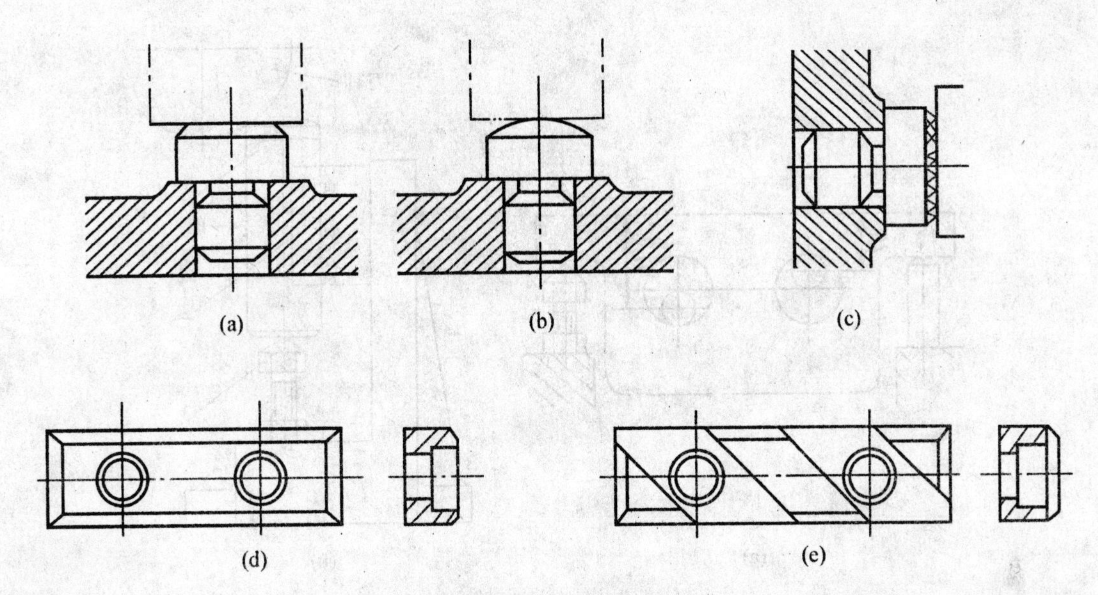

图 4-2　支承钉和支承板

型铸件，先以 A 面定位铣 B 面，再以 B 面定位镗双孔。铣 B 面时，若采用固定支承，由于定位基面 A 的尺寸和形状误差较大，铣完后，B 面与两毛坯孔的距离尺寸 H_1、H_2变化也大，致使镗孔时余量很不均匀，甚至余量不够。因此，将固定支承改为可调支承，再根据每批毛坯的实际误差大小调整支承钉的高度，就可避免上述情况。图 4-5（b）为利用可调支承加工不同尺寸的相似工件。

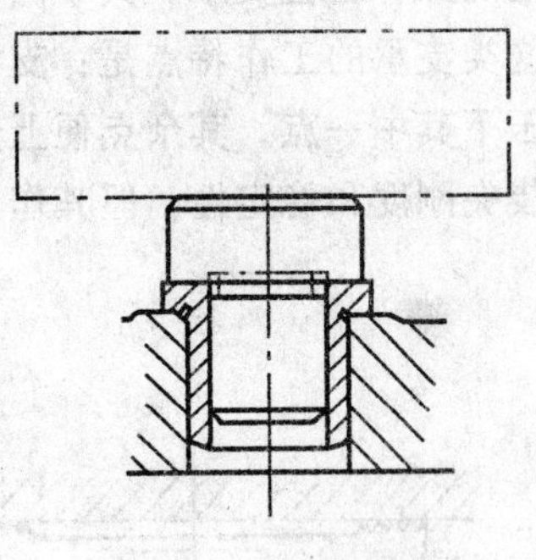

图 4-3　衬套的应用

可调支承在一批工件加工前调整一次。在同一批工件加工中，它的作用与固定支承相同。

（3）自位支承（浮动支承）　在工件定位过程中，能自动调整位置的支承称为自位支承，图 4-6 所示为夹具中常

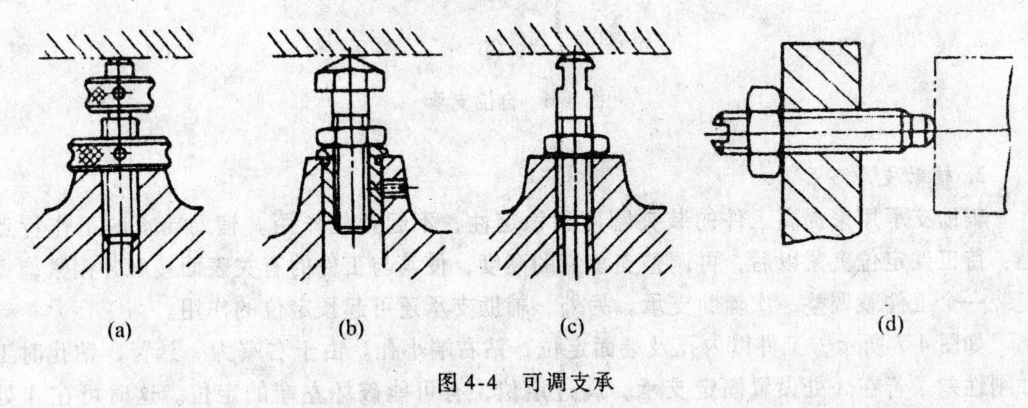

图 4-4　可调支承

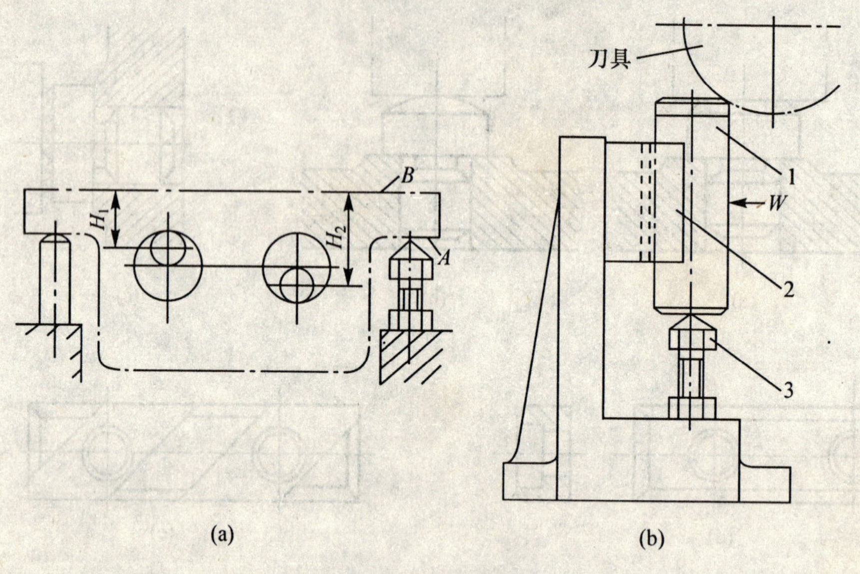

图 4-5　可调支承的应用

见的几种自位支承。其中图（a）、（b）是两点式自位支承，图（c）为三点式自位支承。这类支承的工作特点是：支承点的位置能随着工件定位基面的不同而自动调节，定位基面压下其中一点，其余点便上升，直至各点都与工件接触。接触点数的增加，提高了工件的装夹刚度和稳定性，但其作用仍相当于一个固定支承，只限制工件一个自由度。

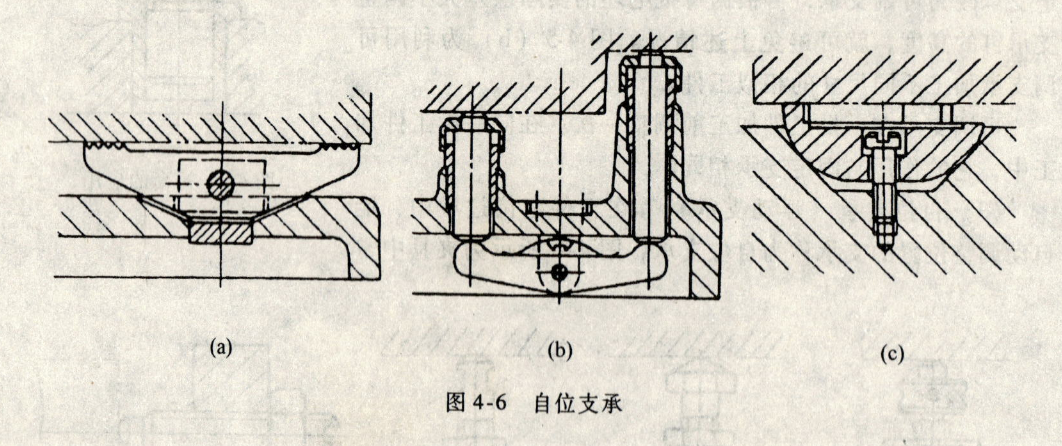

图 4-6　自位支承

2. 辅助支承

辅助支承用来提高工件的装夹刚度和稳定性，不起定位作用。辅助支承的工作特点是：待工件定位夹紧以后，再调整支承钉的高度，使其与工件的有关表面接触并锁紧，每安装一个工件就调整一次辅助支承。另外，辅助支承还可起预定位的作用。

如图 4-7 所示，工件以内孔及端面定位，钻右端小孔。由于右端为一悬臂，钻孔时工件刚性差。若在 *A* 处设置固定支承，属过定位，有可能破坏左端的定位。这时可在 *A* 处设置一辅助支承，承受钻削力，既不破坏定位，又增加了工件的刚性。

图4-8为夹具中常见的三种辅助支承。图（a）为螺旋式辅助支承。图（b）为自位式辅助支承，滑柱1在弹簧2的作用下与工件接触，转动手柄使顶柱3将滑柱锁紧；图（c）为推弓式辅助支承，工件夹紧后转动手轮4使斜楔6左移将滑销5与工件接触。继续转动手轮可使斜楔6的开槽部分涨开而锁紧。

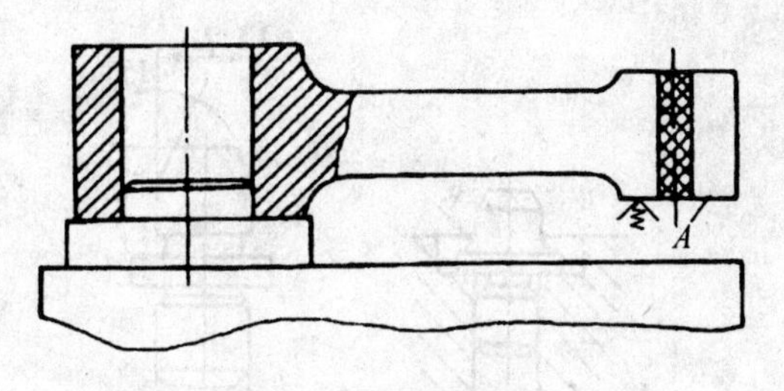

图4-7 辅助支承的应用

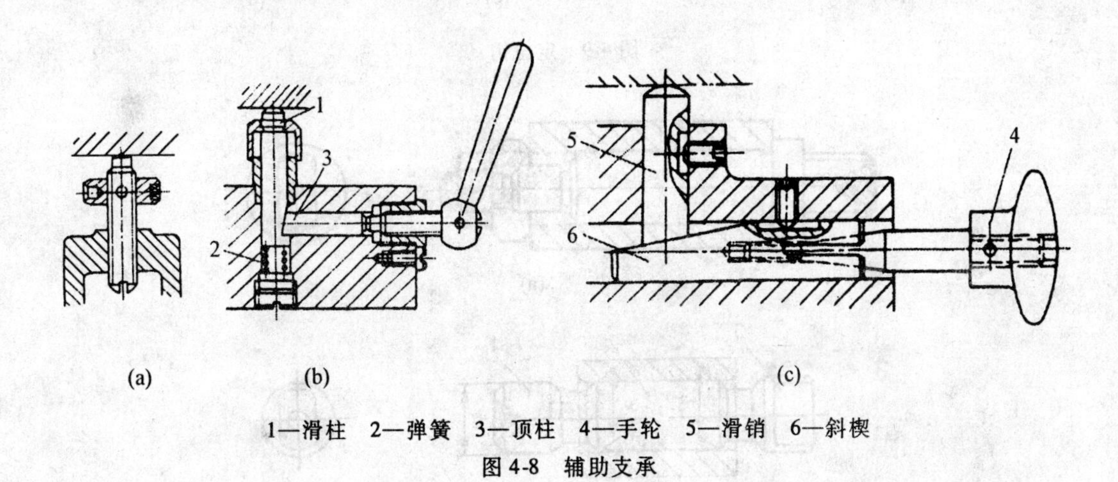

1—滑柱 2—弹簧 3—顶柱 4—手轮 5—滑销 6—斜楔

图4-8 辅助支承

二、工件以内孔定位

工件以内孔表面作为定位基面时，常采用以下定位元件：

1. 圆柱销（定位销）

图4-9为常用定位销的结构。当工件孔径较小时，为增加定位销刚度，避免销子因受撞击而折断，或热处理时淬裂，通常把根部倒成圆角*R*。这时夹具体上应有沉孔，使定位销的圆角部分沉入孔内而不妨碍定位。大批大量生产时，为了便于定位销的更换，可采用图4-9（d）所示的带衬套的结构形式。为便于工件顺利装入，定位销的头部应有15°倒角。

2. 圆柱心轴

图4-10为常用圆柱心轴的结构形式。图4-10（a）为间隙配合心轴。工件装卸方便，但定心精度不高。为了减少因配合间隙而造成的工件倾斜，工件常以孔和端面联合定位，因而要求工件定位孔与定位端面有较高的垂直度，最好能在一次装夹中加工出来。使用开口垫圈可实现快速装卸工件，开口垫圈的两端面应互相平行。当工件内孔与端面垂直度误差较大时，应采用球面垫圈。

图4-10（b）为过盈配合心轴，由导向部分1、工件部分2及传动部分3组成。导向部分的作用是使工件迅速而准确地套入心轴，心轴两边的凹槽是供车削工件端面时退刀用的。

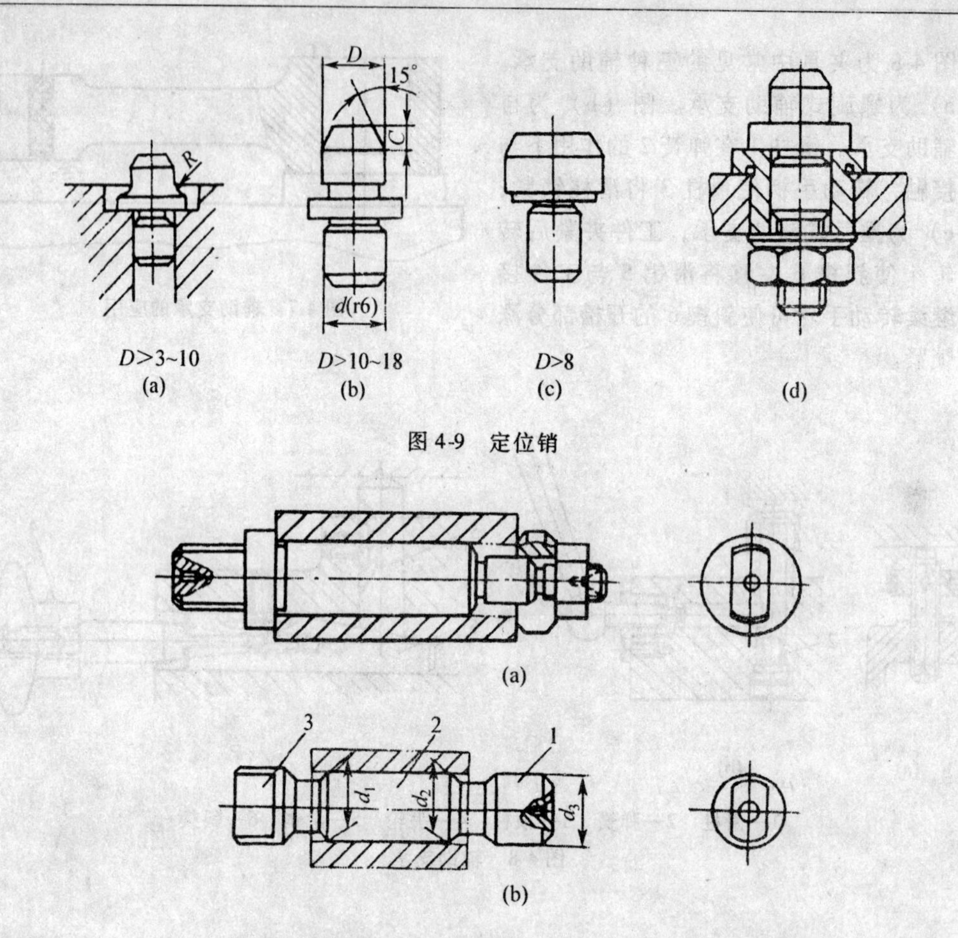

图 4-9 定位销

1—导向部分 2—工作部分 3—传动部分

图 4-10 圆柱心轴

3. 圆锥销

图 4-11 为工件以圆孔在圆锥销上定位的示意图，它限制了工件的 x、y、z 三个自由度。图 4-11（a）用于粗定位基面，图4-11（b)用于精定位基面。

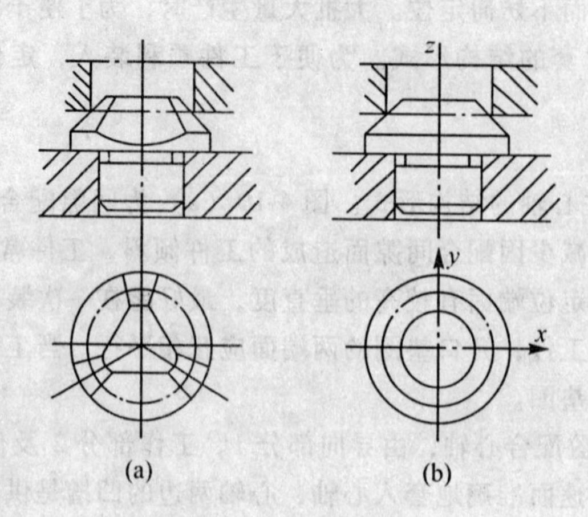

图 4-11 圆锥销

工件在单个圆锥销上定位容易倾斜，为此，圆锥销一般与其他定位元件组合定位，如图 4-12 所示。图 4-12（a）为工件在双圆锥销上定位。图 4-12（b）为圆锥—圆柱组合心轴，锥度部分使工件准确定心，圆柱部分可减少工件倾斜。这两种组合定位方式均限制工件五个自由度。

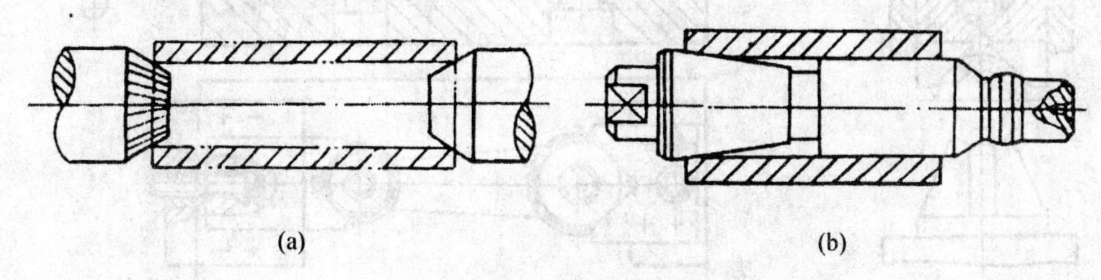

图 4-12　圆锥销组合定位

三、工件以外圆柱面定位

工件以外圆柱面定位时，常用如下定位元件。

1. V 形块

图 4-13 所示为常用 V 形块的结构。其中图 4-13（a）用于较短的精定位基面；图 4-13（b)用于粗定位基面和阶梯定位面；图 4-13（c）用于较长的精定位基面和相距较远的两个定位面。V 形块不一定采用整体结构的钢件，可在铸铁底座上镶淬硬垫板，如图 4-13（d)所示。

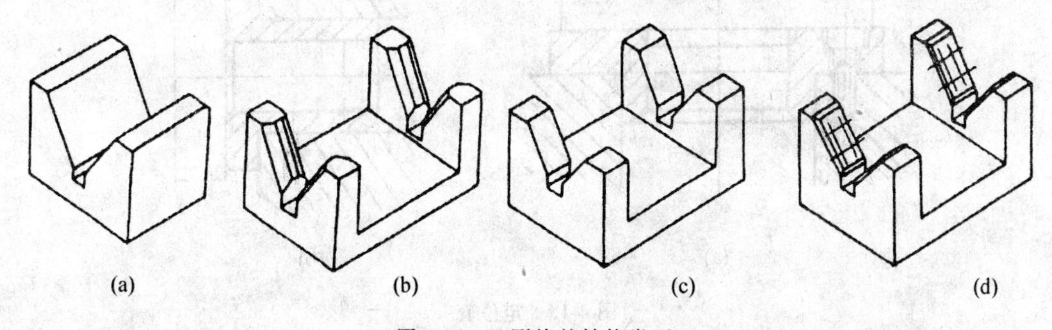

图 4-13　V 形块的结构类型

V 形块有固定式和活动式之分。固定式 V 形块在夹具体上装配固定，活动式 V 形块的应用见图 4-14。图 4-14（a）为加工轴承座孔时的定位方式，活动 V 形块除限制工件一个移动自由度外，还兼有夹紧作用。图 4-14（b）为加工连杆孔的定位方式，活动 V 形块限制工件一个转动自由度，还兼有夹紧作用。

V 形块定位的最大优点就是对中性好，它可使一批工件的定位基准轴线对中在 V 形块两斜面的对称平面上，而不受定位基准直径误差的影响。V 形块定位的另一个特点是无论定位基准是否经过加工，是完整的圆柱面还是局部圆弧面，都可采用 V 形块定位。因此，V 形块是用得最多的定位元件。

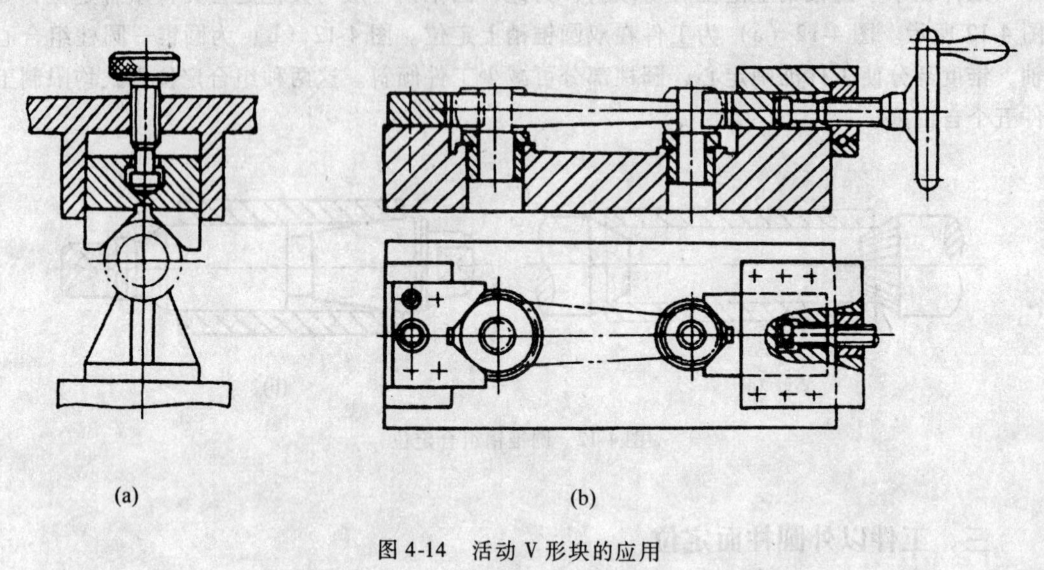

图 4-14　活动 V 形块的应用

2. 定位套

图 4-15 为常用的两种定位套。为了限制工件沿轴向的自由度，常与端面联合定位。用端面作为主要定位面时，应控制套的长度，以免夹紧时工件产生不允许的变形。

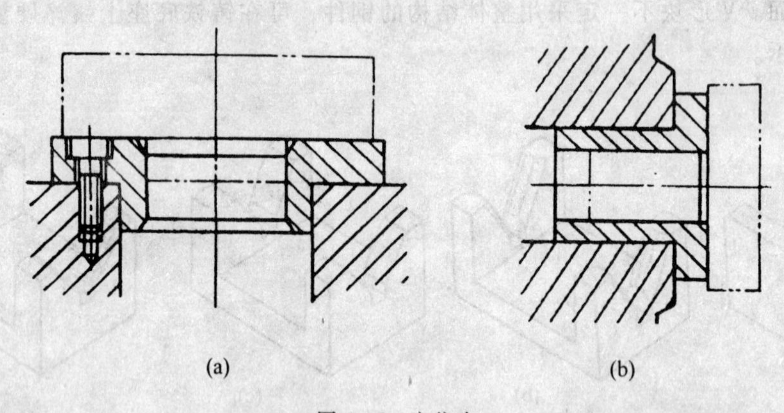

图 4-15　定位套

定位套结构简单，容易制造，但定心精度不高，一般适用于精基准定位。

3. 半圆套

图 4-16 所示为半圆套定位装置，下面的半圆套是定位元件，上面的半圆套起夹紧作用。这种定位方式主要用于大型轴类零件及不便于轴向装夹的零件。定位基面的精度不低于 IT8 ~ IT9，半圆的最小内径取工件定位基面的最大直径。

4. 圆锥套

图 4-17 为通用的反顶尖。工件以圆柱面的端部在圆锥套 3 的锥孔中定位，锥孔中有齿纹，以便带动工件旋转。

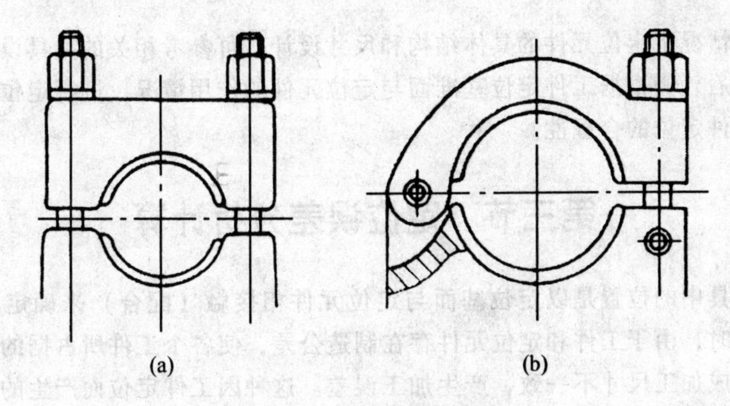

图 4-16　半圆套定位装置

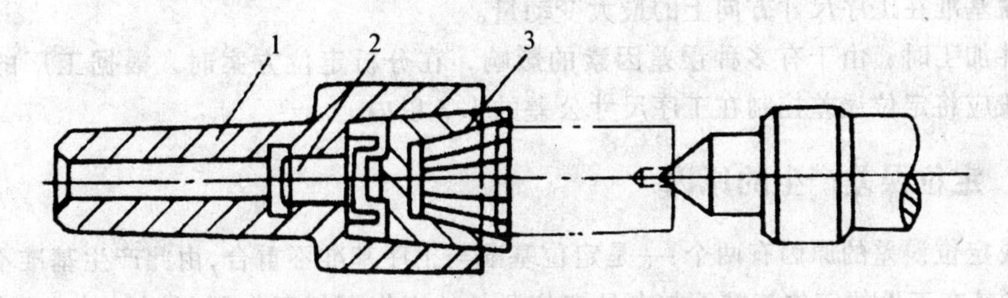

1—顶尖体　2—螺钉　3—圆锥套

图 4-17　工件在圆锥套中定位

四、工件以一面双孔定位

在加工箱体、支架类零件时,常用工件的一面两孔作为定位基准,以使基准统一。此时,常采用一面双销的定位方式。这种定位方式简单、可靠、夹紧方便。有时工件上没有合适的小孔时,常把紧固螺钉孔底孔的精度提高或专门做出两个工艺孔来,以备一面两孔定位之用。

一面双销组合定位如图 4-18 所示，为了避免两销定位时与工件的两孔产生的过定位干涉，影响工件的正常装卸，实用中应该将其中之一做成削边销或菱形销。

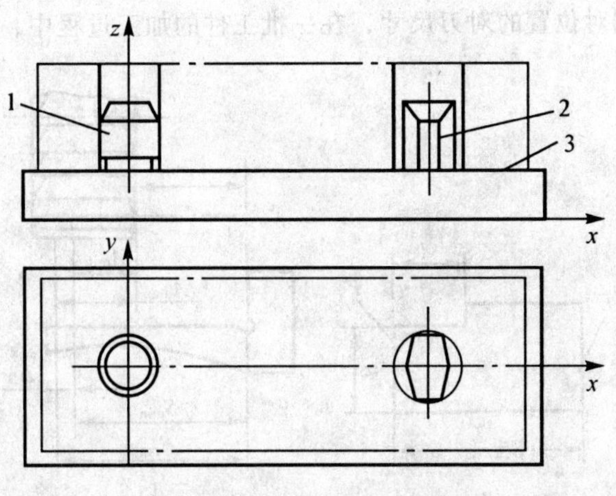

1—圆柱销　2—削边销　3—定位平面

图 4-18　一面双销定位

各种定位情况下定位元件的具体结构和尺寸设计，可参考相关的夹具设计手册。定位元件尺寸确定后，需根据工件定位基准面与定位元件的作用情况，进行定位误差的分析计算，以确定工件定位的合理性。

第三节 定位误差分析计算

工件在夹具中的位置是以定位基面与定位元件相接触（配合）来确定的。一批工件在夹具中定位时，由于工件和定位元件存在制造公差，使各个工件所占据的位置不完全一致，加工后形成加工尺寸不一致，产生加工误差。这种因工件定位而产生的加工误差称为定位误差，用Δ_D来表示。定位误差是对工件定位质量的定量分析，在数值上，定位误差等于工序基准在工序尺寸方向上的最大变动量。

工件加工时，由于有多种误差因素的影响，在分析定位方案时，根据工厂的实际经验，一般应将定位误差控制在工序尺寸公差的1/3以内。

一、定位误差产生的原因

造成定位误差的原因有两个：一是定位基准与工序基准不重合，由此产生基准不重合误差Δ_B；二是在工件的定位基准面与夹具定位元件的工作面相互作用（接触、构成配合）形成定位关系时，由于一批工件定位面尺寸在公差范围内的变动，造成一批工件的各件在夹具中位置的变动，从而带动工序基准的位置相应发生变动，由此产生的基准位移误差Δ_Y。

计算定位误差首先要找出工序基准和定位基准，然后分析它们相互作用时所造成的Δ_B和Δ_Y，最后综合求出工序基准在工序尺寸方向上的最大变动量，即为工件定位时的定位误差Δ_D。

1. 基准不重合误差Δ_B

由于定位基准和工序基准（通常为设计基准）不重合而造成的加工误差，称为基准不重合误差，用Δ_B表示。

如图4-19所示铣缺口的工序简图，加工尺寸是A和B。工件以底面和E面定位，C是确定夹具与刀具相对位置的对刀尺寸，在一批工件的加工过程中，C的大小是不变的。

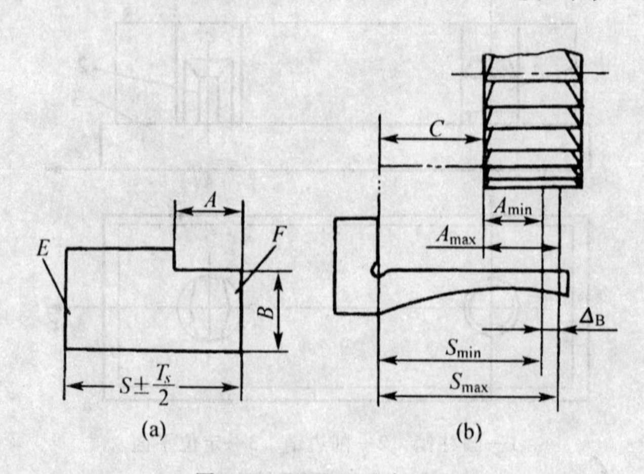

图4-19 基准不重合误差

对于尺寸 A 而言，工序基准是 F 面，定位基准是 E 面，两者不重合。当一批工件逐一在夹具上定位时，受到尺寸 S 的影响，工序基准 F 面的位置是变动的，而 F 面的变动影响了 A 的大小，给尺寸 A 造成误差，这就是基准不重合误差。

显然，基准不重合误差的大小等于因定位基准与工序基准不重合而造成的加工尺寸的变动范围。

$$\Delta_B = A_{\max} - A_{\min} = S_{\max} - S_{\min} = T_S$$

即：$\Delta_B = T_S$，可见基准不重合误差的大小等于定位基准到工序基准之间尺寸的公差。

2. 基准位移误差 Δ_Y

基准位移误差 Δ_Y 来源于工件定位时定位基准面和定位元件的作用。工件定位时定位基准面与夹具定位元件的工作面相互作用（接触、构成配合）形成定位关系，一批工件的各件由于定位面尺寸在公差范围内变动时，造成工件在夹具中位置整体的变动，基准位移误差 Δ_Y 在数值上等于该位置变动带动的工序基准的变动量。

工件在夹具中定位时，位置的变动常有以下几种情况：

（1）平面定位基准或平面定位元件

如图 4-20 所示，对图（a），定位元件为平面，工件以下底面为定位基准放在平面上，则对于一批工件来说，总是可以保证下底面放在不动的定位平面上，故基准位移误差 $\Delta_Y = 0$；对图（b），工件的定位基准为圆柱面的一条母线，定位元件为平面，则对于一批工件来说，作为定位基准的母线总是可以被放在同一平面上，同样，基准位移误差 $\Delta_Y = 0$。

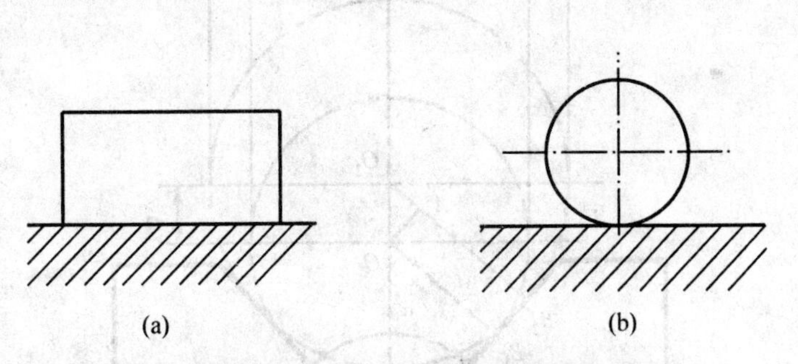

图 4-20　平面定位元件的位移误差

（2）内孔与外圆的配合

如图 4-21 所示，对图（a），当内孔与外圆按垂直方向安放时，由于配合间隙的存在，内孔相对于外圆（定位元件相对于工件定位面）将可以在任意方向产生位置变动，其变动量的大小为最大配合间隙 $\delta_{\max}$，此时，$\Delta_Y = \delta_{\max}$，其方向在沿直径的任意方向；对图（b），当内孔与外圆按水平方向安放时，由于重力的作用，一般认为内孔相对于外圆（定位元件相对于工件定位面）将只能沿向下的方向产生位置变动，此时，基准位移误差 $\Delta_Y = \delta_{\max}/2$，且方向总是向下。

（3）外圆与 V 形块的 V 形面

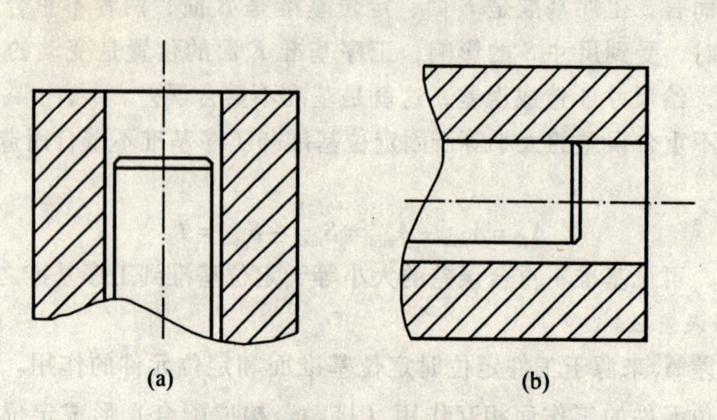

图 4-21 圆柱面定位时的位移误差

如图 4-22 所示为工件以外圆柱面在 V 形块中定位，由于工件定位面外圆直径有公差，因而对一批工件来说，当外圆直径由最大 D 变到最小 $D-\delta_D$ 时，工件整体将沿着 V 形块的对称中心平面向下产生位移，而在左右方向则不发生偏移，即工件中心由 O_2 移动到 O_1 点，其位移量 O_2O_1 即 Δ_Y 可以由图中几何关系推出：

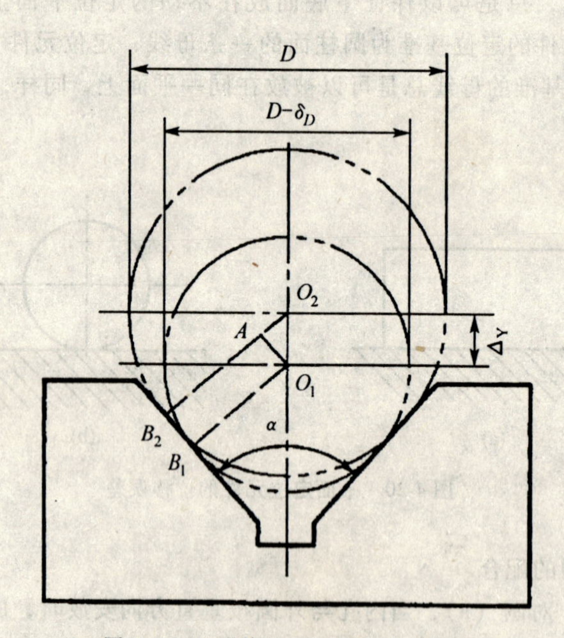

图 4-22 V 形块的 V 形面的位移误差

$$O_1O_2=\frac{AO_2}{\sin\frac{\alpha}{2}}$$

因为

$$AO_2=B_2O_2-B_1O_1=\frac{D}{2}-\frac{D-\delta_D}{2}=\frac{\delta_D}{2}$$

所以

$$\Delta_Y = O_1O_2 = \frac{\frac{\delta_D}{2}}{\sin\frac{\alpha}{2}} = \frac{\delta_D}{2\sin\frac{\alpha}{2}}$$

且当工件外圆直径从最大变化到最小时，位移误差 Δ_Y 的方向向下。

二、定位误差 Δ_D 的计算

定位误差的计算常用合成法。合成法是根据定位误差造成的原因，定位误差应由基准不重合误差与基准位移误差组合而成。计算时，先分别算出 Δ_Y 和 Δ_B，然后将两者组合而成 Δ_D。

①当 $\Delta_Y \neq 0$，$\Delta_B = 0$ 时，$\Delta_D = \Delta_Y$

②当 $\Delta_Y = 0$，$\Delta_B \neq 0$ 时，$\Delta_D = \Delta_B$

③当 $\Delta_Y \neq 0$，$\Delta_B \neq 0$ 时，若工序基准不在定位基面上：$\Delta_D = \Delta_Y + \Delta_B$；若工序基准在定位基面上：$\Delta_D = \Delta_Y \pm \Delta_B$。在定位基面尺寸变动方向一定（由大变小，或由小变大）的条件下，Δ_Y 与 Δ_B 的变动方向相同时，取“+”号；变动方向相反时，取“-”号，并保证计算的结果为正。

三、定位误差计算示例

例 1　在图 4-19 中，设 $S = 40\text{mm}$，$T_S = 0.15\text{mm}$，$A = 18\text{mm} \pm 0.1\text{mm}$，求加工尺寸 A 的定位误差，并分析定位质量。

解　工序基准和定位基准不重合，有基准不重合误差，其大小等于定位尺寸 S 的公差 T_S，即 $\Delta_B = T_S = 0.15\text{mm}$；以 E 面定位加工 A 时，不会产生基准位移误差，即 $\Delta_Y = 0$。所以有

$$\Delta_D = \Delta_B = 0.15\text{mm}$$

加工尺寸 A 的尺寸公差为 $T_A = 0.2\text{mm}$，此时 $\Delta_D = 0.15\text{mm} > \frac{1}{3} \times T_A = \frac{1}{3} \times 0.2\text{mm} = 0.0667\text{mm}$。由分析可知，定位误差太大，实际加工中容易出现废品，应改变定位方式，采用基准重合的原则来设计定位方案。

例 2　在图 4-23 中，工件以外圆柱面在 V 形块上定位铣上平面，设工序基准的选择如图所示有三种可能，试分别对这三种可能的情况计算其定位误差。

解　工件以外圆面在 V 形块上定位时，是以外圆面的两条母线与 V 形块 V 形面接触来实现的，外圆面为定位基面，其定位的基准为外圆的中心线。

1）对图（a），即当选取工序基准为中心线，工序尺寸标注为 h_1 时：

定位基准为中心线，工序基准也为中心线，即定位基准与工序基准重合，其基准不重合误差 $\Delta_B = 0$，其定位误差

$$\Delta_D = 0 + \Delta_Y = \frac{\delta_D}{2\sin\frac{\alpha}{2}}$$

2）对图（b），即当选取工序基准为上母线，工序尺寸标注为 h_2 时：

定位基准为中心线，工序基准为上母线 a，定位基准与工序基准不重合，当一批工件

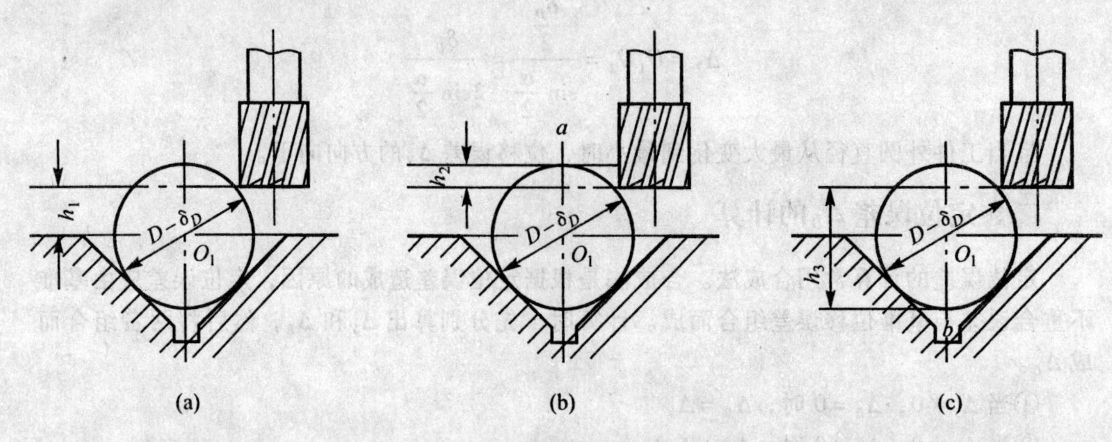

图 4-23　工件以外圆定位的定位误差

的外圆尺寸从最大 D 变到最小 $D-\delta_D$ 时，由于基准不重合，将使工序基准向下变动 $\delta_D/2$，即基准不重合误差 $\Delta_B=\delta_D/2$，方向向下。

同时，当一批工件的外圆尺寸从最大 D 变到最小 $D-\delta_D$ 时，由于基准的位移误差 Δ_Y 也向下，带动工序基准进一步向下位移，此时的定位误差（或工序基准的总的位移量）：

$$\Delta_D=\Delta_B+\Delta_Y=\frac{\delta_D}{2}+\frac{\delta_D}{2\sin\dfrac{\alpha}{2}}$$

3）对图（c），即当选取工序基准为下母线，工序尺寸标注为 h_3 时：

定位基准为中心线，工序基准为下母线 b，定位基准与工序基准不重合，当一批工件的外圆尺寸从最大 D 变到最小 $D-\delta_D$ 时，由于基准不重合，将使工序基准向上变动 $\delta_D/2$，即基准不重合误差 $\Delta_B=\delta_D/2$，方向向上。

同时，当一批工件的外圆尺寸从最大 D 变到最小 $D-\delta_D$ 时，由于基准的位移误差 Δ_Y 向下，带动工序基准向下产生位移，故此时的定位误差（或工序基准总的位移量）：

$$\Delta_D=\Delta_Y-\Delta_B=\frac{\delta_D}{2\sin\dfrac{\alpha}{2}}-\frac{\delta_D}{2}$$

在计算定位误差时，有时会遇到造成工序基准位置变动的基准不重合误差 Δ_B 或基准位移误差 Δ_Y 与工序尺寸方向成一定夹角的情况，此时应将基准不重合误差 Δ_B 或基准位移误差 Δ_Y 在工序尺寸方向上进行分解，只考虑对工序尺寸有影响的那一部分，而对分量中与工序尺寸的方向相垂直的部分，由于对工序尺寸没有影响，计算定位误差时对此部分不予考虑。

第四节　夹紧装置

一、夹紧装置的组成和基本要求

1. 夹紧装置的组成

夹紧装置是将工件压紧夹牢的装置，夹紧装置的种类很多，但其结构均由两部分组成。

(1) 动力装置——产生夹紧力

机械加工过程中，要保证工件不离开定位时占据的正确位置，就必须有足够的夹紧力来平衡切削力、惯性力、离心力及重力对工件的影响。夹紧力的来源，一是人力；二是某种动力装置。常用的动力装置有：液压装置、气压装置、电磁装置、电动装置、气—液联动装置和真空装置等。

(2) 夹紧机构——传递夹紧力

要使动力装置所产生的力或人力正确地作用到工件上，需有适当的传递机构。在工件夹紧过程中起力的传递作用的机构，称为夹紧机构。

夹紧机构在传递力的过程中，能根据需要改变力的大小、方向和作用点。手动夹具的夹紧机构还应具有良好的自锁性能，以保证人力的作用停止后，仍能可靠地夹紧工件。

图 4-24 是液压夹紧的铣床夹具。其中，液压缸 4、活塞 5、活塞杆 3 等组成了液压动力装置，铰链臂 2 和压板 1 等组成了铰链压板夹紧机构。

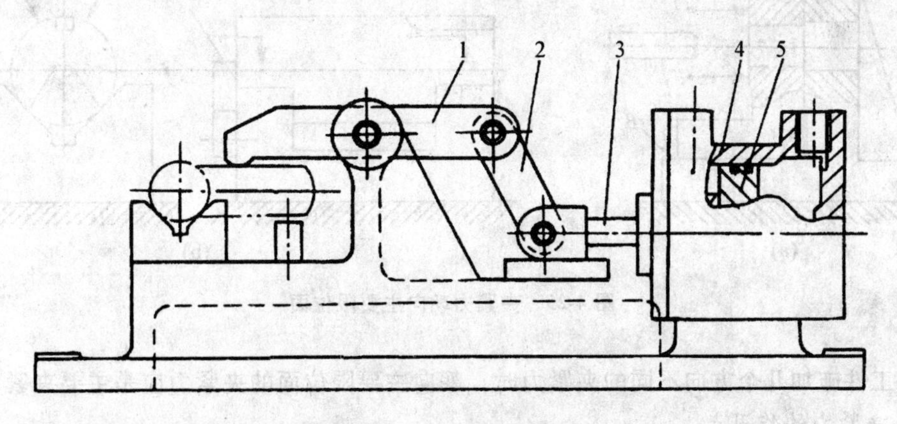

1—压板　2—铰链臂　3—活塞杆　4—液压缸　5—活塞

图 4-24　液压夹紧铣床夹具

2. 对夹紧装置的基本要求

(1) 夹紧过程中，不改变工件定位后所占据的正确位置。

(2) 夹紧力的大小适当，一批工件的夹紧力要稳定不变。既要保证工件在整个加工过程中的位置稳定不变，振动小，又要使工件不产生过大的夹紧变形。

(3) 夹紧装置的复杂程度应与工件的生产纲领相适应。工件生产批量愈大，允许设计愈复杂、效率愈高的夹紧装置。

(4) 工艺性和使用性好。其结构应力求简单，便于制造和维修。夹紧装置的操作应当方便、安全、省力。

二、夹紧力方向和作用点的选择

确定夹紧力的方向和作用点时，要分析工件的结构特点、加工要求、切削力和其他外力作用工件的情况，以及定位元件的结构和布置方式。

1. 夹紧力的方向

夹紧力的方向应有助于定位稳定，且夹紧力应朝向主要限位面。对工件只施加一个夹紧力，或施加几个方向相同的夹紧力时，夹紧力的方向应尽可能朝向主要限位面。

如图 4-25（a）所示，工件被镗的孔与左端面有一定的垂直度要求，因此，工件以孔的左端面与定位元件的 *A* 面接触，限制三个自由度；以底面与 *B* 面接触，限制两个自由度；夹紧力朝向主要限位面 *A*，这样做，有利于保证孔与左端面的垂直度要求。如果夹紧力改朝 *B* 面，则由于工件左端面与底面的夹角误差，夹紧时将破坏工件的定位，影响孔与左端面的垂直度要求。

再如图 4-25（b）所示，夹紧力朝向主要限位面——V 形块的 *V* 形面，使工件的装夹稳定可靠。如果夹紧力改朝 *B* 面，则由于工件圆柱面与端面的垂直度误差，夹紧时，工件的圆柱面可能离开 V 形块的 *V* 形面。这不仅破坏了定位，影响加工要求，而且加工时工件容易振动。

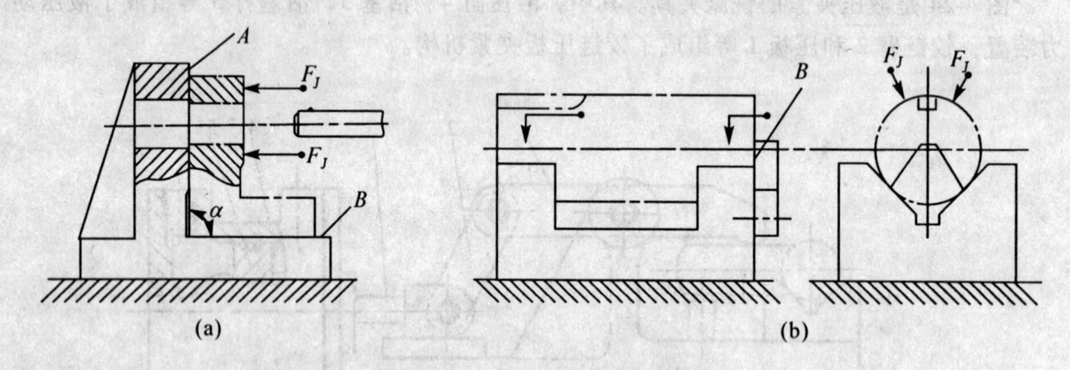

图 4-25 夹紧力朝向主要限位面

对工件施加几个方向不同的夹紧力时，朝向主要限位面的夹紧力应是主要夹紧力。

2. 夹紧力的作用点

夹紧力方向确定以后应根据下列原则确定作用点的位置：

(1) 夹紧力的作用点应落在定位元件的支承范围内。如图 4-26 所示，夹紧力的作用点落到了定位元件的支承范围之外，夹紧时将破坏工件的定位，因而是错误的。

(2) 夹紧力的作用点应落在工件刚性较好的方向和部位。这一原则对刚性差的工件特别重要。如图 4-27（a）所示，薄壁套的轴向刚性比径向好，用卡爪径向夹紧，工件变形大，若沿轴向施加夹紧力，变形就会小得多。夹紧图 4-27（b）所示薄壁箱体时，夹紧力不应作用在箱体的顶面，而应作用在刚性好的凸边上。箱体没有凸边时，可如图 4-27（c）那样，将单点夹紧改为三点夹紧，使着力点落在刚性较好的箱壁上，并降低了着力

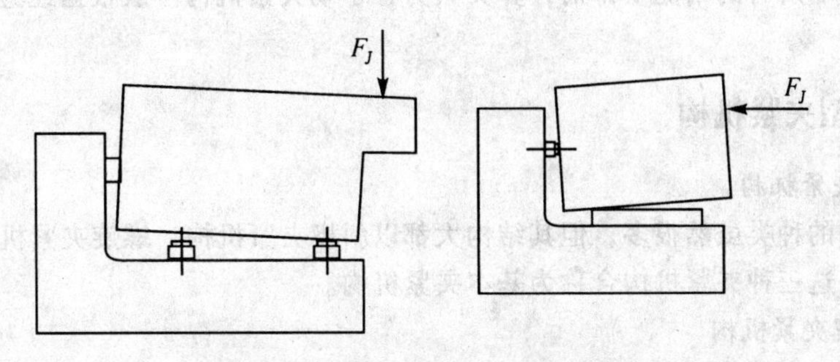

图 4-26　夹紧力作用点的位置不正确

点的压强，减小了工件的夹紧变形。

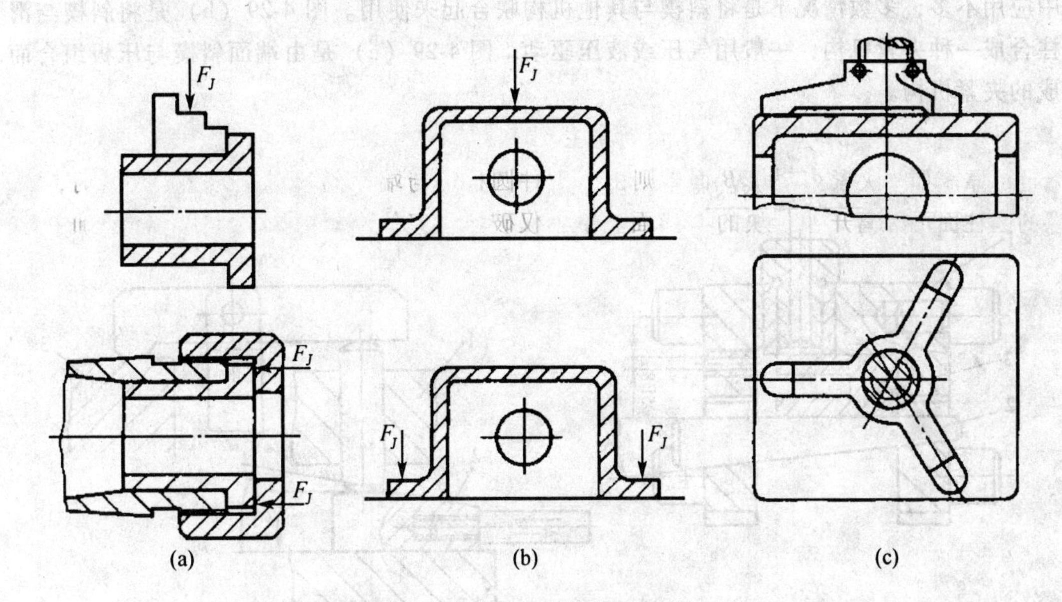

图 4-27　夹紧力作用点与夹紧变形的关系

（3）夹紧力作用点应靠近工件的加工表面。如图 4-28 所示，在拨叉上铣槽。由于主要夹紧力的作用点距加工表面较远，故在靠近加工表面的地方设置了辅助支承。增加了辅助夹紧力 F'_J。这样，不仅提高了工件的装夹刚性，还可减少加工时工件的振动。

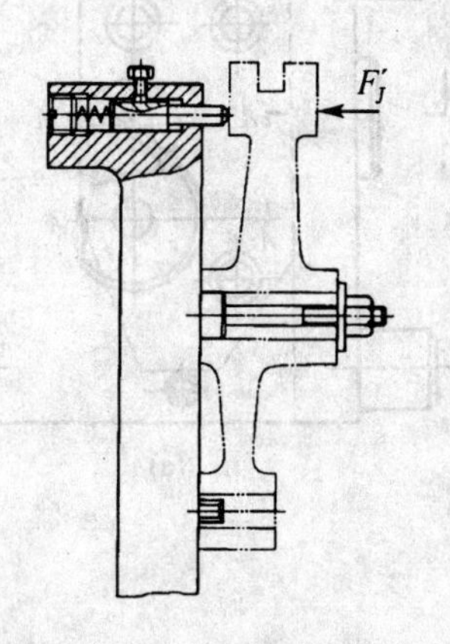

图 4-28　夹紧力作用点靠近加工表面

3. 夹紧力大小的估算

加工过程中，工件受到切削力、离心力、惯性力及重力的作用。理论上，夹紧力的作用应与上述力（矩）的作用平衡；而实际上，夹紧力的大小还与工艺系统的刚性、夹紧机构的传递效率等有关，而且，切削力的大小在加工过程中是变化的，因此，夹紧力的计算是个很复杂的问题，只能进行粗略的估算。实际应用时，并非所有的情况下都需计算夹紧力，手动夹紧机构一般根据经验或类比来确定夹紧力。

三、典型夹紧机构

1. 基本夹紧机构

夹紧机构的种类虽然很多，但其结构大都以斜楔夹紧机构、螺旋夹紧机构和偏心夹紧机构为基础，这三种夹紧机构合称为基本夹紧机构。

(1) 斜楔夹紧机构

图 4-29 为几种用斜楔夹紧机构夹紧工件的实例。图 4-29（a）是在工件上钻互相垂直的 ϕ8mm、ϕ5mm 两组孔。工件装入后，锤击斜楔大头，夹紧工件。加工完毕后，锤击斜楔小头，松开工件。由于用斜楔直接夹紧工件时夹紧力较小，且操作费时，所以实际生产中应用不多，多数情况下是将斜楔与其他机构联合起来使用。图 4-29（b）是将斜楔与滑柱合成一种夹紧机构，一般用气压或液压驱动。图 4-29（c）是由端面斜楔与压板组合而成的夹紧机构。

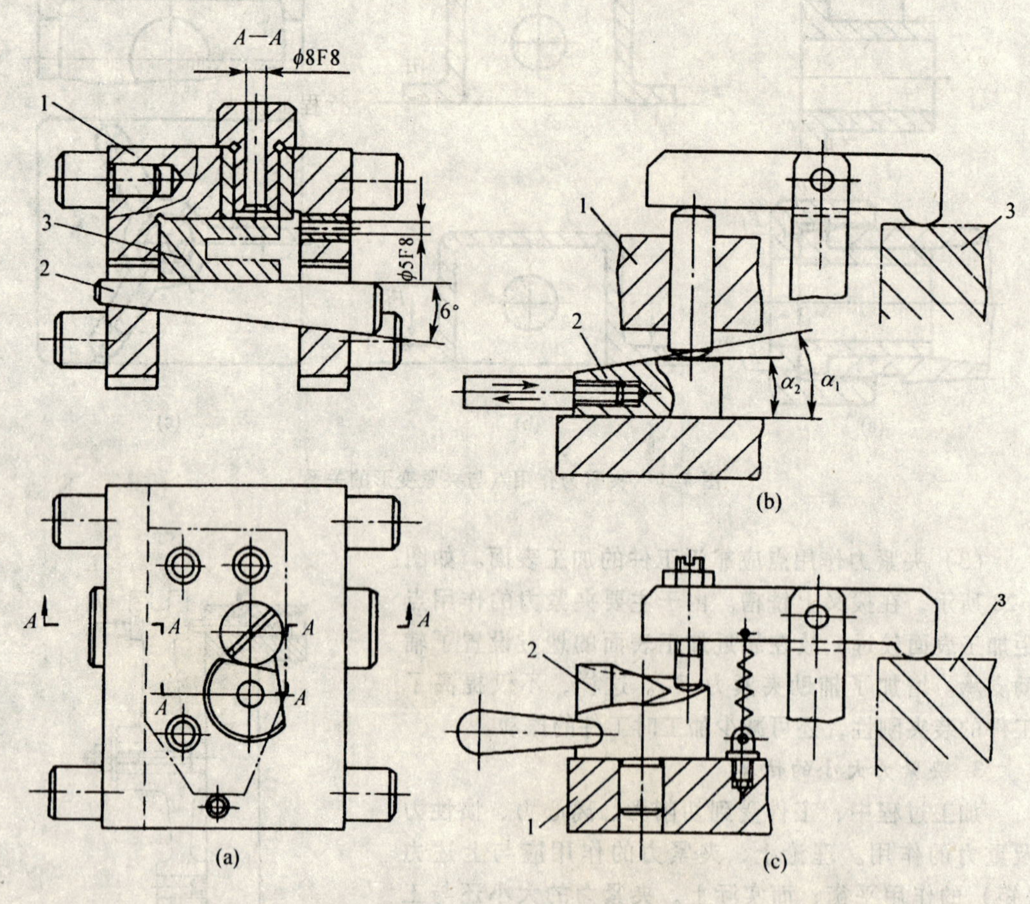

1—夹具体 2—斜楔 3—工件

图 4-29 斜楔夹紧机构

（2）螺旋夹紧机构

由螺钉、螺母、垫圈、压板等元件组成的夹紧机构，称为螺旋夹紧机构。图 4-30 是应用这种机构夹紧工件的实例。

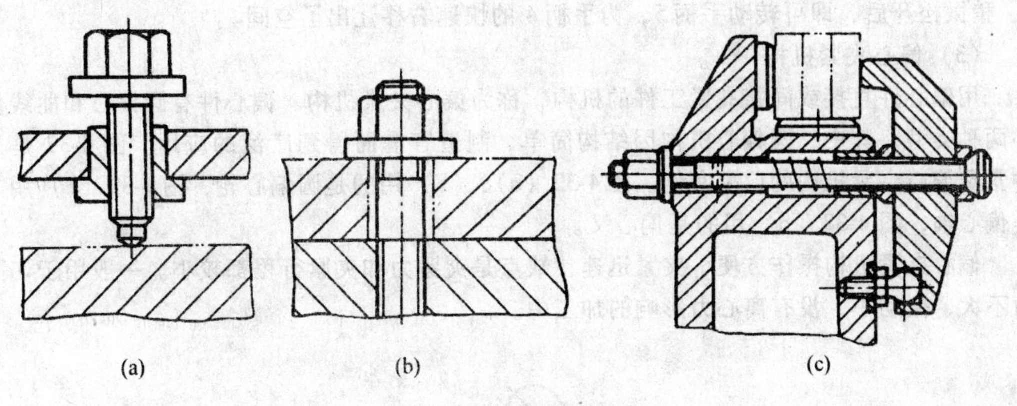

图 4-30　螺旋夹紧机构

螺旋夹紧机构不仅结构简单、容易制造，而且，由于缠绕在螺钉表面的螺旋线很长。升角又小，所以螺旋夹紧机构的自锁性能好，夹紧力和夹紧行程都较大，是手动夹紧中用得最多的一种夹紧机构。

夹紧动作慢、工件装卸费时，是螺旋夹紧机构的一个缺点。如图 4-30（b）所示，装卸工件时，要将螺母拧上拧下，费时费力。克服这一缺点的办法很多，图 4-31 是常见的

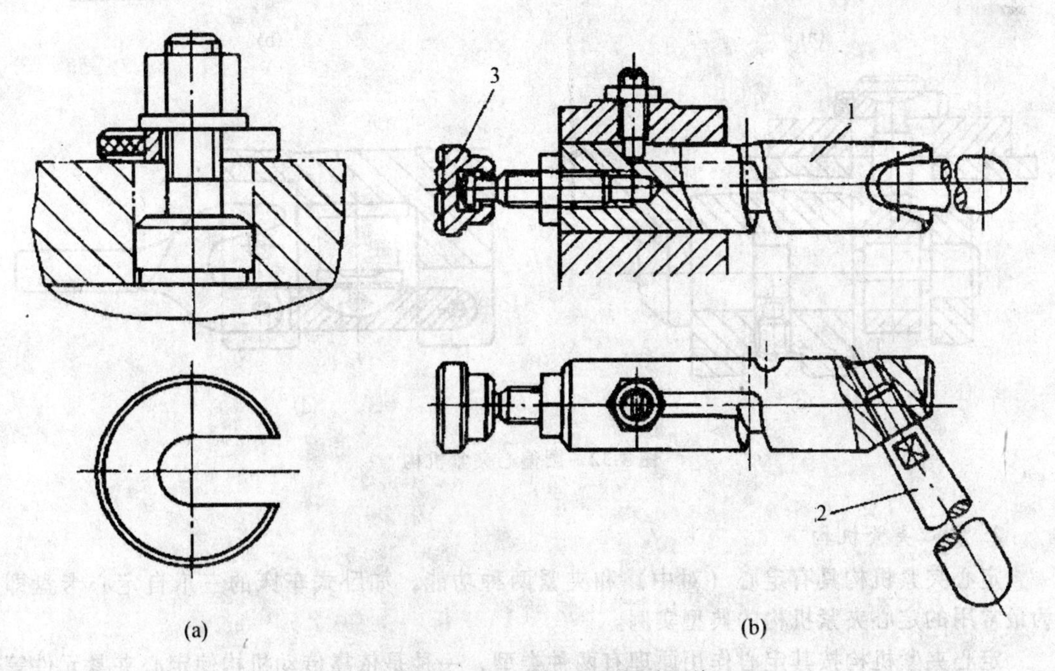

1—夹紧轴　2—手柄　3—摆动压块

图 4-31　快速螺旋夹紧机构

几种快速机构。图 4-31（a）使用开口垫圈；图 4-31（b）采用了快卸螺母；图 4-31（c）中，夹紧轴 1 上的直槽连着螺旋槽，先推动手柄 2，使摆动压块迅速靠近工件，继而转动手柄，夹紧工件并自锁；图 4-31（d）中的手柄 4 带动螺母旋转时，因手柄 5 的限制，螺母不能右移，致使螺杆带着摆动压块 3 往左移动，从而夹紧工件，松夹时只要反转手柄 4，稍微松开后，即可转动手柄 5，为手柄 4 的快速右移让出了空间。

（3）偏心夹紧机构

用偏心件直接或间接夹紧工件的机构，称为偏心夹紧机构。偏心件有圆偏心和曲线偏心两种类型，其中，圆偏心机构因结构简单、制造容易而得到广泛的应用。图 4-32 是几种常见偏心夹紧机构的应用实例。图 4-32（a）、（b）用的是圆偏心轮，图 4-32（c）用的是偏心轴，图 4-32（d）用的是偏心叉。

偏心夹紧机构操作方便、夹紧迅速，缺点是夹紧力和夹紧行程都较小。一般用于切削力不大、振动小、没有离心力影响的加工中。

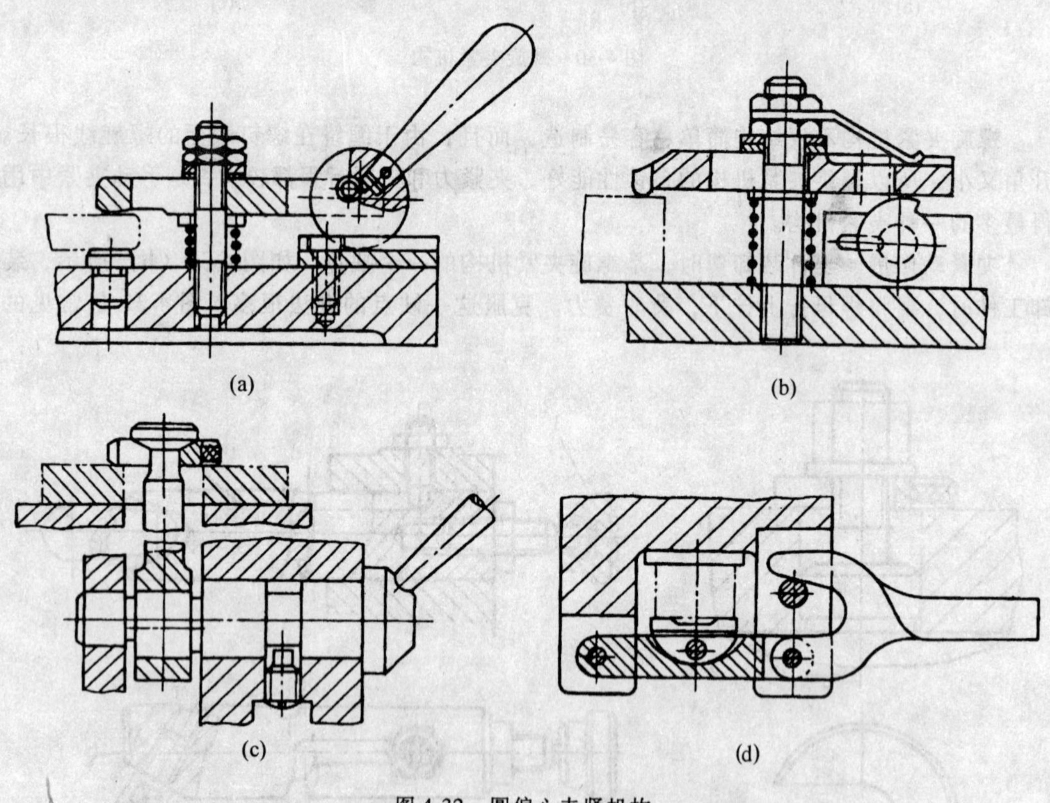

图 4-32　圆偏心夹紧机构

2. 定心夹紧机构

定心夹紧机构具有定心（对中）和夹紧两种功能，如卧式车床的三爪自定心卡盘即为最常用的定心夹紧机构的典型实例。

定心夹紧机构按其定心作用原理有两种类型，一种是依靠传动机构使定心夹紧元件等速移动，从而实现定心夹紧，如螺旋式、杠杆式、楔式机构等；另一种是利用薄壁弹性元件受力后产生均匀的弹性变形（收缩或扩张），来实现定心夹紧，如弹簧筒夹、膜片卡盘、波纹套、液性塑料等。下面介绍常用的几种结构。

(1) 螺旋式定心夹紧机

如图 4-33 所示，螺杆 4 两端的螺纹旋向相反，螺距相同。当其旋转时，使两个 V 形钳口 1、2 做对向等速移动，从而实现对工件的定心夹紧或松开。V 形钳口可按工件不同形状进行更换。

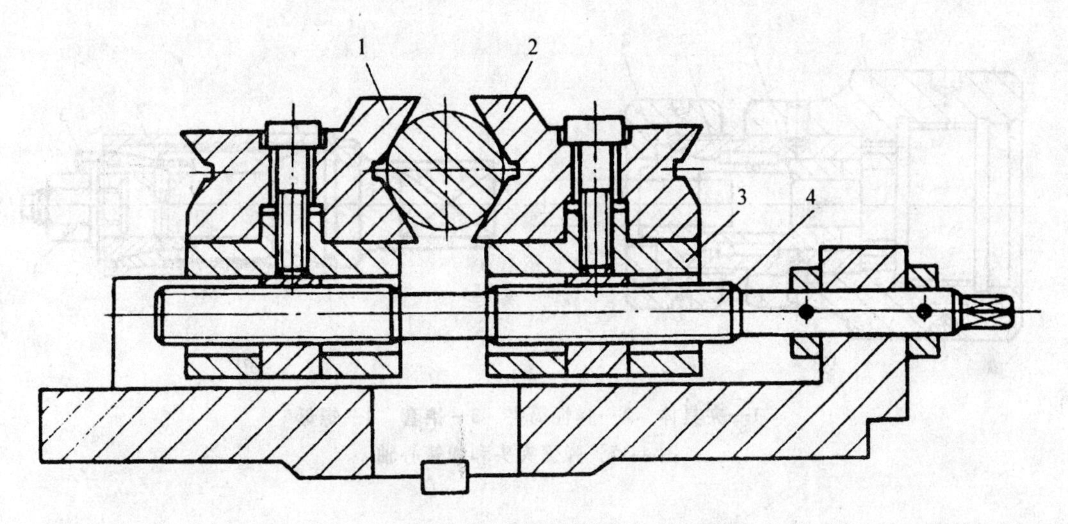

1、2—V 形钳口　3—滑块　4—双向螺杆

图 4-33　螺旋式定心夹紧机构

该定心夹紧机构的特点是：结构简单、工作行程大、但定心精度不高，主要适用于粗加工或半精加工中需要行程大而定心精度要求不太高的场合。

(2) 楔式定心夹紧机构

图 4-34 所示为机动的楔式夹爪自动定心机构。当工件以内孔及左端面在夹具上定位后，气缸通过拉杆 4 使六个夹爪 1 左移，由于本体 2 上斜面的作用，夹爪左移的同时向外张开，将工件定心夹紧；反之，夹爪右移时，在弹簧卡圈 3 的作用下使夹爪收拢，将工件松开。

这种定心夹紧机构的结构紧凑，定心精度较高，比较适用于工件以内孔作定位基面的半精加工工序。

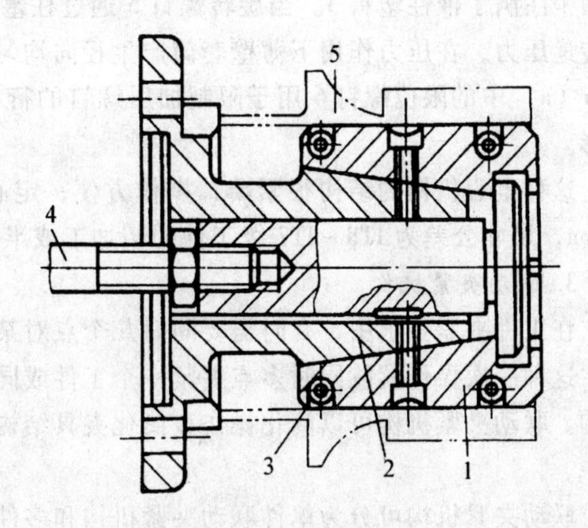

1—夹爪　2—本体　3—弹簧卡圈　4—拉杆　5—工件

图 4-34　机动楔式夹爪自动定心机构

(3) 弹簧筒夹式定心夹紧机构

这种定心夹紧机构常用于安装轴套类工件。图 4-35 (a) 为用于装夹工件以外圆柱面为定位基面的弹簧夹

头。旋转螺母4时，其端面推动弹性筒夹2左移，此时锥套3内锥面迫使弹性筒夹2上的簧瓣向心收缩，从而将工件定心夹紧。图4-35（b）是用于工件以内孔为定位基面的弹簧心轴。弹性筒夹2的两端各有簧瓣。旋转螺母4时，其端面推动锥套3，同式推动弹性筒夹2左移，锥套3和夹具体1的外锥面同时迫使弹性筒夹2的两端簧瓣向外均匀扩张，从而将工件定心夹紧。反向转动螺母，带动锥套，便可卸下工件。

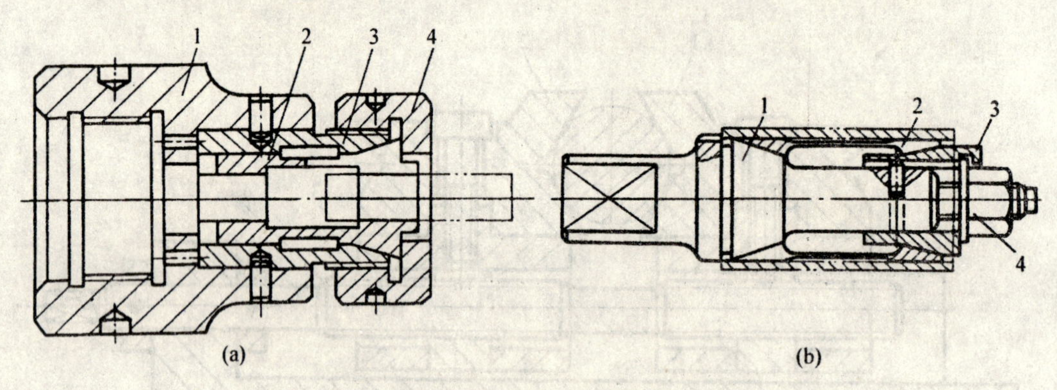

1—夹具体　2—弹性筒夹　3—锥套　4—螺母

图4-35　弹簧夹头和弹簧心轴

弹簧筒夹定心夹紧机构的结构简单、体积小、操作方便迅速，因而应用十分广泛。其定心精度高、稳定，故一般适用于精加工或半精加工场合。

（4）液性塑料定心夹紧机构

图4-36所示为液性塑料定心夹紧机构的两种结构，其中图4-36（a）是工件以内孔为定位基面，图4-36（b）是工件以外圆为定位基面，虽然两者的定位基面不同，但其基本结构与工作原理是相同的。起直接夹紧作用的薄壁套筒2压配在夹具体1上，在所构成的环槽中注满了液性塑料3。当旋转螺钉5通过柱塞4向腔内加压时，液性塑料便向各个方向传递压力，在压力作用下薄壁套筒产生径向均匀的弹性变形，从而将工件定心夹紧。图4-36（a）中的限位螺钉6用于限制加压螺钉的行程，防止薄壁套筒因超负荷而产生塑性变形。

这种定心机构的结构很紧凑，操作方便，定心精度高，主要用于定位基面直径大于18mm，尺寸公差为IT8～IT7级工件的精加工或半精加工。

3. 联动夹紧机构

在工件夹紧要求中，有时需要同时几个点对某个工件夹紧，有时需要同时夹紧几个工件。这种一次操作就能同时多点夹紧一个工件或同时夹紧几个工件的机构，称为联动夹紧机构。联动夹紧机构可以简化操作，简化夹具结构，节省装夹时间，因此，常用于机床夹具中。

联动夹紧机构可分为单件联动夹紧机构和多件联动夹紧机构。前者对一个工件进行多点夹紧，后者能同时夹紧几个工件。

（1）单件联动夹紧机构

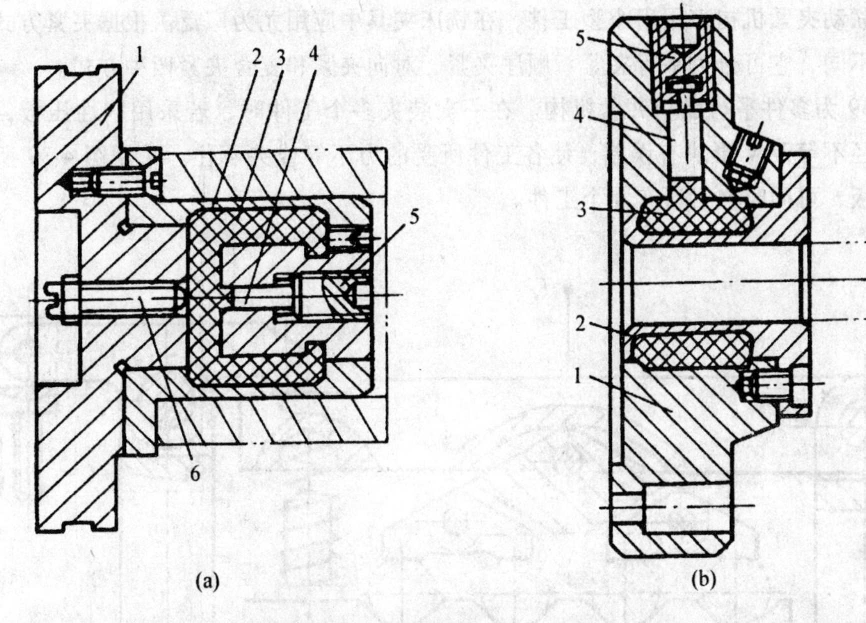

1—夹具体　2—薄壁套筒　3—液性塑料　4—柱塞　5—螺钉　6—限位螺钉

图 4-36　液性塑料定心夹紧机构

最简单的单件联动夹紧机构是浮动压头，如图 4-37 所示，属于单件两点夹紧方式。图 4-38 所示为单件三点联动夹紧机构，拉杆 3 带动浮动盘 2，使三个钩形压板 1 同时夹紧工件。由于采用了能够自动回转的钩形压板，所以装卸工件很方便。

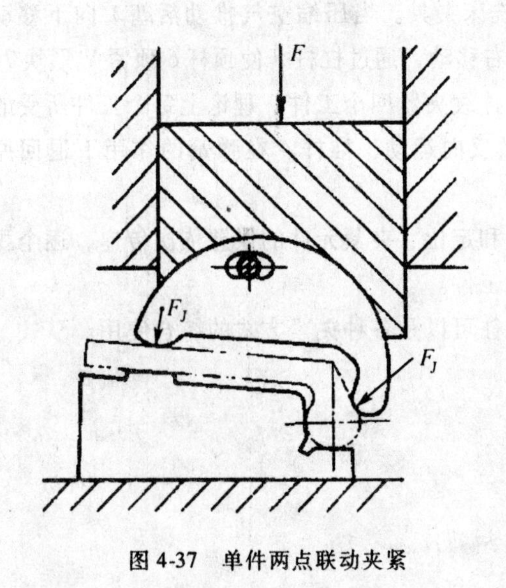

图 4-37　单件两点联动夹紧

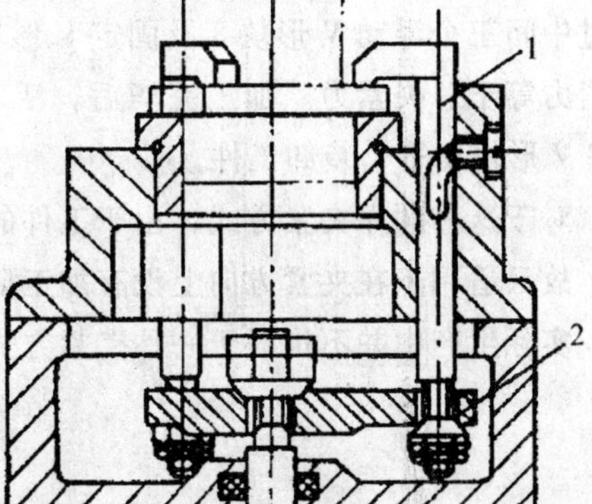

1
2
3

1—钩形压板　2—浮动盘　3—拉杆

图 4-38　单件三点联动夹紧

(2) 多件联动夹紧机构

多件联动夹紧机构多用于小型工件，在铣床夹具中应用尤为广泛。根据夹紧方式和夹紧方向的不同，它可分为平行夹紧、顺序夹紧、对向夹紧和复合夹紧四种方式。

图 4-39 为多件平行联动夹紧机构。在一次装夹多个工件时，若采用刚性压板，则因工件的直径不等及 V 形块有误差，使各工件所受的力不等或夹不住。采用图 4-39 所示三个浮动压板，可同时夹紧所有 4 个工件。

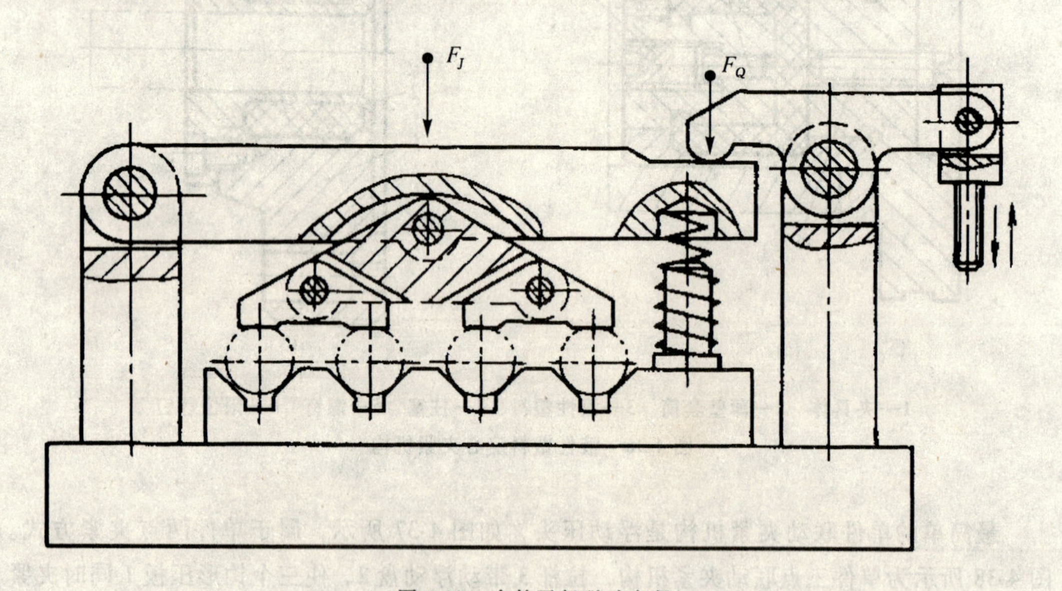

图 4-39 多件平行联动夹紧

图 4-40 是同时铣削四个工件的顺序夹紧铣床夹具。当压缩空气推动活塞 1 向下移动时，活塞杆 2 上的斜面推动滚轮 3 使推杆 4 向右移动，通过杠杆 5 使顶杆 6 顶紧 V 形块 7，通过中间三个浮动 V 形块 8 及固定 V 形块 9，连续夹紧四个工件，理论上每个工件所受的夹紧力等于总夹紧力。加工完毕后，活塞 1 做反向运动，推杆 4 在弹簧的作用下退回原位，V 形块松开，装卸工件。

对于这种顺序夹紧方式，由于工件的误差和定位、夹紧元件的误差依次传递，逐个积累，故只适用于在夹紧方向上没有加工要求的工件。

实际生产中并不拘泥于一种夹紧方式，往往可以是各种夹紧方式的综合使用。

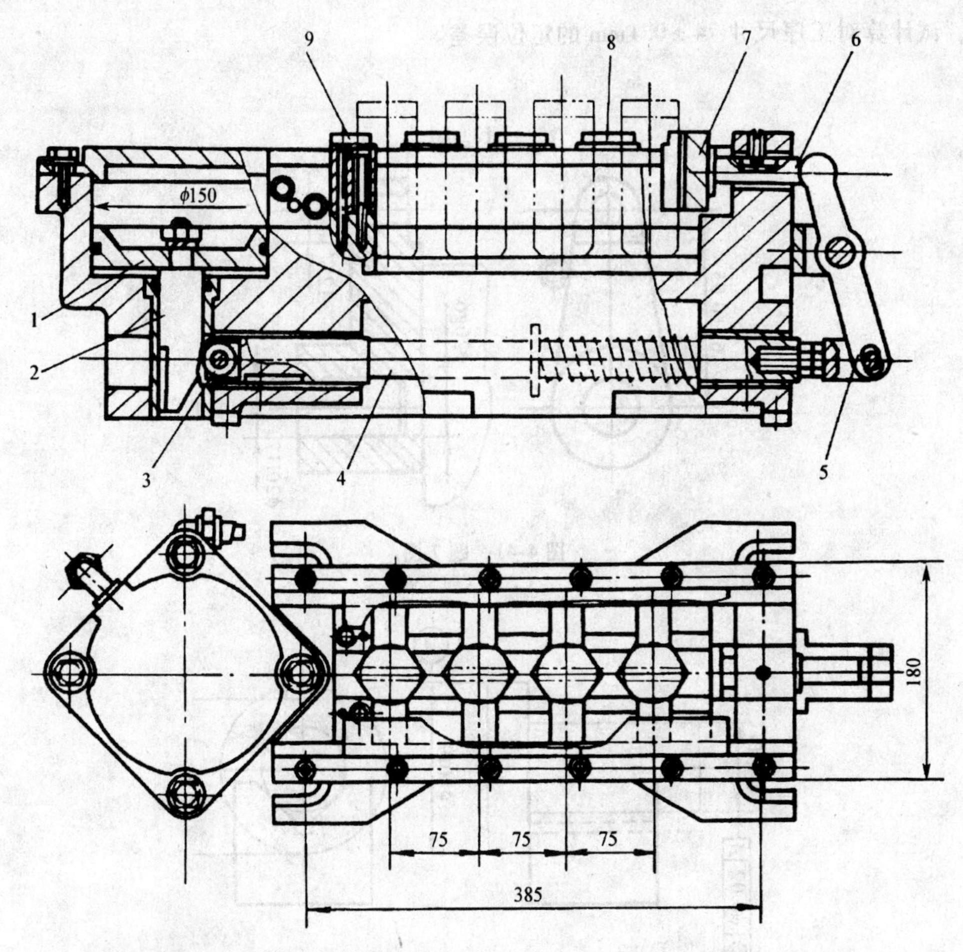

1—活塞　2—活塞杆　3—滚轮　4—推杆　5—杠杆　6—顶杆　7—V形块

8—浮动V形块　9—固定V形块

图4-40　多件顺序联动夹紧

思考与练习题

1. 机床夹具一般由哪些部分组成？各部分有何作用？

2. 按照专门化程度，机床夹具有哪些类型？

3. 什么是辅助支承？使用辅助支承时应该注意什么问题？举例说明辅助支承的应用。

4. 工件以平面作定位基准时，常用的定位支承有哪些？各起什么作用？各有何结构特点？

5. 工件以圆孔、外圆、锥孔定位时，常用哪些形式的定位元件？各有何定位功能？使用时应分别注意哪些问题？

6. 什么叫基准不重合误差，其大小如何确定？什么叫基准位移误差？

7. 用如图4-41所示的定位方式，采用调整法铣削连杆的两个侧面，试计算对工序尺寸$12_{0}^{+0.3}$mm的定位误差。

8. 用如图4-42所示的定位方式，采用调整法在阶梯轴上铣槽，V形块的V形角$\alpha=$

90°，试计算对工序尺寸 74 ±0.1mm 的定位误差。

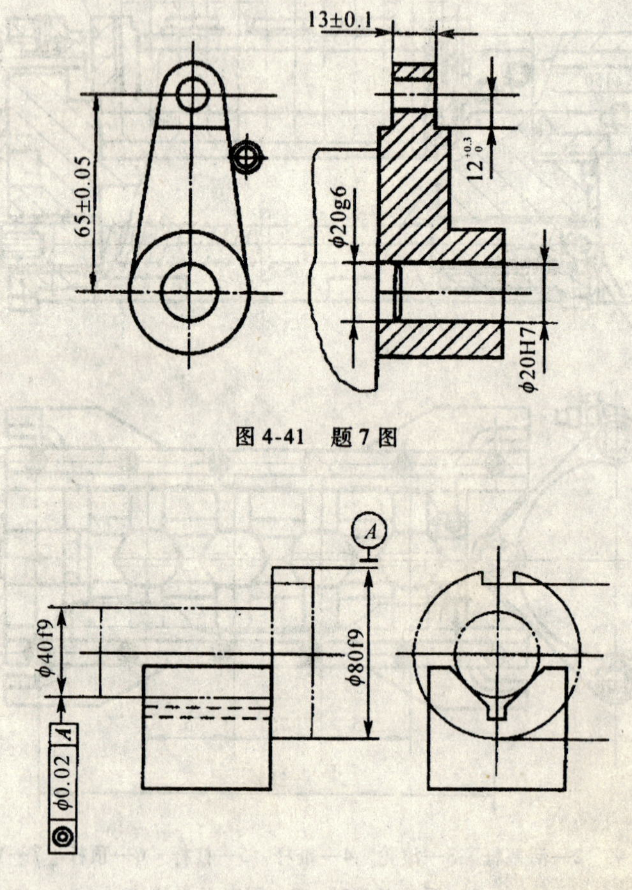

图 4-41 题 7 图

图 4-42 题 8 图

9. 有一批工件，如图 4-43（a）所示，采用钻模夹具钻削工件上 φ5mm 和 φ8mm 两孔，除保证图纸尺寸要求外，还要求保证两孔连心线通过 $\phi60^{0}_{-0.1}$ mm 的轴心线，其偏移量允差为 0.08mm。现采用如图（b）、(c)、(d) 三种定位方案，若定位误差不得大于工序尺寸公差的 1/2。试问这三种定位方案是否都可行（α = 90°）？

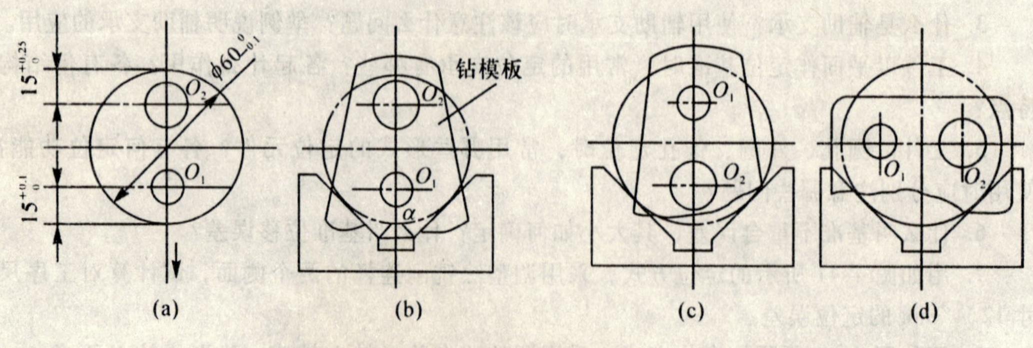

图 4-43 题 9 图

10. 夹紧装置的作用是什么？不良夹紧装置将会产生什么后果？

11. 试比较偏心夹紧、螺旋夹紧和斜楔夹紧的优缺点。

12. 试分析如图 4-44 所示中各夹紧方案是否合理？若有不合理之处，则应如何改进？

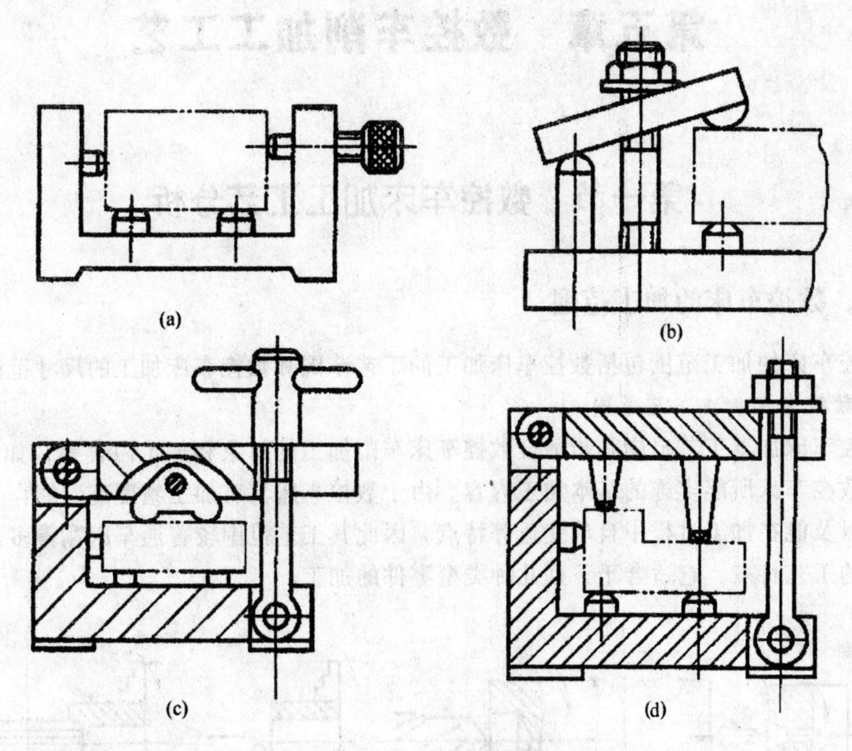

图 4-44 题 12 图

13. 与其他定位元件相比，V 形块定位有何显著的优点？

14. 确定夹紧力的作用方向和作用点应遵循哪些原则？

15. 如图 4-45 所示工件在 V 形块上定位加工 3 孔：Ⅰ、Ⅱ、Ⅲ，试分别计算（b）、（c）、（d）图所示三种定位方案定位误差的大小，并说明哪种定位方案好（设 V 形块的工作角度为 90°）。

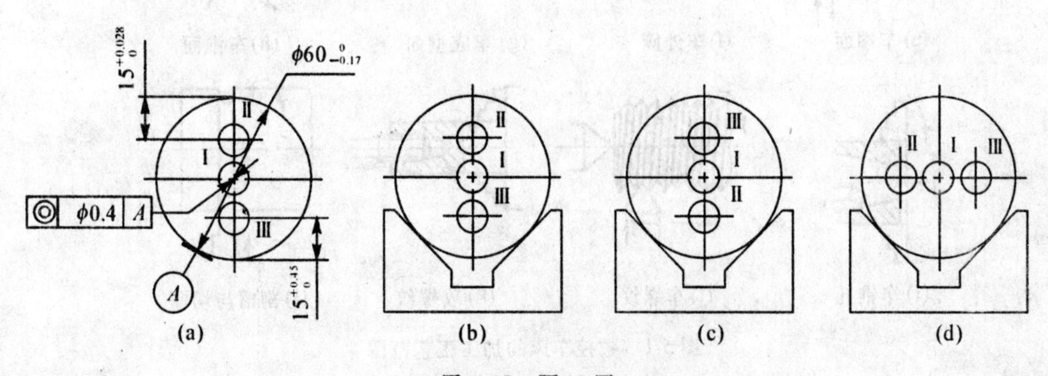

图 4-45 题 15 图

第五章　数控车削加工工艺

第一节　数控车床加工工艺分析

一、数控车床的加工范围

数控车床的加工范围包括数控车床加工的工艺范围和数控车床加工的尺寸范围。

1. 数控车床加工工艺范围

数控车床加工工艺范围是指适合数控车床车削加工的对象和加工内容等，如图 5-1 所示即为数控车床所能实施的基本加工内容。由于数控车床具有加工精度高、能作直线和圆弧插补以及能在加工过程中自动变速等特点，因此其工艺范围较普通车床宽得多。针对数控车床的工艺特点，它适合于下列几种类型零件的加工。

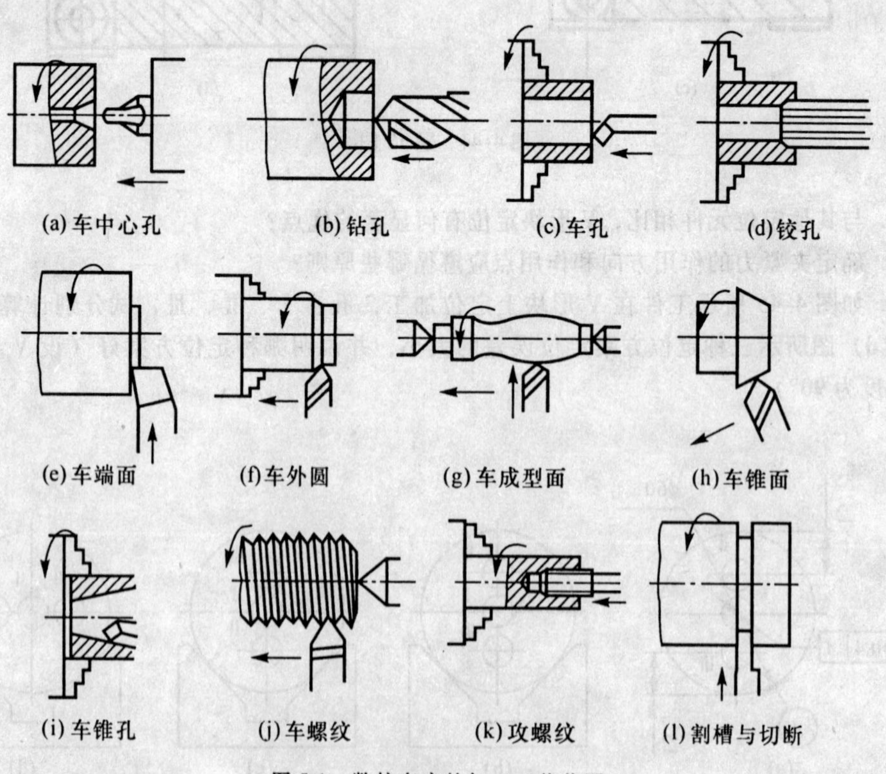

图 5-1　数控车床的加工工艺范围

（1）轮廓形状特别复杂或难于控制尺寸的回转体零件

数控车床较适合加工普通车床难于实现的由任意直线和平面曲线（圆弧和非圆曲线类）组成的形状复杂的回转体类零件，斜线和圆弧均可直接由插补功能实现，非圆曲线可用数学手段转化为小段直线或小段圆弧后作插补加工得到。

对于一些具有封闭内成型面的壳体零件，如“口小肚大”的孔腔，在普通车床上是很难加工的，而在数控车床上则能较容易地加工出来。

（2）精度要求高的回转体零件

数控车床系统的控制分辨率一般为0.01～0.001mm。在特种精密数控车床上，还可加工出几何轮廓精度达0.0001mm、表面粗糙度Ra达0.02μm的超精零件（如复印机中的回转鼓及激光打印机上的多面反射体等），数控车床通过恒线速度切削功能，可加工表面质量要求高的各种变径表面零件。

（3）带特殊螺纹的回转体零件

普通车床只能车等导程的柱、端面公英制螺纹，而且一台车床只能限定加工若干种导程的螺纹。数控车床则可以方便地车削变导程的螺纹、高精度的模数螺旋零件（如蜗杆）及端面盘形螺旋零件等。由于数控车床进行螺纹加工不需要挂轮系统，因此对任意导程的螺纹均不受限制，且其加工多头螺纹比普通车床要方便得多。

2. 数控车床加工的尺寸范围

车削零件的尺寸范围指的是加工零件的有效车削直径和有效切削长度，而不是车床铭牌上标明的车削直径和加工长度。

车床铭牌上标明的车削直径是指主轴轴线（回转中心）到拖板导轨距离的两倍；加工长度是指主轴卡盘到尾座顶尖的最大装卡长度。但实际加工时往往不能真正达到上述尺寸，车床的实际加工范围常受车床结构（刀架位置、刀盘大小）和加工时所用刀具种类（镗刀或内外圆车刀）等因素影响。

（1）有效车削直径

有效车削直径受拖板行程范围、刀架位置、刀盘大小和外圆车刀的长短等因素的影响，而且对于轴、套或轮盘等不同类型的零件有效加工直径明显不同，轮盘类有效加工直径最大，其次是套类，最小的是轴类零件。

如某车床主轴距导轨距离为280mm，标称工件最大可回转直径为560mm，拖板最大移动范围260mm，标称最大有效车削直径为400mm。如图5-2（a）所示，该机床采用后置式刀盘，以刀具安装孔轴线与主轴轴线重合（轴端钻孔）时为$X=0$，刀盘$+X$最大移动距离为180mm，$-X$向最大移动距离为260－180＝80mm。安装外圆车刀时刀杆伸出长度一般为刀杆厚度的1～1.5倍，且刀尖位置要超出刀盘最大直径，若刀尖距安装孔的距离T_L为55mm，则外圆车刀的有效移动范围为180－55＝125mm，能加工轴类零件的最大有效直径约为250mm。

套类零件镗孔时，由于镗孔刀具的安装与钻头相同，如图5-2（b）所示，当刀具正装时，若刀尖距安装孔轴线的距离T_L为20，则最大有效镗孔直径为：

$$D_{max}=2\ (180+20)\ =400\text{mm}$$

由于刀盘通常按偶数个刀位设计，如果将刀具背装到对面180°的位置，如图5-2（c）所示，利用刀盘直径，可扩大轴套和轮盘类零件的有效加工直径，即大于机床提供的最大

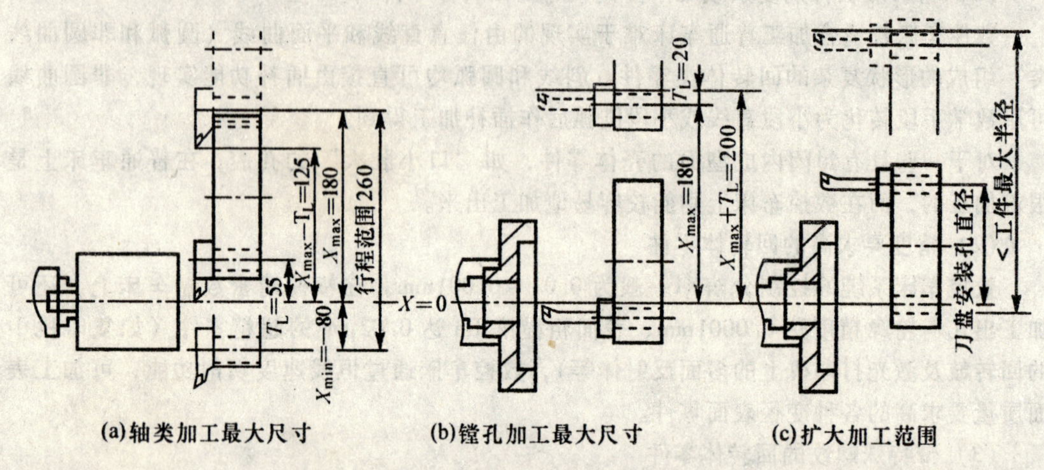

(a)轴类加工最大尺寸　(b)镗孔加工最大尺寸　(c)扩大加工范围

图 5-2　有效车削直径示意图

切削直径 400mm。当然受结构限制，零件外径不能超过 560mm。

（2）有效切削长度

有效切削长度由机床说明书中的技术参数给出。有效加工长度同样也受刀盘结构、所用刀具和加工工件等因素的影响。如图 5-3 所示，外圆加工时有效切削长度主要受 Z 向行程极限的制约，而内孔加工时，为确保刀具的退出，其有效切削长度大约为 Z 向行程范围的 1/2。

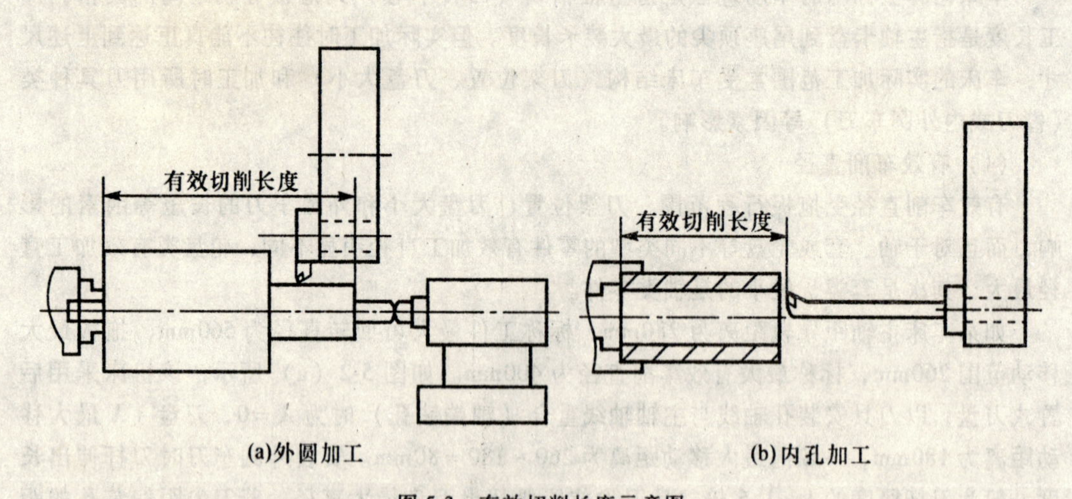

(a)外圆加工　(b)内孔加工

图 5-3　有效切削长度示意图

二、数控车床加工零件的工艺性

数控车削加工零件的工艺性合理与否，对工艺制定起着至关重要的作用，而工艺制定的合理性又对程序编制、机床的加工效率和零件的加工精度等都有重要影响。

数控车削加工零件工艺性分析包括：零件结构形状的合理性、几何图素关系的确定性、精度及技术要求的可实现性、工件材料的切削加工性等。

1. 零件结构形状和几何关系

首先零件的主要结构形状应是可通过车削加工实现的回转体类，其次零件的外形尺寸、可夹持尺寸、需加工的尺寸在机床允许范围内。

对于如图 5-4（a）所示“口小肚大”的孔腔加工，若口部孔径为 ϕ20mm，最大孔腔直径为 ϕ60mm，所需刀具悬伸长度 L 已为 20mm，则刀杆直径为零，显然是无法实现的。对此类零件，悬伸长度 L 和孔口直径 D 与刀杆直径 $D_{杆}$ 之间应该满足关系：

$$L < D - D_{杆}$$

如图 5-4（b）所示零件，槽宽尺寸分别为 4mm、5mm、3mm，需要用三把不同宽度的切槽刀切槽。从工艺性角度考虑，如无特殊需要，可改成图 5-4（c）所示结构，只需一把刀具即可。既减少了刀具数量，减少了刀架刀位占用，又节省了换刀时间。

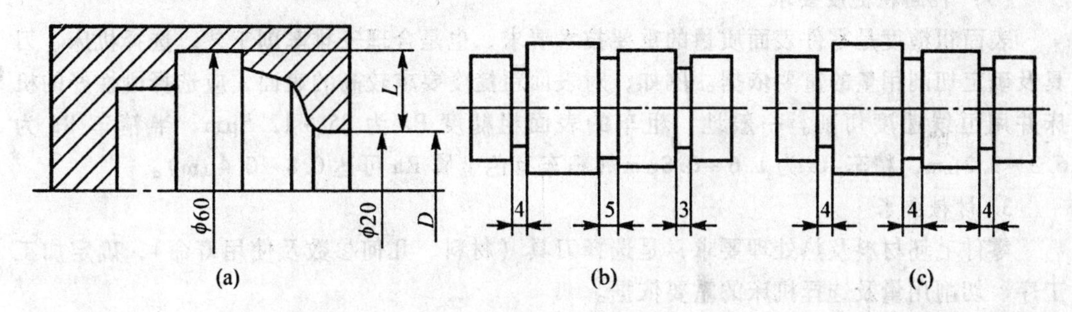

图 5-4　结构工艺性示例

由于设计等各种原因，在图纸上可能出现加工轮廓的数据不充分、尺寸模糊不清及尺寸封闭等缺陷，从而增加编程的难度，有时甚至无法编写程序，如图 5-5 所示。

如图 5-5（a）中，圆弧与斜线的关系要求为相切，但经计算后的结果却为相交割关系；在图 5-5（b）中，标注的各段长度之和不等于其总长尺寸，而且漏掉了倒角尺寸。在图 5-5（c）中，圆锥体的各尺寸已经构成封闭尺寸链。这些由于图样上的图线位置模糊或尺寸标注不清给编程计算造成困难，产生不必要的误差，甚至使编程工作无从下手。只有给定的尺寸完整正确，才能正确制定零件的工艺。

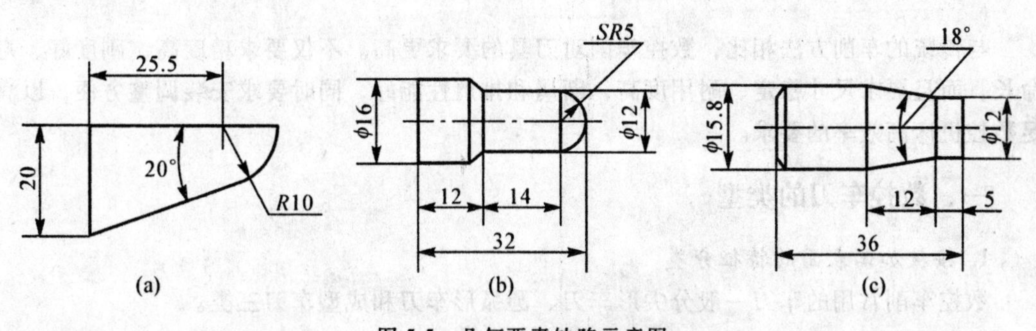

图 5-5　几何要素缺陷示意图

2. 精度及技术要求

（1）尺寸公差要求

在确定零件的加工工艺时，必须分析零件图的公差要求，从而合理安排车削工艺、正确选择刀具及确定切削用量等。对尺寸精度要求较高的零件，若采用一般车削工艺达不到精度要求时，可采取其他措施（如磨削）弥补，并注意给后续工序留有余量。一般来说，粗车的尺寸公差等级为IT12～IT11，半精车为IT10～IT9，精车为IT8～IT7（外圆可达IT6）。

（2）形状和位置公差要求

零件的形状和位置公差是零件精度的重要指标。在工艺准备过程中，除了按其要求确定零件的定位基准和检测基准，还可以根据机床的特殊需要进行一些技术性处理，以便有效地控制其形状和位置误差。例如，对有较高位置精度要求的表面，应在一次装夹下完成这些表面的加工。

（3）表面粗糙度要求

表面粗糙度是零件表面质量的重要技术要求，也是合理安排车削工艺、选择机床、刀具及确定切削用量的重要依据。例如，对表面粗糙度要求较高的表面，应选择刚性好的机床并用恒线速度切削。一般地，粗车的表面粗糙度Ra为25～12.5μm，半精车Ra为6.3～3.2μm，精车Ra为1.6～0.8μm（精车有色金属Ra可达0.8～0.4μm）。

3. 材料要求

零件毛坯材料及热处理要求，是选择刀具（材料、几何参数及使用寿命），确定加工工序、切削用量及选择机床的重要依据。

4. 加工数量

零件的加工数量对工件的装夹与定位、刀具的选择、工序的安排及走刀路线的确定等都是不可忽视的参数。批量生产时，应在保证加工质量的前提下突出加工效率和加工过程的稳定性，其加工工艺涉及的夹具选择、走刀路线安排、刀具排列位置和使用顺序等都要仔细斟酌。单件生产时，要保证一次合格率，特别是线状复杂的高精度零件，效率退居到次要位置，且单件生产要避免过长的生产准备时间，尽可能采用通用夹具或简单夹具、标准机夹刀具或可刃磨焊接刀具，加工顺序、工艺方案也应灵活安排。

第二节 数控车削刀具及其选用

与传统的车削方法相比，数控车削对刀具的要求更高。不仅要求精度高、刚度好、寿命长，而且要求尺寸稳定、耐用度高，断屑和排屑性能好，同时要求安装调整方便，以满足数控机床高效率的要求。

一、数控车刀的类型

1. 按被加工表面的特征分类

数控车削常用的车刀一般分尖形车刀、圆弧形车刀和成型车刀三类。

1）尖形车刀　以直线形切削刃为特征的车刀一般称为尖形车刀。这类车刀的刀尖（刀位点）由直线形的主、副切削刃构成，如90°内、外圆车刀，左右端面车刀，切槽车刀及刀尖倒棱很小的各种外圆和内孔车刀。

2）圆弧形车刀　圆弧形车刀的主切削刃的刀刃形状为一圆度或线轮廓度误差很小的

圆弧。该车刀圆弧刃上每一点都是圆弧形车刀的刀尖，因此，刀位点不在圆弧上，而在该圆弧的圆心上。

圆弧形车刀可以用于车削内、外表面，特别适合于车削各种光滑连接（凹形）的成形面。如图 5-6（a）所示，若用尖形车刀，当车刀主切削刃靠近圆弧段终点时，其背吃刀量 α_p1 大大超过圆弧起点位置处的背吃刀量 α_p，使得切削阻力增大，可能产生较大的轮廓度误差，且表面粗糙度增大；若如图 5-6（b）所示采用圆弧形车刀，背吃刀量变化不会太大，加工质量可有效保证。如图 5-6（c）所示，使用圆弧形车刀还可一刀连续加工出超过 180°的大外圆弧面，避免换刀的麻烦并确保成形面的连贯。

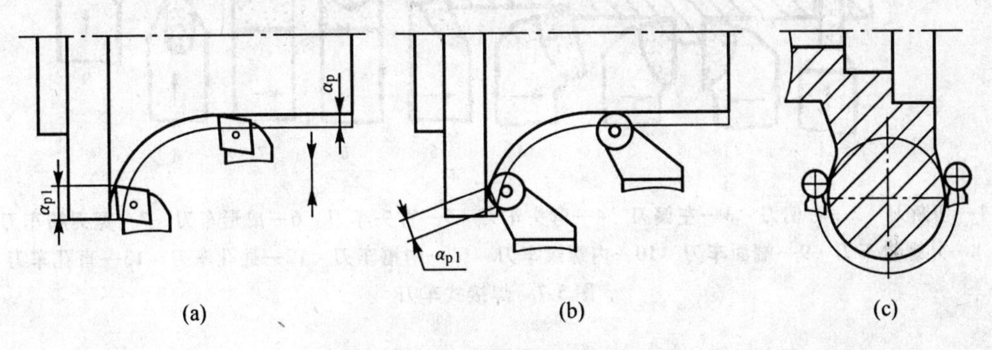

图 5-6　圆弧车刀的使用

刀尖圆弧半径的大小直接影响刀尖的强度及被加工零件的表面粗糙度。刀尖圆弧半径大，切削力增大且易产生振动，切削性能变坏，但刀刃强度增加，刀具前后刀面磨损减少。通常在切深较小的精加工、细长轴加工、机床刚度较差情况下，选用较小的刀尖圆弧；而在需要刀刃强度高、工件直径大的粗加工中，选用刀尖圆弧半径应大些。

选择车刀圆弧半径时应考虑两点：一是车刀切削刃的圆弧半径应小于或等于零件凹形轮廓上的最小曲率半径，以免发生干涉；二是该半径不宜选择太小，否则不但制造困难，还会因刀具强度太弱或刀体散热能力差而导致车刀过快损坏。

3）成形车刀　俗称样板车刀，其加工零件的轮廓形状完全由车刀刀刃的形状和尺寸决定。在数控车削加工中，常见的成形车刀有小半径圆弧车刀、非矩形车槽刀和螺纹车刀等。由于成形车刀为非标准刀具，通常都需要定制，因此在数控加工中，应尽量少用或不用成形车刀。

2. 按车刀结构分类

1）高速钢整体式车刀　刀头和刀体为一整体式的结构形式，常用韧性好的高速钢材质制成，但硬度和耐磨性差，不适于切削硬度较高的材料和进行高速切削。高速钢刀具使用前需使用者自行刃磨，且刃磨方便，适于各种特殊需要的非标准刀具，属于可重磨的刀具。

2）硬质合金焊接式车刀　将硬质合金刀片用焊接的方法固定在刀体上，称为焊接式车刀。这种车刀的优点是结构简单、制造方便、刚性较好；缺点是由于存在焊接应力，使刀具材料的使用性能受到影响，甚至出现裂纹。

根据工件加工表面及用途的不同，焊接式车刀又可分为切断刀、外圆车刀、端面车刀、内孔车刀、螺纹车刀以及成形车刀等，如图 5-7 所示，焊接式刀具同样需要在使用时自行刃磨。

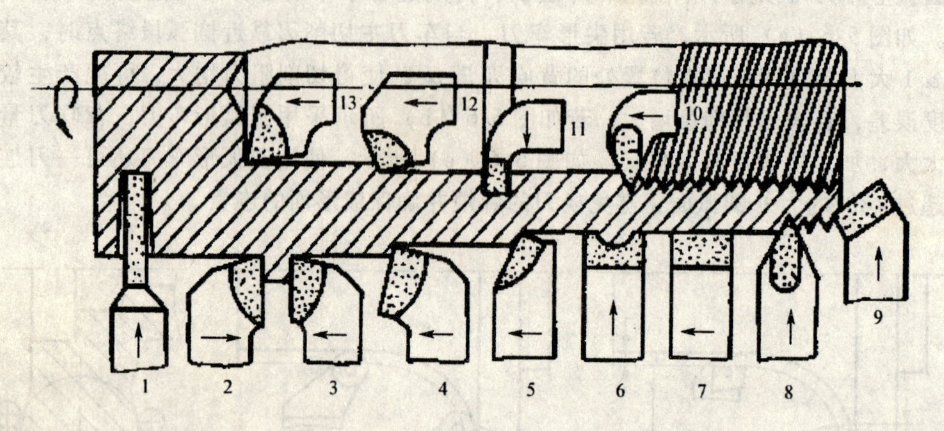

1—切断刀　2—右偏刀　3—左偏刀　4—弯头车刀　5—直头车刀　6—成形车刀　7—宽刃精车刀
8—外螺纹车刀　9—端面车刀　10—内螺纹车刀　11—内槽车刀　12—通孔车刀　13—盲孔车刀

图 5-7　焊接式车刀

3）机械夹固式可转位车刀　如图 5-8 所示，机械夹固式可转位车刀由刀杆、刀片、刀垫及夹紧元件组成。刀片每边都有切削刃，当某切削刃磨钝后，只需松开夹紧元件，将刀片转动一个位置便可继续使用，甚至有些刀片翻面后还可继续使用，机械夹固式可转位车刀使用标准刀片，不需刃磨，刀片使用寿命结束后，只需更换刀片即可重新使用。

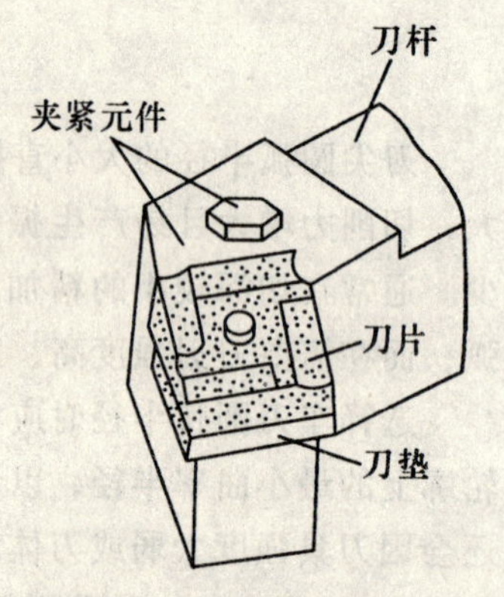

图 5-8　机夹可转位车刀

二、机夹车刀的标识

1. 标准车刀系列

某外圆车刀型号为 MVJNR2020-K16，其型号各代码含义如下：

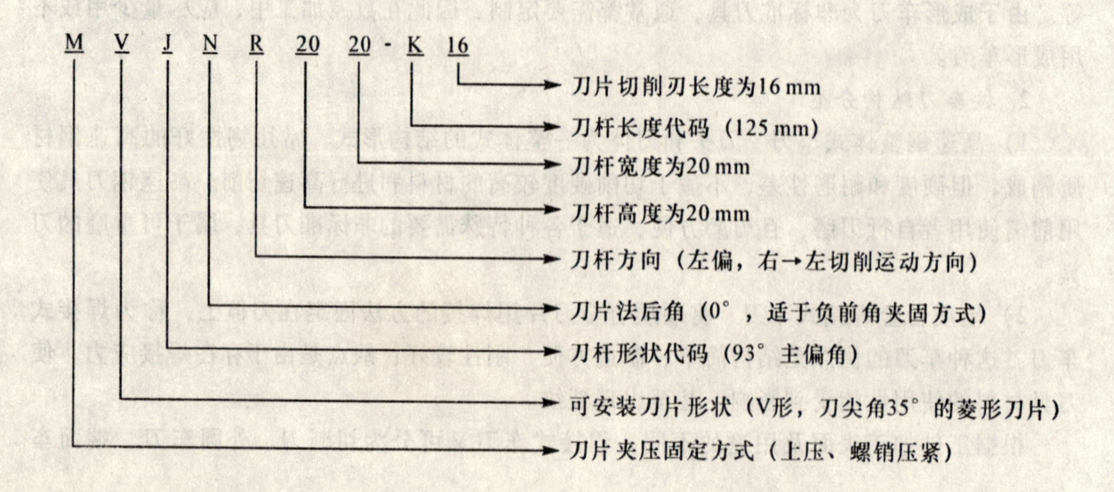

刀片夹压固定方式如图 5-9 所示，C 为正前角安装、上压板压紧固定，适于无孔刀片；S 为正前角安装、有孔刀片的螺钉锁紧固定；P 为负前角安装、有孔刀片的螺钉锁紧固定；M 为负前角安装、有孔刀片的压板和螺钉复合锁紧固定方式。

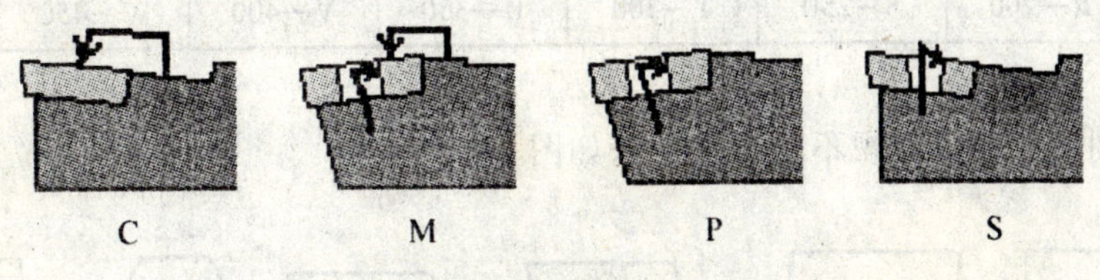

图 5-9　刀片夹压固定方式

可安装刀片形状见后述刀片介绍。

刀杆形状及其标识如图 5-10 所示。

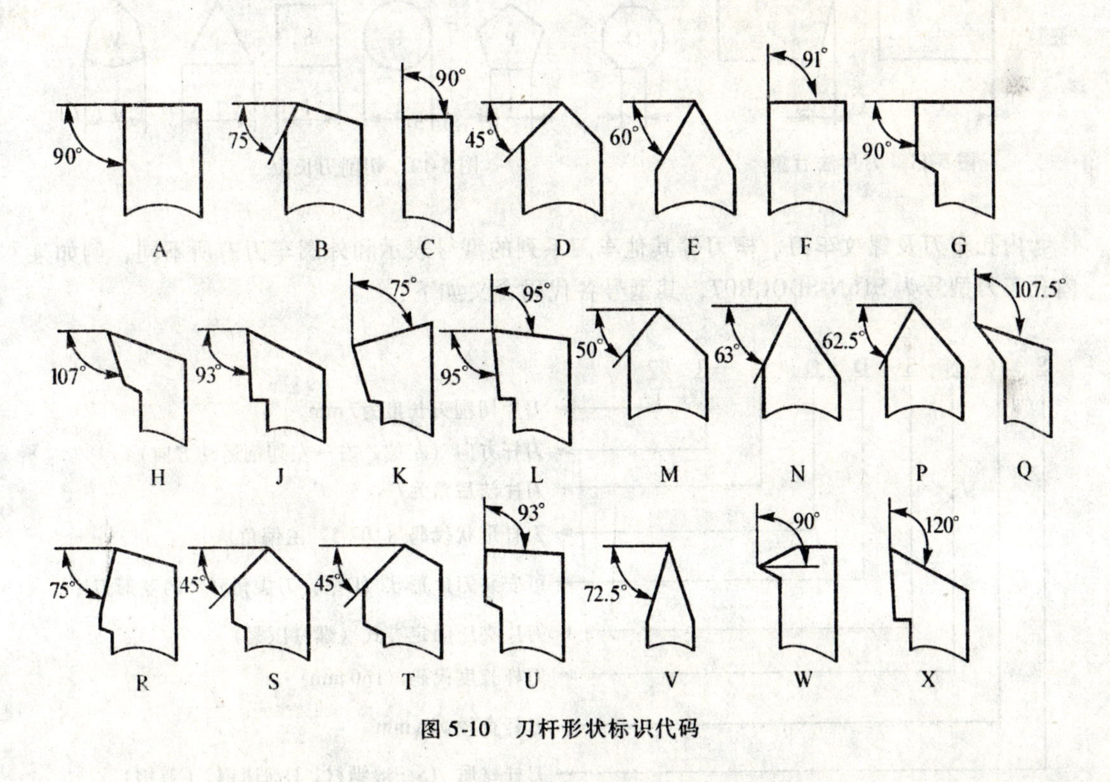

图 5-10　刀杆形状标识代码

刀片法后角如图 5-11 所示，对于 N 型，虽然刀片后角为 0，但使用 M、P 负前角安装方式时，将依据刀体安装斜面形成一定的后角。

刀杆方向即为右手刀 R（左偏刀）适于从右→左切削运动、左手刀 L（右偏刀）适于从左→右切削运动，以及可双向切削的刀刃方向 N。

刀杆的高度和宽度尺寸通常称为“标准刀方”，有 16×16、20×20、25×25 等标准系列。

刀杆长度为从刀尖到刀杆尾部的刀具总长，长度对应代码见表 5-1。

表 5-1 刀杆长度对应标识代码

A—32	B—40	C—50	D—60	E—70	F—80	G—90	X— 特殊品
H—100	J—110	K—125	L—140	M—150	N—160	P—170	
Q—180	R—200	S—250	T—300	U—350	V—400	W—450	

刀片切削刃长度尺寸视不同刀片形状如图 5-12 所示。

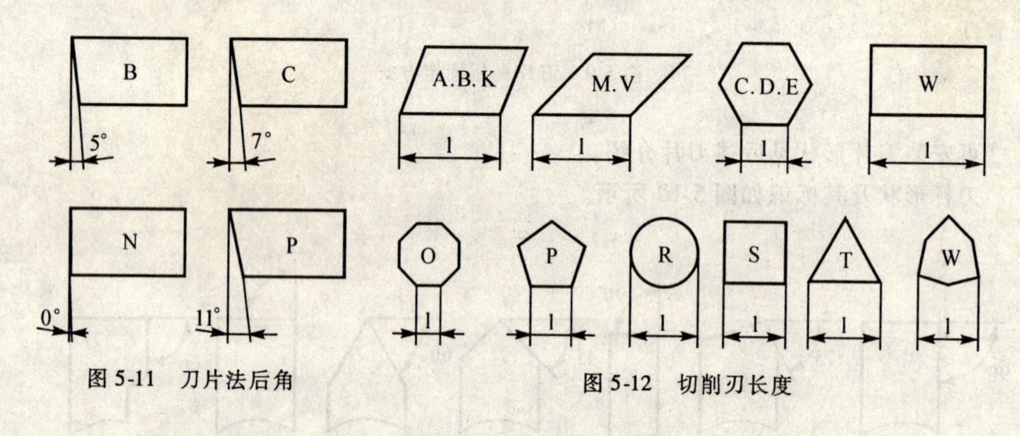

图 5-11 刀片法后角

图 5-12 切削刃长度

内孔车刀及螺纹车刀、槽刀等其他车刀系列的型号表示和外圆车刀有所不同，例如某内孔车刀型号为 S16N-SDQCR07，其型号各代码含义如下：

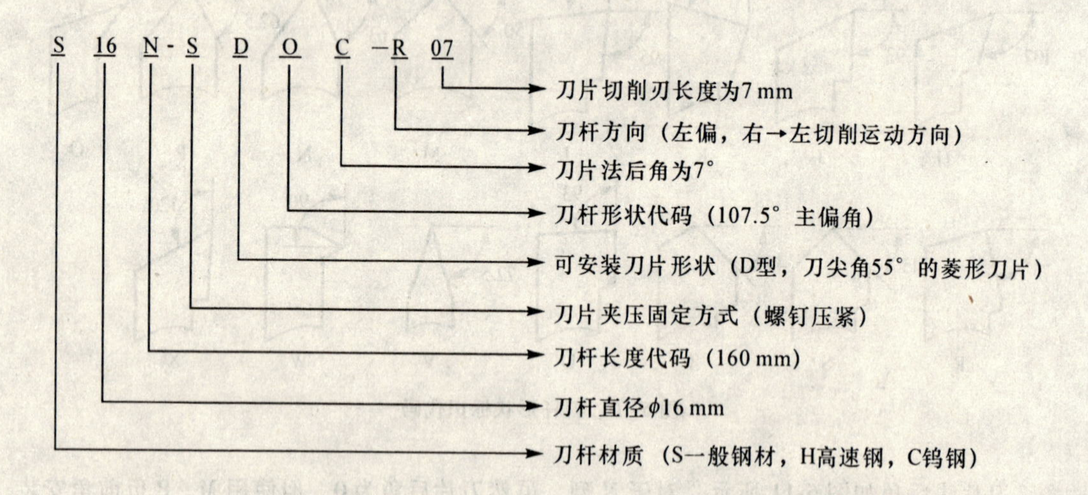

某外螺纹车刀型号如 SER/L—2020K16（刀方 20mm × 20mm，刀杆长 125mm）；内螺纹车刀如 SNR/L—0016M16（刀杆直径 Φ16mm，刀杆长 150mm）；外切槽刀如 MGEHR/L2020—2.5（刀方 20mm × 20mm，刀刃宽 2.5mm）；内孔槽刀如 MGIVR/L2016—2.5（最小孔径 20mm，刀杆直径 ϕ16mm，刀刃宽 2.5mm）。这些刀具的夹固方式及刀片形状变化不大，其型号标识相对要简单些。

2. 刀片规格系列

刀片形状多种多样，按照国标（GB2076-87）《切削刀具可转位刀片型号表示规则》，每种形状都有对应的代号。如图 5-13（a）是 16 种刀片形状及对应代码，图 5-13（b）是几种常见可转位刀片的结构形状。

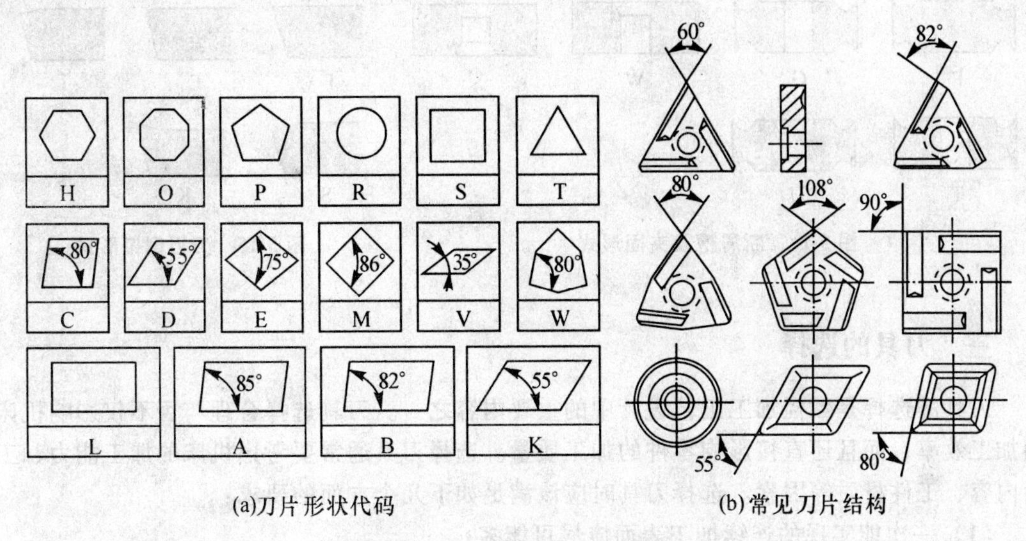

(a)刀片形状代码　　(b)常见刀片结构

图 5-13　机夹刀片形状及其代码

国标刀片是按照刀片形状、法后角、刀片尺寸精度、刀刃倒棱形式等参数项用一组字母及数字进行表示的。例如，刀片 SPAN150408TR 代表的含义是：

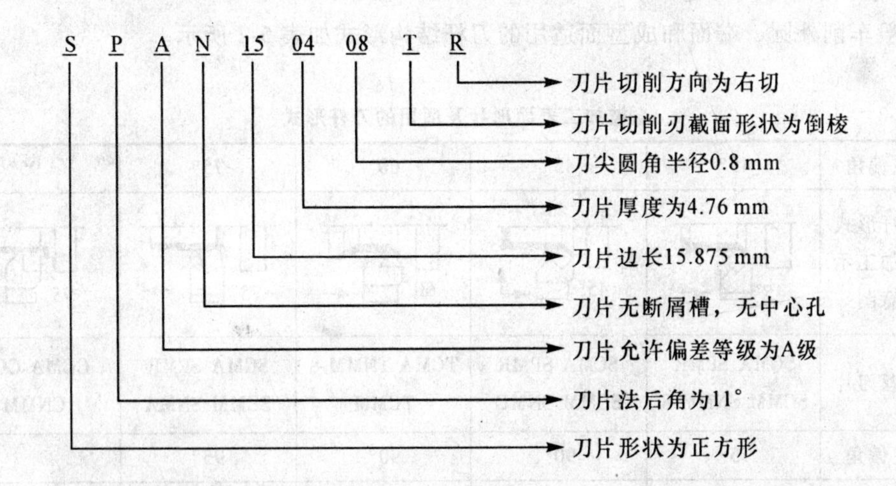

机夹刀片的断屑槽和装夹固定方式对应的代码如图 5-14 所示，双面均开有断屑槽的刀片是可翻面继续使用的，这种转位和翻面多次使用的结构形式可有效降低刀片成本，但也在一定程度上降低了刀片的强度。

图 5-15 所示是刀刃倒棱的五种形式，抗冲击性能和刀刃强度由低到高分别为不倒棱锋刃 F、倒圆 E、倒角 T、倒角 + 倒圆 S、负倒棱 K，可适应不同使用场合的要求。

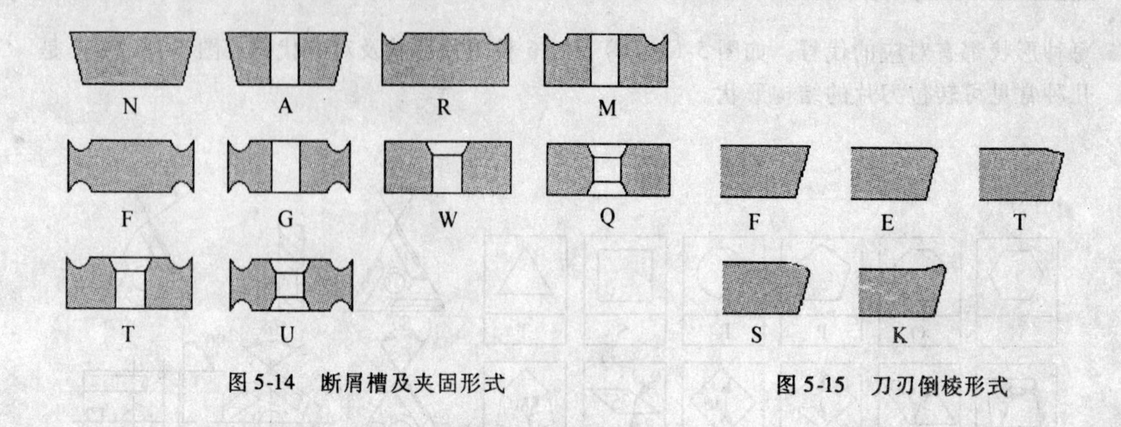

图 5-14 断屑槽及夹固形式

图 5-15 刀刃倒棱形式

三、刀具的选择

刀具的选择是数控加工工艺设计中的重要内容之一。刀具选择合理与否不仅影响机床的加工效率，而且还直接影响零件的加工质量。选择刀具通常要考虑机床的加工能力、工序内容、工件材质等因素。选择刀具时应该满足如下几个方面的要求：

(1) 一次能实现的连续加工表面应尽可能多；

(2) 在切削过程中，刀具不能与工件轮廓发生干涉；

(3) 有利于提高加工效率和加工表面质量；

(4) 有合理的刀具强度和寿命。

1. 车刀结构形式的选择

一般车削外圆、端面和成型面适用的刀杆结构形式如表 5-2 所示。

表 5-2 被加工表面形状及适用的刀杆形式

车外圆	主偏角	45°	45°	60°	75°	95°
	刀杆形式及加工示意图	45°	45°	60°	75°	95°
	推荐刀片	SCMA SPMR SCMM SNMM-8	SCMA SPMR SCMM SNMG	TCMA TNMM-8 TCMM	SCMA SPMR SCMM SNMA	CCMA CCMM CNMM-7
车端面	主偏角	75°	90°	90°	95°	
	刀杆形式及加工示意图	75°	90°	90°	95°	
	推荐刀片	SCMA SPMR SCMM CNMG	TCMA TNMA TCMM TPMR	CCMA	TPUN TPMR	

续表

	主偏角	15°	45°	60°	90°
车成形面	刀杆形式及加工示意图	15°	45°	60°	90°
	推荐刀片	RCMM	RNNG	TNMM-8	TNMG

对于一些特殊的加工部位，可参考图 5-16 进行选用。如图 5-16（a）、（b）是针对外圆上的凹槽进行精修时刀具的选用，当要求槽形表面不能有接痕时，应考虑使用一把刀具连续切削，此时刀具的主偏角和副偏角应根据凹槽两侧的切线角度来确定。若没合适角度的刀具，只能改用左右偏刀或用直槽刀分别用不同的刀位点对接加工。对于图 5-16（c）、（d）所示的大圆弧面，采用尖刀车削会导致背吃刀量的不均匀，选用圆弧车刀并以刀尖圆弧中心为刀位点，既便于编程，又能保证背吃刀量均匀，能得到光滑连接的表面。对于图 5-16（e）所示的不规则凹槽，应结合 CAD/CAM 软件进行分析后确定选用合适的刀具结构以及如何进行走刀路线的分割。对于图 5-16（f）所示浅端部曲面，可直接用尖形车刀直装车削加工，内形至孔口曲面用内孔刀车削；若端部曲面较深，则必须选用端面槽刀或自行刃磨出合适的刀具。

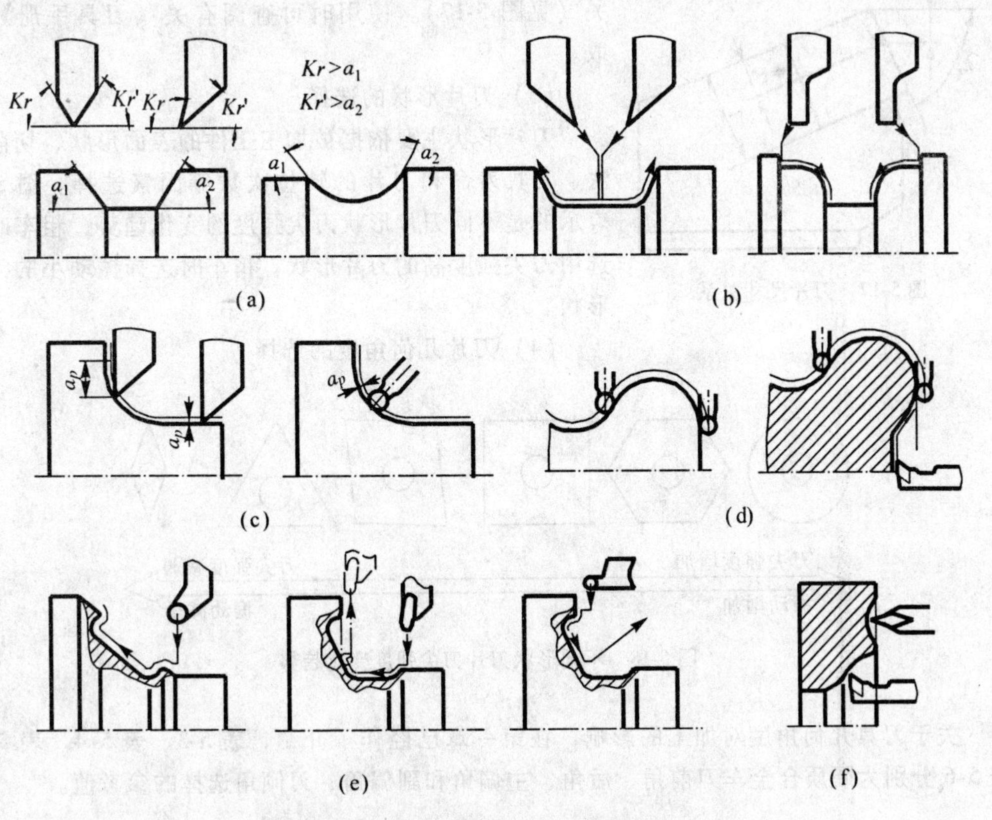

图 5-16　刀杆结构形式选择

2. 机夹可转位刀片的选用

数控车床能兼作粗、精车削，因此粗车时要选强度高、耐用度好的刀具，以便满足粗车时大背吃刀量、大进给量的要求。精车时，要选精度高、耐用度好的刀具，以保证加工精度的要求。为减少换刀时间和方便对刀，便于实现标准化，数控车削加工中广泛采用机夹可转位刀片，所以刀具的选择主要是机夹刀片的选择。

（1）刀片材质的选择

前面的章节中已经介绍过数控刀具所用材料，机夹刀片材质有涂层硬质合金、硬质合金、陶瓷、立方氮化硼、聚晶金刚石等，以硬质合金刀片应用最广。国标规定，分别用红、蓝、黄三种颜色标识 YG（K 类）、YT（P 类）、YW（M 类）硬质合金，每类都有一系列的牌号。一般地，粗加工选用 K30 ~ K50、P30 ~ P50、M30 ~ M40，如 YG8（K30）、YT5（P30），YW2（M30）；半精加工选用 K15 ~ K25、P15 ~ P25、M15 ~ M25，如 YG6A（K20）、YT15（P20）；精加工选用 K01 ~ K10、P01 ~ P10、M05 ~ M10，如 YG3（K01）、YT30（P10）、YW1（M10）。其中 K 类适用于加工短切屑脆性材料，如铸铁、有色金属及其合金；P 类适用于加工长切屑塑性好的黑色金属，如钢料；M 类硬质合金既适用于加工铸铁，又适用于切削钢料。

（2）刀片尺寸的选择

刀片尺寸的大小取决于必要的有效切削刃长度 L。有效切削刃长度 L 与背吃刀量 a_p 和车刀的主偏角 K_r 有关（见图 5-17）。使用时可查阅有关《刀具手册》选取。

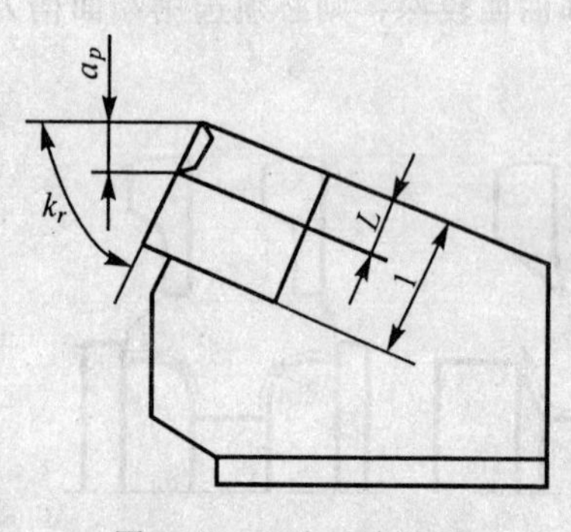

图 5-17　刀片尺寸关系

（3）刀片形状的选择

刀片形状主要依据被加工工件的表面形状、切削方法、刀具寿命和刀片的转位次数等因素选择。图 5-18 表示的是不同刀片形状刀尖强度的变化趋势，粗车时应选用刀尖强度高的刀片形状，精车时选择振动小的刀片形状。

（4）刀片几何角度的选择

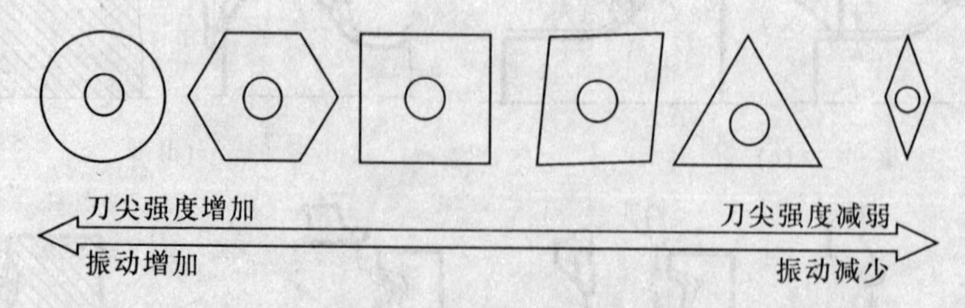

图 5-18　不同形状刀片刀尖强度变化趋势

关于刀具几何角度对加工的影响，在第一章已经作了介绍，表 5-3、表 5-4、表 5-5、表 5-6 分别为硬质合金车刀前角、后角、主偏角和副偏角、刃倾角选择的参考值。

表 5-3　　硬质合金车刀前角参考值

工件材料	前角（°）		工件材料	前角（°）	
	粗车	精车		粗车	精车
低碳钢、Q235	18~20	20~25	40Cr（正火）	13~18	15~20
45#（正火）	15~18	18~20	40Cr（调质）	10~15	13~18
45#（调质）	10~15	13~18	40#、40Cr 锻件	10~15	
45#、40Cr、铸钢、钢锻件断续切削	10~15	5~10	淬硬钢（40~50HRC）	-15~-5	
			灰铸铁断续切削	5~10	0~5
灰铸铁、青铜、脆黄铜	10~15	5~10	高强度钢（σ_b <180MPa）	-5	
铝及铝合金	30~35	35~40	高强度钢（$\sigma_b \geq$180MPa）	-10	
紫铜	25~30	30~35	锻造高温合金	5~10	
奥氏体不锈钢（<185HBS）	15~25		铸造高温合金	0~5	
马氏体不锈钢（<250HBS）	15~25		钛与钛合金	5~10	
马氏体不锈钢（>250HBS）	-5		铸造碳化钨	-10~-15	

表 5-4　　硬质合金车刀后角参考值

工件材料	后角参考值（°）	
	粗车	精车
低碳钢	8~10	10~12
中碳钢	5~7	6~8
合金钢	5~7	6~8
淬火钢	8~10	
不锈钢	6~8	8~10
灰铸铁	4~6	6~8
铜及铜合金（脆）	4~6	6~8
铝及铝合金	8~10	10~12
钛合金 $\sigma_b \leq$1.17GP	10~15	

表 5-5　　硬质合金车刀主、副偏角参考值

加工情况		角度参考值（°）	
		主偏角	副偏角
粗车	工艺系统刚性好	45，60，75	5~10
	工艺系统刚性差	60，75，90	10~15

续表

加工情况		角度参考值（°）	
		主偏角	副偏角
车细长轴、薄壁零件		90，93	6～10
精车	工艺系统刚性好	45	0～5
	工艺系统刚性差	60，75	0～5
车冷硬铸铁、淬火钢		10～30	4～10
从工件中间切入		45～60	30～45
切断刀、切槽刀		60～90	1～2

表 5-6　硬质合金车刀刃倾角参考值

应用范围	角度值（°）
精车钢和细长轴	0～5
精车有色金属	5～10
精车钢和灰铸铁	0～5
精车余量不均匀的钢	-5～-10
断续车削钢和灰铸铁	-10～-15
带冲击切削淬硬钢	-10～-45

四、车刀的装夹

1. 前置式四方可转位刀架

前置式刀架大多是四方可转位刀架，具有可安装标准刀方的尺寸限制，若采用与刀架标称刀方尺寸一致的标准机夹外圆车刀，可不加垫片直接用螺钉夹紧，此时刀尖高将与主轴中心等高，如图 5-19（a）所示。若采用的刀方尺寸比标称尺寸小，则在底部加对应差值厚度垫片后可保证刀尖高与主轴中心等高。对于内孔车刀，一般刀杆截面为圆形，仅靠削平面夹紧是非常不可靠的。由于内孔车刀刀尖高与刀杆圆截面中心等高，因此可像图 5-19（b）那样制作一个简单的内孔刀夹具，装刀孔中心到刀架装刀基面的高度按标称刀方高度设计即可。

由于厂家在设定 $-Z$ 向远行程极限时通常是按标称刀方的外圆刀平装时贴靠三爪端面位置而设的，若使用小刀方刀具，应注意装刀位置和极限行程之间的关系，确保有理想的 Z 向行程。

从原理上讲，采用反手内孔车刀，令刀架移过主轴中心后，在主轴反转的情形下，前置式刀架可当作后置式刀架使用，但大多机床在过中心后 $-X$ 方向的行程都设计得很小，因此在进行工艺安排时不作如此考虑。对于排刀架式的数控车床，如图 5-20 所示，则主要作此类工艺路线设计，其刀具的左右偏向选用及车削时主轴对应的旋向都应作周全

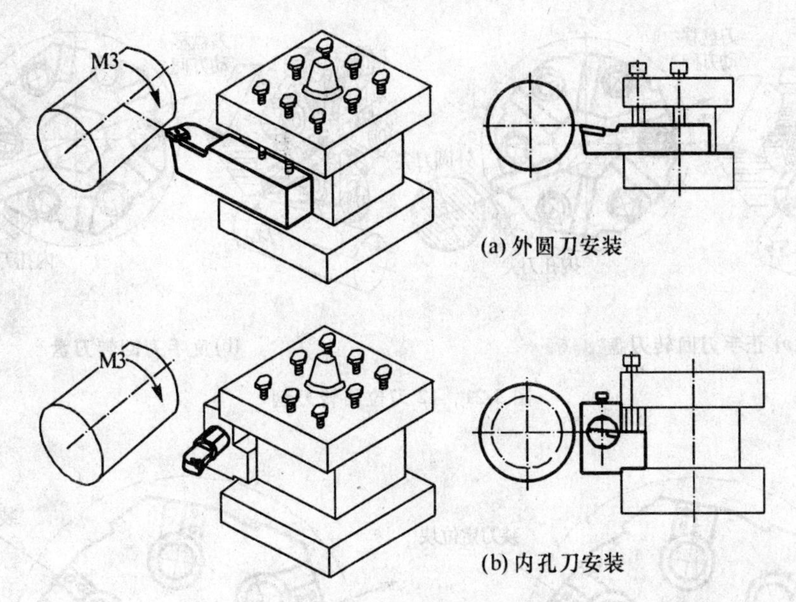

图 5-19　四方刀架上车刀的装夹

考虑。

2. 后置式回转刀盘

由于数控车削是自动按程序设计的路线完成整个加工过程的，加工中切削状态不需要像普通车削那样人为观察、控制，所以大多数控车床采用后置式回转刀盘。同时为排屑的便利，横向拖板运动方向与地面倾斜成一定角度。

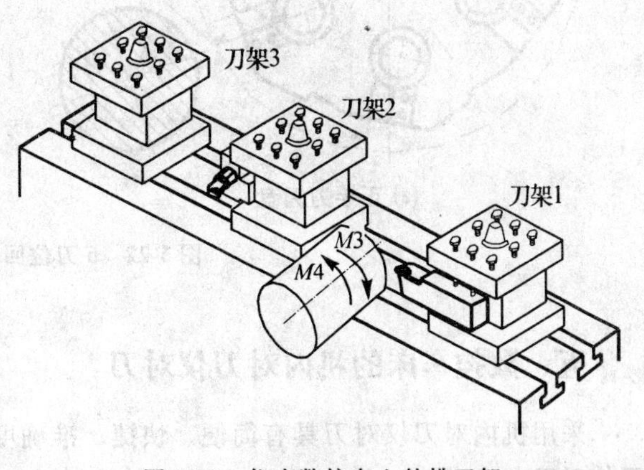

图 5-20　仪表数控车上的排刀架

回转刀盘上车刀安装如图 5-21 所示，外圆刀装在径向，内孔刀装在轴向。外圆刀具夹固槽应与刀架运动方向平行且保证刀尖中心高要求；内孔刀刀尖面应在装刀座孔中心上，且与刀架运动方向平行。12 刀位刀盘的外圆刀和内孔刀分别装在不同刀位上，可使用不同刀号及刀补号。如图 5-22 所示，6 刀位刀盘的外圆刀和内孔刀在某一刀位通常只能安装其中一个刀具来使用，若两个刀具同时安装，则使用同一刀号，此时应注意刀具间的相互干涉问题，在不干涉的情况下，可通过使用不同刀补号来分别构建坐标系。

对于后置式回转刀盘，由于涉及刀尖高问题，采用正手刀还是反手刀可通过改变装刀定位块的位置来决定，更换正反手刀后应注意更改参数设定主轴正转的旋向，或将程序用 M4Sxxxx 来启动主轴。

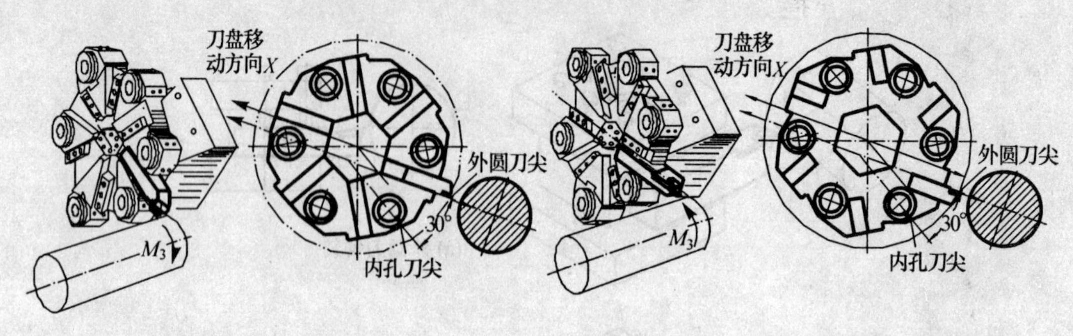

(a) 正手刀回转刀盘　　(b) 反手刀回转刀盘

图 5-21　12 刀位回转刀盘

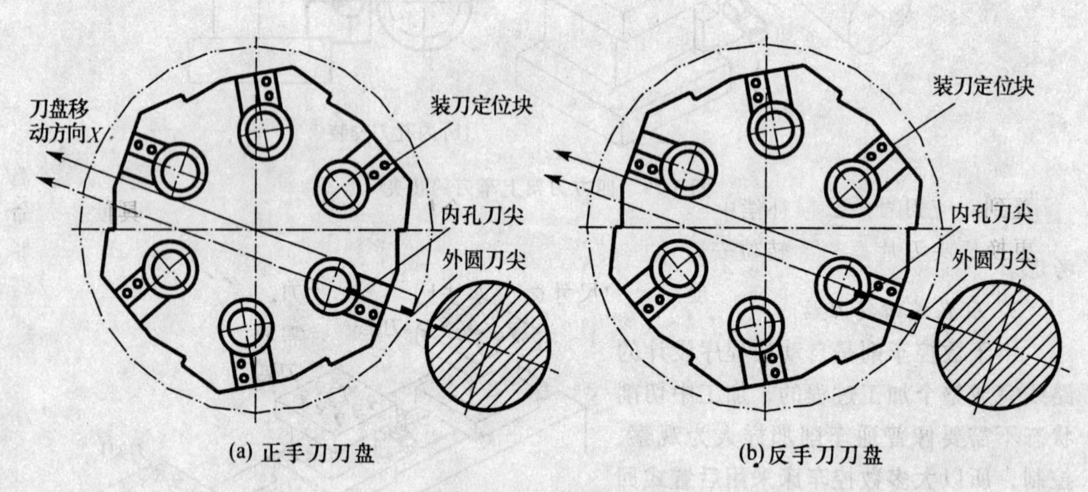

(a) 正手刀刀盘　　(b) 反手刀刀盘

图 5-22　6 刀位回转刀盘

五、数控车床的机内对刀仪对刀

采用机内对刀仪对刀具有简便、快捷、准确度高的优点，在条件允许下尽可能采用对刀仪对刀。

1. 光学显微镜

如图 5-23（a）所示，光学显微镜配合对刀试棒使用。对刀试棒前端为 1/4 扇形块，便于各类刀具接近轴心，采用光学显微镜精确测定刀尖与轴心的接触情况，设定试切直径 0，试切长度 L 即可实现以卡爪端面中心位置为坐标零点的各刀具的对刀。

2. 电子传感器

如图 5-23（b）所示，传感器有四个测头，分别用于左、右偏刀的 Z 向，外圆、内孔刀的 X 向相对刀偏的测定。该对刀仪主要用于测定各刀具相对基准刀具的相对刀偏，基准刀还需要对工件进行试切对刀。若已知测头相对于机床或工件坐标系的相对位置关系，也可换算后设置成绝对刀偏的对刀数据。

3. 标准电子对刀试棒

如图 5-23（c）所示，使用具有标准尺寸 D、L 的电子对刀试棒，当刀尖接触试棒标准外圆面和右端面至指示灯亮后，按 D、L 设定试切直径和试切长度，即可实现以卡爪端面中心位置为坐标零点的各刀具的对刀。

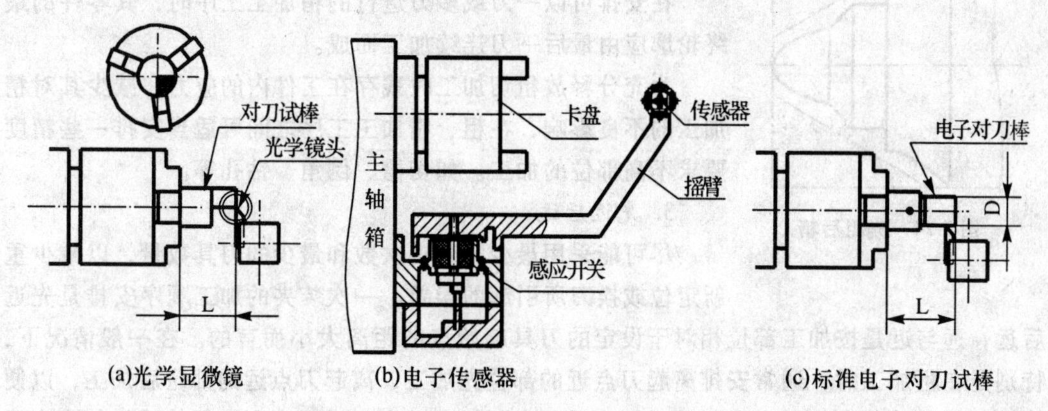

(a)光学显微镜　(b)电子传感器　(c)标准电子对刀试棒

图 5-23　车床机内对刀仪

采用机夹车刀进行批量加工时，刀尖磨损后可通过测定车削后零件的尺寸差，将差值设置到对应刀号的磨损补偿中，可自动修正而获得合格的加工尺寸。当达到刀具使用寿命而更换机夹刀片（刀片转位安装或更换新刀片）时，不需要重新对刀，但必须将磨损补偿中的数据清零。采用设置磨损补偿的尺寸微调方法比直接修改刀偏数据来调整尺寸更便于刀具数据的管理。对于整体车刀和焊接车刀而言，刀具磨损后需要重新装卸刀具，因此必须重新对刀。这也正是批量加工时使用机夹车刀的优势所在。

第三节　数控车削加工的工艺设计

一、加工顺序的确定

在数控车床加工过程中，由于加工对象复杂多样，特别是轮廓曲线的形状及位置千变万化，加上材料不同、批量不同等多方面因素的影响，在对具体零件制定加工顺序时，应该进行具体分析和区别对待，灵活处理。只有这样，才能使所制定的加工顺序合理，从而达到质量优、效率高和成本低的目的。数控车削的加工顺序一般按照下述原则确定。

1. 基面先行

用作基准的表面应优先加工出来，因为定位基准的表面越精确，装夹时定位误差就越小。故第一道工序一般是进行定位面的粗加工和半精加工（有时包括精加工），然后再以精基准加工其他表面。例如轴类零件加工时，总是先加工中心孔，再以中心孔为精基准加工外圆表面和端面。安排加工顺序遵循的原则是上道工序的加工能为后面的工序提供精基准和合适的夹紧表面。

2. 先粗后精

为了提高生产效率并保证零件的精加工质量，在切削加工时，应先安排粗加工工序，在较短的时间内，将精加工前大量的加工余量（如图 5-24 中的点画线内所示部分）去掉，同时尽量满足精加工的余量均匀性要求。

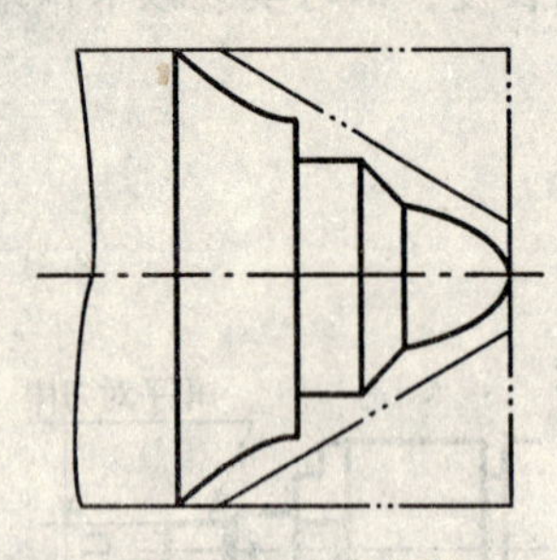
图 5-24 先粗后精

当粗加工后所留余量的均匀性满足不了精加工要求时，可安排半精加工作为过渡性工序，以便使精加工余量小而均匀。

在安排可以一刀或多刀进行的精加工工序时，其零件的最终轮廓应由最后一刀连续加工而成。

为充分释放粗切加工时残存在工件内的应力，减少其对精加工的不良影响，在粗、精加工工序之间可适当安排一些精度要求不高部位的加工。如切槽、倒角、钻孔等。

3. 先近后远

尽可能采用最少的装夹次数和最少的刀具数量，以减少重新定位或换刀所引起的误差。一次装夹的加工顺序安排是先近后远，远与近是按加工部位相对于设定的刀具起始点的距离大小而言的。在一般情况下，特别是在粗加工时，通常安排离起刀点近的部位先加工，离起刀点远的部位后加工，以便缩短刀具移动距离，减少空行程时间。对于车削加工，先近后远有利于保持毛坯件或半成品件的刚性，改善其切削条件。

4. 先内后外，内外交叉

对既有内表面（内型、腔），又有外表面需加工的零件，安排加工顺序时，应先进行内、外表面的粗加工，后进行内、外表面的精加工。切不可将零件上一部分表面（外表面或内表面）加工完毕后，再加工其他表面（内表面或外表面）。

上述的原则也不是一成不变的，对于某些特殊的情况，则需要采取灵活可变的方案。这有赖于编程者实际加工经验的不断积累。

二、走刀路线的确定

走刀路线包括切削加工的路线及刀具切入、切出等非切削空刀行程路线。走刀路线与零件的加工精度和表面粗糙度是密切相关的，因此编程之前，走刀路线的合理选择是非常重要的。

走刀路线的确定原则是在保证加工质量的前提下，使加工程序具有最短的走刀路线，这样不仅可以节省整个加工过程的时间，还能减少一些不必要的刀具消耗及机床进给运动部件的磨损。

1. 粗车走刀路线

现代数控车床控制系统按照传统外圆粗车和端面粗车的车削加工走刀方式，已提供了简单方便的编程指令 G71、G72，另外还有适于数控特点的环状粗车指令 G73。这些由系统预定义的粗切方式具有编程计算简单快捷的特点，是目前数控车削加工中广泛采用的几种粗车走刀路线。

如图 5-25（a）所示是以外圆车削为主，从大到小（孔加工时是从小到大）层层切削的走刀路线安排方式，对于切削区域轴向余量较大的细长轴套类零件的粗车，使用该方式加工可减少分层次数，使走刀路线变短；图 5-25（b）是以端面车削为主，从右往左（或从左往右）层层切削的走刀路线安排方式，主要用于切削区域径向余量较大的轮盘类零件的粗车加工，并使得走刀路线变短；图 5-25（c）是针对数控系统控制特点而采用的固定轮廓从外向里（或从里向外）层层切削的走刀路线安排方式，这种方式较适合周边余量相对均匀的铸、锻坯料的粗车加工，不适合从棒料开始粗车加工，那样会有很多空程的切削进给路线。

以上是从编程简便考虑，利用系统提供的快捷编程手段，对于批量不大，要求准备周期短的产品是比较适合的。当产品批量大时，就需要优化走刀路线，进一步缩短粗车加工时间，若采用图 5-25（d）的自定义走刀路线，能比 G71、G72、G73 的走刀路线更短，即使需要计算节点、编程调试复杂、准备时间较长也应坚持采用。

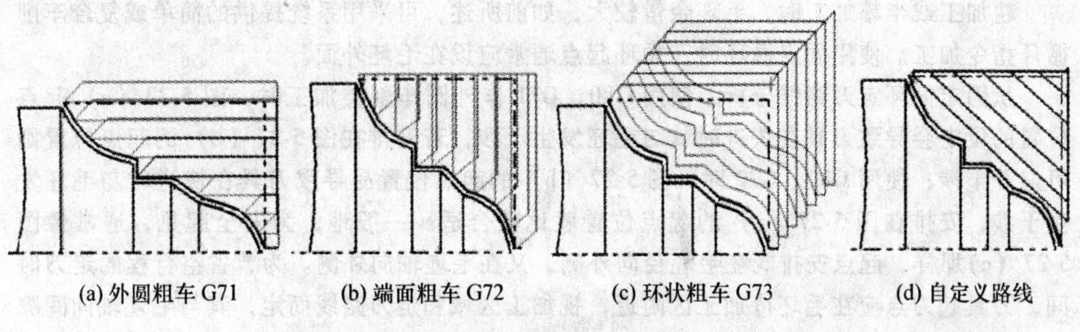

图 5-25　粗车进给路线示例

如图 5-26 所示，对于粗车或半精车铸锻毛坯零件，使用外圆车刀作矩形循环安排走刀路线时，若按图 5-26（a）所示，从右往左由小到大逐次车削，由于受背吃刀量不能过大的限制，所剩的余量就必然过多；按图 5-26（b）所示，从大到小依次车削，则在保证同样背吃刀量的条件下，每次切削所留余量就比较均匀，是正确的阶梯切削路线。由于数控机床的控制特点，可不受矩形路线的限制，采用图 5-26（c）所示走刀路线，但同样要考虑避免背吃刀量过大的情况，为此需采用双向进给切削的走刀路线，所选用刀片应是主、副切削刃能交替使用进行双向切削的。

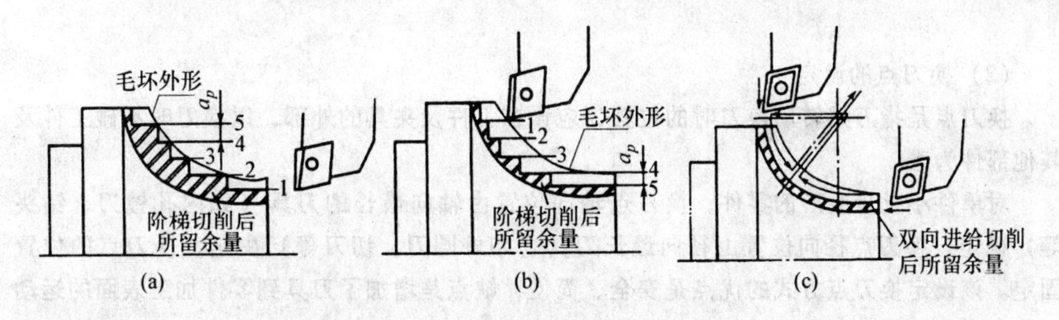

图 5-26　大余量毛坯的阶梯切削路线

2. 精车走刀路线

在安排一刀或多刀进行的精加工进给路线时，其零件的最终轮廓应由最后一刀连续加工而成，并且加工刀具的进、退刀位置要考虑妥当，尽量不要在连续的轮廓中安排切入、切出和换刀及停顿。切入、切出及接刀点位置应选在有空刀槽或表面间有拐点、转角的位置，不能选在曲线要求相切或光滑连接的部位，以免因切削力突然变化而造成弹性变形，致使光滑连接轮廓上产生表面划伤、形状突变或滞留刀痕等缺陷。

对各部位精度要求不一致的精车走刀路线，当各部位精度相差不是很大时，应以最严的精度为准，连续走刀加工所有部位；若各部位精度相差很大，则精度接近的表面安排在同一把刀走刀路线内加工，并先加工精度较低的部位，最后再单独安排精度高的部位的走刀路线。

3. 空行程走刀路线

(1) 起刀点的设定

粗加工或半精加工时，毛坯余量较大，如前所述，可采用系统提供的简单或复合车削循环指令加工。使用固定循环时，循环起点通常应设在毛坯外面。

从固定循环走刀路线分析，使用 G80、G71 作外圆车削类加工时，图 5-27（a）起点位置的设定会导致刀具在快进时就与毛坯发生干涉，若安排在图 5-27（b）的起点位置则可避开干涉；使用 G81、G72 时，图 5-27（b）的起点位置易导致刀具在快进时与毛坯发生干涉，安排在图 5-27（a）的起点位置就比较合适。一般地，为安全起见，通常像图 5-27（c）那样，起点安排既在毛坯径向外侧，又在毛坯轴向外侧。为节省空行程的走刀时间，刀具起刀点应在毛坯待加工区附近，视加工区域和走刀路线而定，其与毛坯轴向间隙和径向间隙通常为 2 ~ 3mm 即可。

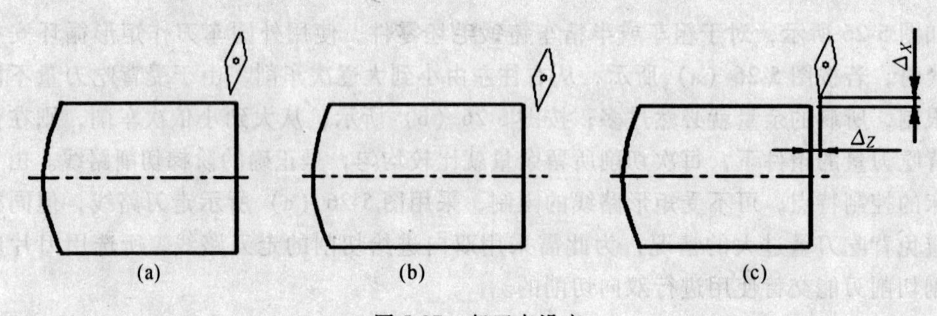

图 5-27 起刀点设定

(2) 换刀点的设定

换刀点是指刀架转动换刀时的位置，应设在工件及夹具的外部，以换刀时不碰工件及其他部件为准。

对单件小批量生产的零件，换刀点轴向位置由轴向最长的刀具（如内孔镗刀、钻头等）确定；换刀点径向位置由径向最长刀具（如外圆刀、切刀等）决定，换刀点的位置固定。该设定换刀点方式的优点是安全、简便，缺点是增加了刀具到零件加工表面的运动距离，降低了加工效率。

对于大批量生产零件，为缩短空走刀路线，提高加工效率，在某些情况下可以不设定固定的换刀点，每把刀有其各自不同的换刀位置，且每一把刀具的换刀位置要经过仔细计算。其应遵循的原则是：一是确保换刀时刀具不与工件发生碰撞；二是力求最短的换刀路线。

(3) 退刀路线的设定

数控车削中，刀具加工的零件的部位不同，退刀的路线也不相同。

1) 斜线退刀方式

斜线退刀方式路线最短，适用于加工外圆表面的偏刀退刀，如图 5-28（a）所示。

2）径—轴向退刀方式

这种退刀方式是刀具先径向垂直退刀，到达指定位置时再轴向退刀，如图 5-28（b）所示切槽加工的退刀。

3）轴—径向退刀方式

轴—径向退刀方式的顺序与径—轴向退刀的方式恰好相反，如图 5-28（c）所示镗孔时的退刀。

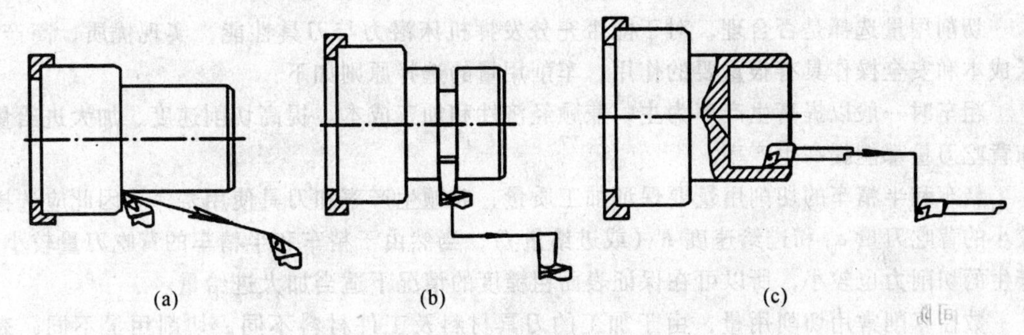

图 5-28 几种退刀方式

4. 特殊的走刀路线

在数控车削加工中，一般情况下，Z 坐标轴方向的进给运动都是沿着负方向进给的，但有时按其常规的负方向进给并不合理，甚至可能车坏工件。

例如，当采用尖形车刀加工大圆弧内表面零件时，安排两种不同的进给方法，其结果也不相同，如图 5-29 所示。对于图 5-29（a）所示的第一种进给方法（$-Z$ 走向），因切削尖形车刀的主偏角为 100°～150°，这时切削力在 X 向的较大分力 F_p沿着图 5-29（a）所示的 $+X$ 方向作用，当刀尖运动到圆弧的换象限处，即由 $-Z$、$-X$ 向 $-Z$、$+X$ 变换时，吃刀抗力 F_p与传动横滑板的传动力方向由原来相反变为相同，若螺旋副间有机械传动间隙，就可能使刀尖嵌入零件表面（即扎刀），其嵌入量在理论上等于其机械传动间隙。即使该间隙量很小，由于刀尖在 X 方向换向时，横向滑板进给过程的位移量变化也很小，加上处于动摩擦与静摩擦之间呈过渡状态的滑板惯性的影响，仍会导致横向滑板产生严重的爬行现象，从而大大降低零件的表面质量。

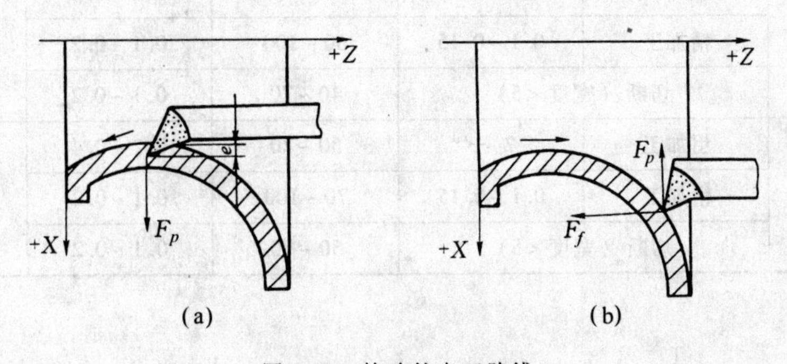

图 5-29 特殊的走刀路线

对于图 5-29（b）所示的进给方法，因为刀尖运动到圆弧的换象限处，即由 $+Z$、$-X$ 向 $+Z$、$+X$ 方向变换时，吃刀抗力 F_p 与丝杠传动横向滑板的传动力方向相反，不会受螺旋副机械传动间隙的影响而产生嵌刀现象，此进给方案是较合理的。

三、切削用量的选择

数控车削加工切削用量的选择包括背吃刀量 a_p、主轴转速 S 和进给速度 F（或进给量 f）等，这些参数均应在机床说明书规定的允许范围内选取。

1. 切削用量的选择原则

切削用量选择是否合理，对于能否充分发挥机床潜力与刀具性能，实现优质、高产、低成本和安全操作具有很重要的作用，车削用量的选择原则如下：

粗车时一般以提高生产率为主，兼顾经济性和加工成本。提高切削速度、加大进给量和背吃刀量都能提高生产率。

精车和半精车的切削用量要保证加工质量，兼顾生产率和刀具使用寿命。因此应选择较小的背吃刀量 a_p 和进给速度 F（或进给量 f），当然由于精车和半精车的背吃刀量较小，产生的切削力也较小，所以可在保证表面粗糙度的情况下适当加大进给量。

数控车削常用切削用量，由于加工的刀具材料及工件材料不同，切削用量不同，表 5-7 为数控车削加工在常用刀具材料及工件材料下切削用量的选择，可供参考。

表 5-7　常见工件材料、所用刀具及相应的切削用量

工件材料	加工方式	背吃刀量（mm）	切削速度（m/min）	进给量（mm/r）	刀具材料
碳素钢 $\sigma_b>600$MPa	粗加工	5~7	60~80	0.2~0.4	YT 类
	粗加工	2~3	80~120	0.2~0.4	
	精加工	0.2~0.3	120~150	0.1~0.2	
	车螺纹		70~100	导程	
	钻中心孔		500~800r/min		W18Cr4V
	钻孔		~30	0.1~0.2	
	切断（宽度<5）		70~110	0.1~0.2	YT 类
合金钢 $\sigma_b=1470$MPa	粗加工	2~3	50~80	0.2~0.4	YT 类
	精加工	0.1~0.15	60~100	0.1~0.2	
	切断（宽度<5）		40~70	0.1~0.2	
铸　铁 200HBS 以下	粗加工	2~3	50~70	0.2~0.4	YG 类
	精加工	0.1~0.15	70~100	0.1~0.2	
	切断（宽度<5）		50~70	0.1~0.2	

续表

工件材料	加工方式	背吃刀量（mm）	切削速度（m/min）	进给量（mm/r）	刀具材料
铝	粗加工	2～3	600～1000	0.2～0.4	YG类
	精加工	0.2～0.3	800～1200	0.1～0.2	
	切断（宽度<5）		600～1000	0.1～0.2	
铜	粗加工	2～4	400～500	0.2～0.4	YG类
	精加工	0.1～0.15	450～600	0.1～0.2	
	切断（宽度<5）		400～500	0.1～0.2	

2. 选择切削用量时应注意的问题

(1) 粗车时主轴转速

粗车时主轴转速应根据零件上被加工部位的直径，并按零件和刀具的材料及加工性质等条件所允许的切削速度来确定。切削速度除了计算和查表选取外，还可根据实践经验确定。需要注意的是采用交流变频调速的数控车床低速时主轴输出力矩小，因而切削速度不能太低。切削速度确定之后，用下式计算主轴转速：

$$S = \frac{1000 v_c}{\pi d} \tag{5-1}$$

式中：v_c——切削速度，单位为 m/min；

d——切削刃选定点处所对应的工件回转直径，单位为 mm；

S——主轴转速，单位为 r/min。

表 5-8 为硬质合金外圆车刀切削速度的参考值，选用时可参考选择。

表 5-8　**硬质合金外圆车刀切削速度 v_c 的参考值**　（m/min）

工件材料	材质状态	a_p = 0.3～2mm	a_p = 2～6mm	a_p = 6～10mm
低碳钢	热轧	140～180	100～120	70～90
中碳钢	热轧	130～160	90～110	60～80
	调质	100～130	70～90	50～70
合金结构钢	热轧	100～130	70～90	50～70
	调质	80～110	50～70	40～60
工具钢	退火	90～120	60～80	50～70
灰铸铁	HBS < 190	90～120	60～80	50～70
	HBS = 190～225	80～110	50～70	40～60
高锰钢			10～20	
铜及铜合金		200～250	120～180	90～120
铝及铝合金		300～600	200～400	150～200
铸铝合金		100～180	80～150	60～100

（2）恒线速度切削

由公式 5-1 可知，车削加工时，如果主轴转速固定，由于加工表面直径的变化，切削速度也随着变化，有可能导致表面粗糙度不一致等现象，故通常采取恒线速度（工件在切削过程中切削速度保持不变）进行车削加工。数控系统在恒线速度状态下可随着加工处直径的减小而相应增加主轴转速，有助于提高加工表面质量、提高生产率。但在恒线速度情况下车端面时，当刀具接近工件中心时，主轴转速会变得相当大，因此需要在程序中限制主轴的最高转速。

（3）车螺纹时的主轴转速

在切削螺纹时，车床的主轴转速将受到螺纹的螺距（或导程）大小、驱动电机的升降速特性及螺纹插补运算速度等多种因素影响，故对于不同的数控系统，推荐不同的主轴转速选择范围，并在螺纹加工的刀具路径中设置进刀加速段和退刀减速段。如大多数普通型车床数控系统推荐车螺纹时的主轴转速按下式选定：

$$S \leqslant \frac{1200}{P} - k \tag{5-2}$$

式中：P——工件螺纹的螺距或导程，单位 mm；

k——保险系数，一般取为 80；

S——主轴转速，单位 r/min。

（4）进给速度的确定

进给速度的单位一般为 mm/min，有些数控车床系统也可以选用进给量（单位为 mm/r）来表示进给速度，所以在工艺制订时既可以选定进给速度 F，也可以选定进给量 f。

进给速度 F 与进给量 f 的关系，可按下式进行换算：

$$F = Sf$$

式中：F——进给速度，单位为 mm/min；

f—— 进给量，单位为 mm/r；

S——主轴转速，单位为 r/min。

进给速度或进给量选取时可参考下述情况进行确定：

1）在工件的质量要求能够得到保证的前提下，为提高生产率，可选择较高的进给速度，一般在 100～200 mm/min 的范围内选取；

2）在切断、车削深孔或用高速钢刀具加工时，宜选择较低的进给速度，一般在 20～50 mm/min的范围内选取；

3）当加工精度、表面粗糙度要求较高时，进给速度应选小些，一般在 20～50 mm/min的范围内选取；

4）对刀具空行程，特别是需机床作远距离“回零”时，可以选用该机床数控系统设定的最高进给速度。

5）进给速度应与主轴转速和背吃刀量相适应。

表 5-9 和表 5-10 分别表示了硬质合金车刀粗车外圆、端面的进给量参考值和按表面粗糙度选择半精车、精车进给量的参考值，供参考选用。

表 5-9　　**硬质合金车刀粗车外圆、端面的进给量**

工件材料	车刀刀杆尺寸 B×H（mm×mm）	工件直径 d_w（mm×mm）	背吃刀量（mm）				
			≤3	>3~5	>5~8	>8~12	>12
			进给量（mm/r）				
碳素结构钢 合金结构钢 耐热钢	16×25	20	0.3~0.4	–	–	–	–
		40	0.4~0.5	0.3~0.4	–	–	–
		60	0.5~0.7	0.4~0.6	0.3~0.5	–	–
		100	0.6~0.7	0.5~0.7	0.5~0.6	0.4~0.5	–
		400	0.8~1.2	0.7~1.0	0.6~0.8	0.5~0.6	–
	20×30 25×25	20	0.3~0.4	–	–	–	–
		40	0.4~0.5	0.3~0.4	–	–	–
		60	0.5~0.7	0.5~0.7	0.4~0.6	–	–
		100	0.8~1.0	0.7~0.9	0.5~0.7	0.4~0.7	–
		400	1.2~1.4	1.0~1.2	0.8~1.0	0.6~0.9	0.4~0.6
铸铁 铜合金	16×25	40	0.4~0.5	–	–	–	–
		60	0.5~0.8	0.5~0.8	0.4~0.6	–	–
		100	0.8~1.2	0.7~1.0	0.6~0.8	0.5~0.7	–
		400	1.0~1.4	1.0~1.2	0.8~1.0	0.6~0.8	–
	20×30 25×25	40	0.4~0.5	–	–	–	–
		60	0.5~0.9	0.5~0.8	0.4~0.7	–	–
		100	0.9~1.3	0.8~1.2	0.7~1.0	0.5~0.8	–
		400	1.2~1.8	1.2~1.6	1.0~1.3	0.9~1.1	0.7~0.9

注：①加工断续表面及有冲击的工件时，表内进给量应乘系数 $k=0.75\sim0.85$；

②在无外皮加工时，表内进给量应乘系数 $k=1.1$；

③加工耐热钢及其合金时、进给量不大于 1mm/r；

④加工淬硬钢时，进给量应减小。当钢的硬度为 44~56HRC 时，乘以系数 $k=0.8$；当钢的硬度为 57~62HRC 时，乘以系数 $k=0.5$。

表 5-10　　**按表面粗糙度选择进给量的参考值**

工件材料	表面粗糙度 Ra（μm）	切削速度范围 v_c（m/min）	刀尖圆弧半径（mm）		
			0.5	1.0	2.0
			进给量（mm/r）		
铸铁 青铜 铝合金	>5~10	不限	0.25~0.40	0.40~0.50	0.50~0.60
	>2.5~5		0.15~0.25	0.25~0.40	0.40~0.60
	>1.25~2.5		0.10~0.25	0.15~0.20	0.20~0.35
碳钢 合金钢	>5~10	<50	0.30~0.50	0.45~0.60	0.55~0.70
		>50	0.40~0.55	0.55~0.65	0.65~0.70
	>2.5~5	<50	0.18~0.25	0.25~0.30	0.30~0.40
		>50	0.25~0.30	0.30~0.35	0.30~0.50
	>1.25~2.5	<50	0.10~0.15	0.11~0.15	0.15~0.22
		50~100	0.11~0.16	0.16~0.25	0.25~0.35
		>100	0.16~0.20	0.20~0.25	0.25~0.35

第四节　典型零件的数控车削工艺

一、轴套类零件的数控车削工艺

图 5-30 所示轴套零件为一典型轴套类零件。该零件在进行数控加工前已在普通车床上按图 5-31 进行过粗车，下面详细介绍其在数控车床上加工的数控车削工艺设计过程。

1. 零件工艺分析

由图 5-30 可以看出，轴类零件主要由内外圆柱面、内外圆锥面、平面及圆弧等组成，结构形状较复杂；加工的部位多，零件的 $\phi 24.4^{0}_{-0.03}$ mm 和 $6.1^{0}_{-0.06}$ mm 两处尺寸精度要求较高，加工精度要求高；外圆锥面上有几处 $R2$mm 的圆弧面；工件壁薄，加工中极易变形，加工难度较大，因此适合数控车削加工。

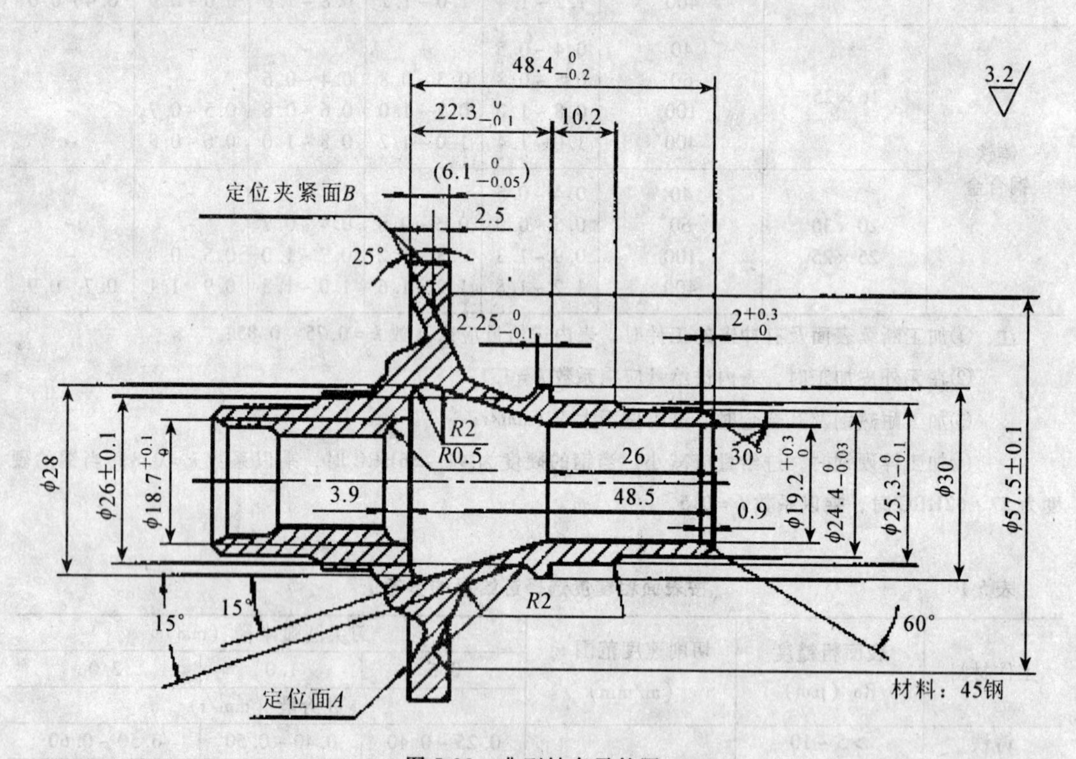

图 5-30　典型轴套零件图

该零件的轮廓描述清晰，尺寸标注完整。材料为 45 钢，切削加工性能较好，无热处理技术要求。

通过上述分析，数控车削中可以采取以下几点工艺措施：

（1）工件外圆锥面上 $R2$ mm 的圆弧面，由于圆弧半径较小，直接用成型刀车比用圆弧插补切削效率高，编程工作量小。

（2）用端面 A 和外圆柱面 B 分别作为轴向和径向定位基准可实现基准重合，减小定位误差，对保证加工精度有利。同时，应在加工中仔细对刀并认真调整机床。

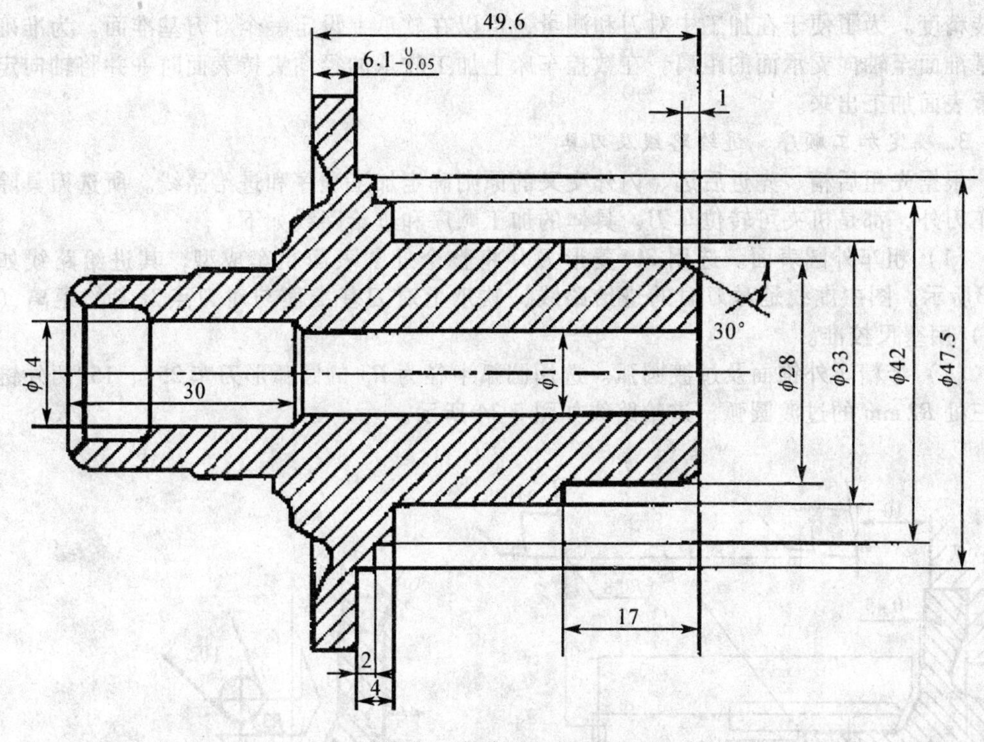

图 5-31　轴套零件粗车图

（3）因工件壁薄、易变形，在工件装夹、选择刀具、确定进给路线和切削用量方面，都需要认真考虑。为此，可选择刚性较好的端面 A 和大外圆柱面 B 分别作为轴向和径向定位基准，以减少夹紧变形的影响。

（4）该零件比较复杂，加工部位较多，需采用多把刀具来完成加工。

2. 确定装夹方案

根据该工件壁薄、易变形的特点，为减少夹紧变形，撇开所有的加工部位，采用如图 5-32 所示的包容式软爪进行装夹。该软爪底部的端齿在卡盘上定位，能保持较高的重复

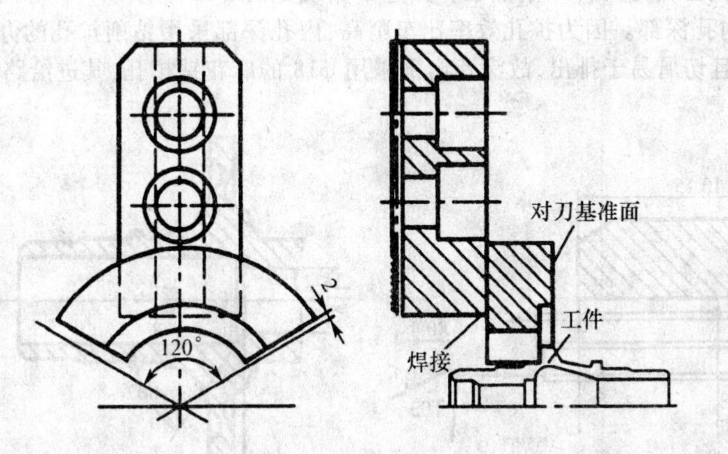

图 5-32　包容式软爪

安装精度。为了便于在加工中对刀和测量，可以在软爪上设定一个对刀基准面。为准确控制基准面至轴向支承面的距离，在数控车床上加工软爪的径向夹持表面时一并将轴向定位支承表面加工出来。

3. 确定加工顺序、进给路线及刀具

根据先粗后精、先近后远、内外交叉的原则确定加工顺序和进给路线。所选刀具除成型车刀外，都是机夹可转位车刀。具体的加工顺序和进给路线如下：

（1）粗车外圆表面。选用 80°菱形刀片将整个外圆表面粗车成型，其进给路线如图 5-33所示。图中虚线是对刀时的进给路线，软爪上对刀基准面与对刀点刀尖的距离（10 mm）用塞尺校准。

（2）半精车外锥面及过渡圆弧。选用圆弧半径为 $R3$ 的圆弧形刀车 25°、15°两外锥面及三处 $R2$ mm 的过渡圆弧，进给路线如图 5-34 所示。

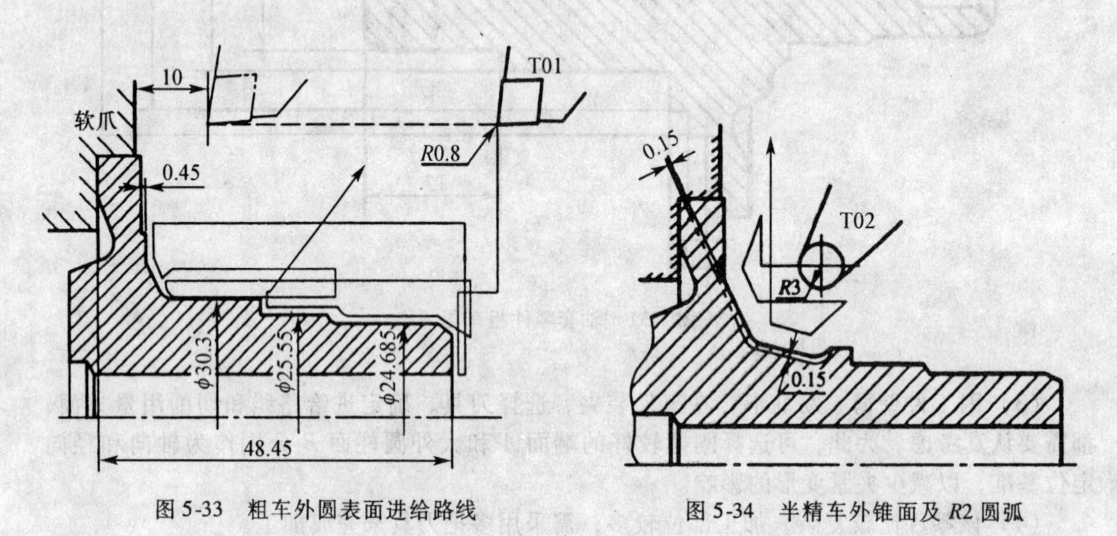

图 5-33 粗车外圆表面进给路线

图 5-34 半精车外锥面及 $R2$ 圆弧

（3）粗车内孔端部。因为内孔端部离夹持部位较远，车削加工 $\phi19.2_{0}^{+0.3}$mm 内圆柱面的切削力远比钻削扩孔的切削力小，对减小切削变形有利，故内孔端部采用 60°带 $R0.4$ mm圆刃的三角形刀片车削加工，其进给路线如图 5-35 所示。

（4）扩内孔深部。因为扩孔效率比车削高，内孔深部采用钻削扩孔的办法不仅可提高加工效率，而且切屑易于排出，故深孔内部采用 $\phi18$ 的麻花钻扩孔，其进给路线见图 5-36。

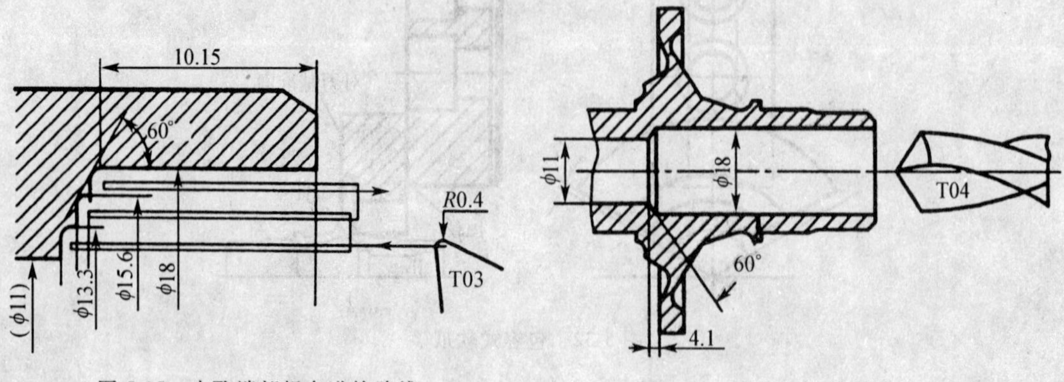

图 5-35 内孔端部粗车进给路线

图 5-36 内孔深部钻削进给路线

需要说明的是，内孔端部和内孔深部也可以不分工步，直接由一个车削工步或一个扩孔的工步加工完成。

(5) 粗车内锥面及半精车其余内表面。选用 55°带 $R0.4$ 圆弧刃的菱形刀片半精车 $\phi19.2_0^{+0.3}$ mm 内圆柱面、$R2$ mm 圆弧面及左侧内表面，粗车 15°内圆锥面。由于内圆锥面需切余量较多，可分四次进给，进给路线如图 5-37 所示。每两次进给之间都安排一次退刀停车，以便操作者及时清除孔内切屑。

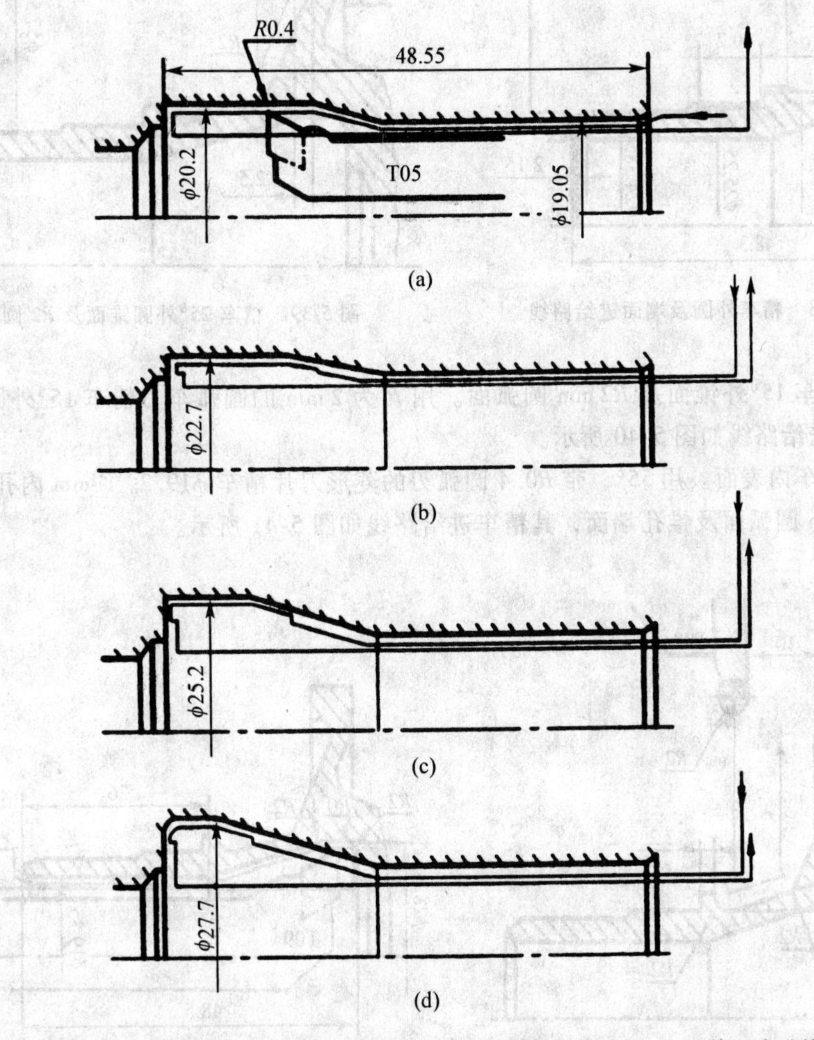

(a) 第一次进给 (b) 第二次进给 (c) 第三次进给 (d) 第四次进给

图 5-37 内表面精车进给路线

(6) 精车外圆柱面及端面。选用 80°带 $R0.4$ mm 圆弧刃的菱形刀片，依次按右端面、$\phi24.385$ mm、$\phi25.25$ mm、$\phi30$ mm 的外圆面和 $R2$ mm 圆弧面、倒角和台阶面的顺序依次加工，其加工路线如图 5-38 所示。

(7) 精车外锥面及过渡圆弧。用 R 为 2 mm 的圆弧车刀精车 25°外圆锥面及 $R2$ mm 圆弧面，其进给路线如图 5-39 所示。

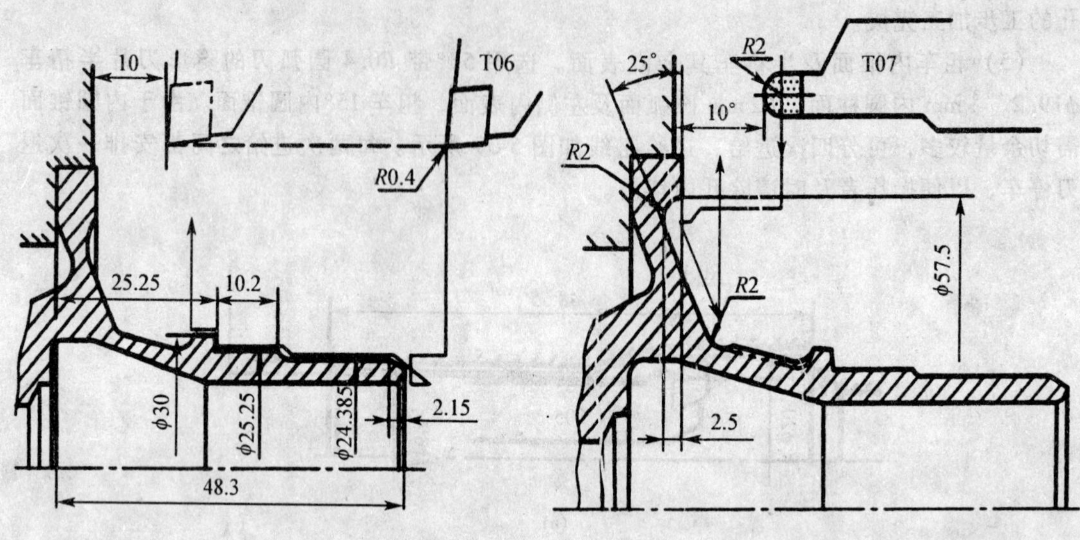

图 5-38 精车外圆及端面进给路线　　图 5-39 精车 25°外圆锥面及 R2 圆弧面

(8) 精车 15°外锥面及 R2 mm 圆弧面。用 R 为 2 mm 的圆弧车刀精车 15°外圆锥面及 R2 mm，其进给路线如图 5-40 所示。

(9) 精车内表面。用55°，带 R0.4 圆弧刃的菱形刀片精车 $\phi 19.2_{0}^{+0.3}$ mm 内孔，15°内锥面、R2 mm 圆弧面及锥孔端面，其精车进给路线如图 5-41 所示。

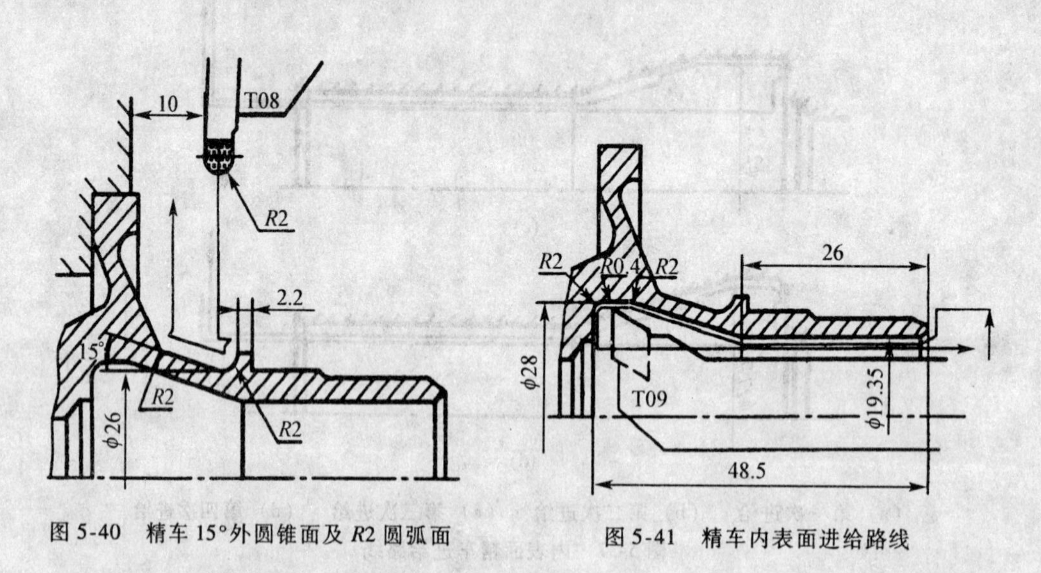

图 5-40 精车 15°外圆锥面及 R2 圆弧面　　图 5-41 精车内表面进给路线

(10) 加工最深处 $\phi 18.7_{0}^{+0.1}$ mm 内孔及端面，选用 80°，带 R0.4 mm 圆弧刃的菱形刀片，分两次进给，加工最深处 $\phi 18.7_{0}^{+0.1}$ mm 内孔及端面。为便于钩除切屑，中间需退刀一次，其进给路线如图 5-42 所示。

图 5-42 中车内孔根部端面与倒角所采用的进给方向是为了防止因刀具伸入长、刚性差而可能引起的振动。

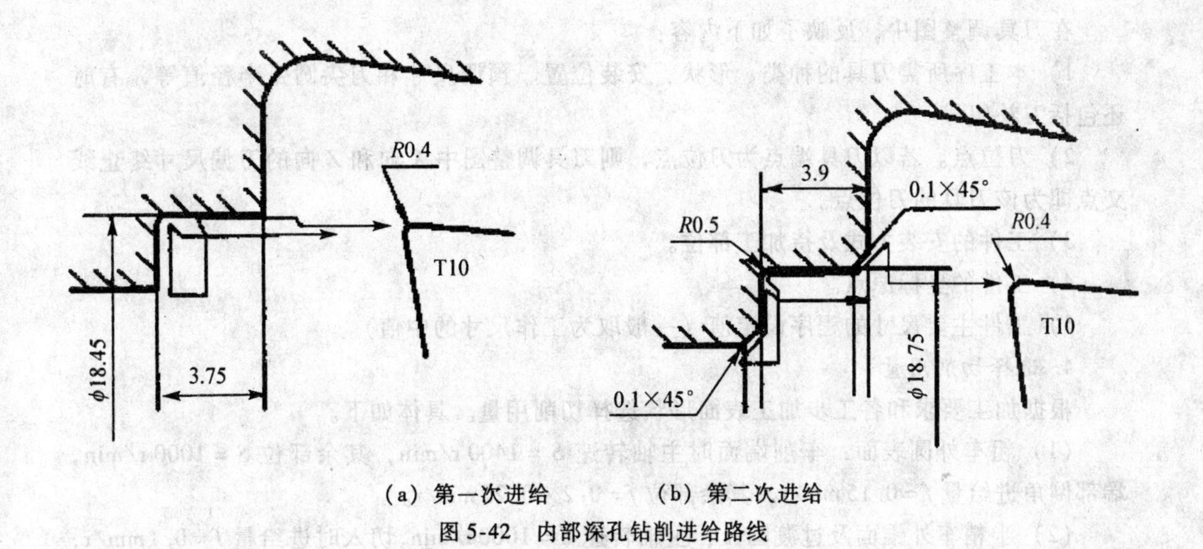

（a）第一次进给　　（b）第二次进给

图 5-42　内部深孔钻削进给路线

在确认了零件的进给路线、选择了切削刀具之后，视所用刀具多少，若使用刀具较多，为直观起见，可结合零件定位和编程加工具体情况，绘制刀具调整图，以指导加工时的装刀和对刀调整。图 5-43 所示为本例的刀具调整图。

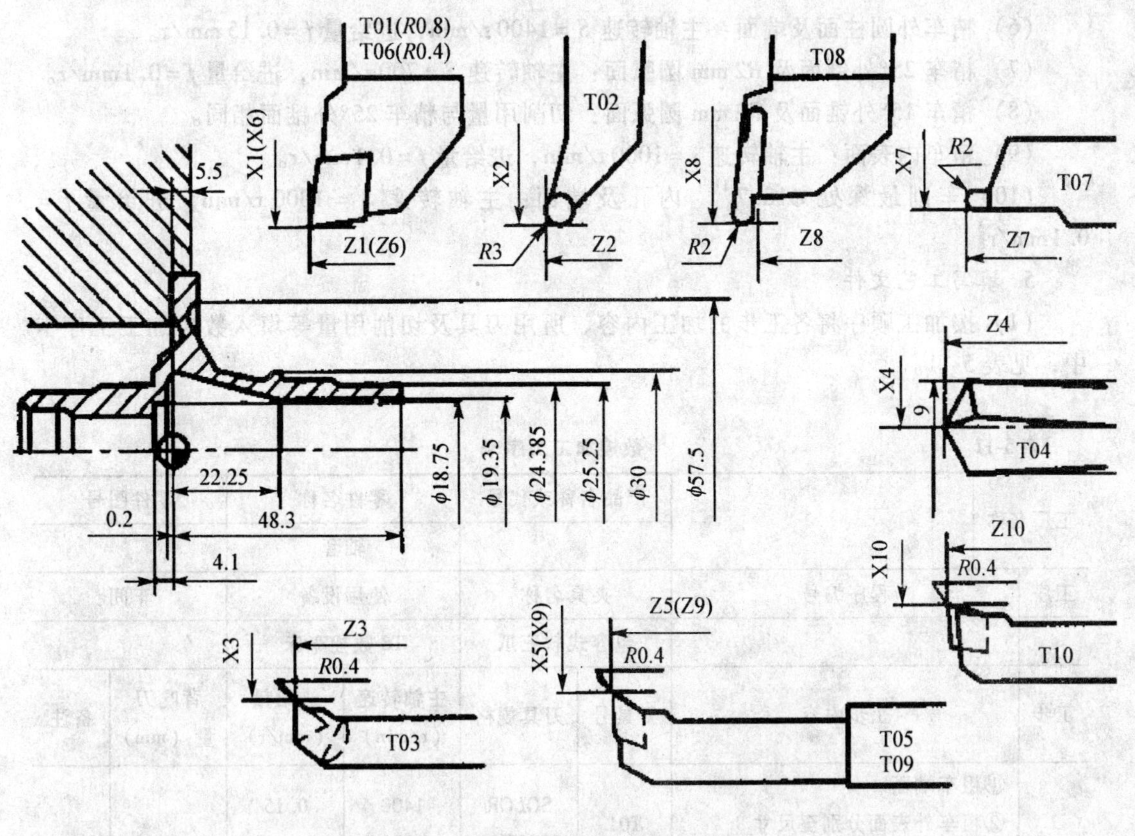

图 5-43　刀具调整图

在刀具调整图中，反映了如下内容：

1）本工序所需刀具的种类、形状、安装位置、预调尺寸和刀尖圆弧半径值等，有时还包括刀补组号。

2）刀位点。若以刀具端点为刀位点，则刀具调整图中 X 向和 Z 向的刀偏尺寸终止线交点即为该刀具的刀位点。

3）工件的安装方式及待加工部位。

4）工件的坐标原点。

5）工件主要尺寸的程序设定值（一般取为工作尺寸的中值）。

4. 选择切削用量

根据加工要求和各工步加工表面形状选择切削用量。具体如下。

（1）粗车外圆表面：车削端面时主轴转速 $S=1400$ r/min，其余部位 $S=1000$ r/min，端部倒角进给量 $f=0.15$ mm/r，其余部位 $f=0.2\sim0.25$ mm/r。

（2）半精车外锥面及过渡圆弧：主轴转速 $S=1000$ r/min，切入时进给量 $f=0.1$ mm/r，进给时 $f=0.2$ mm/r。

（3）粗车内孔端部：主轴转速 $S=1000$ r/min，进给量 $f=0.1$ mm/r。

（4）扩内孔深部：主轴转速 $S=550$ r/min，进给量 $f=0.15$ mm/r。

（5）粗车内锥面及半精车其余内表面：主轴转速 $S=700$ r/min，车削 $\phi19.05$ mm 内孔时进给量 $f=0.2$ mm/r。车削其余部分时 $f=0.1$ mm/r。

（6）精车外圆柱面及端面：主轴转速 $S=1400$ r/min，进给量 $f=0.15$ mm/r。

（7）精车 25°外锥面及 $R2$ mm 圆弧面：主轴转速 $S=700$ r/min，进给量 $f=0.1$ mm/r。

（8）精车 15°外锥面及 $R2$ mm 圆弧面：切削用量与精车 25°外锥面相同。

（9）精车内表面：主轴转速 $s=1000$ r/min，进给量 $f=0.1$ mm/r。

（10）车削最深处 $\phi18.7_{0}^{+0.1}$ 内孔及端面：主轴转速 $S=1000$ r/min，进给量 $f=0.1$ mm/r。

5. 填写工艺文件

（1）按加工顺序将各工步的加工内容、所用刀具及切削用量等填入数控加工工序卡中，见表 5-11。

表 5-11 数控加工工序卡

工厂名称		产品名称或代号		零件名称		零件图号	
				轴套			
工序	程序编号	夹具名称		使用设备		车间	
		包容式软三爪		T6 数控车床			
工步	工步内容	刀具号	刀具规格	主轴转速（r/min）	进给量（mm/r）	背吃刀量（mm）	备注
1	①粗车端面 ②粗车外表面分别至尺寸 $\phi24.68$、$\phi25.55$、$\phi30.3$mm	T01	SCLCR 2020K09	1400 1000	0.15 0.2～0.25		

续表

工厂名称		产品名称或代号		零件名称		零件图号	
				轴套			
工序	程序编号	夹具名称		使用设备		车间	
		包容式软三爪		T6 数控车床			
工步	工步内容	刀具号	刀具规格	主轴转速（r/min）	进给量（mm/r）	背吃刀量（mm）	备注
2	半精车外锥，留余量 0.15mm	T02	SRGCR 2020K06	1000	0.1 0.2		
3	粗车深度为 10.15mm 的 ϕ18mm 内孔	T03	S08K-STF CR09	1000	0.1		
4	扩 ϕ18mm 内孔深部	T04		550	0.15		
5	粗车内锥面及半精车内表面分别至尺寸 ϕ27.7mm 和 ϕ19.05mm	T05	S16N-SDU CR07	700	0.2 0.1		
6	精车外圆柱面及端面至尺寸	T06	SCLCR 2020K09	1400	0.15		
7	精车 25°外锥面及 R2mm 圆弧面至尺寸	T07		700	0.1		
8	精车 15°外锥面及 R2mm 圆弧面至尺寸	T08		700	0.1		
9	精车内表面至尺寸	T09	S16N-SDU CR07	1000	0.1		
10	精车 $\phi18.7_0^{+0.1}$ 及端面至尺寸	T10	S12M-SCL CR06	1000	0.1		
编制		审核					

（2）将选定的各工步所用刀具的刀具型号、刀片型号及刀尖圆弧半径等填入数控加工刀具卡中，见表 5-12。

表 5-12 **轴套数控加工刀具卡**

产品名称或代号			零件名称	轴　套	零件图号	
序号	刀具号	刀具规格名称	数量	刀片型号	刀尖半径（mm）	备注
1	T01	机夹式可转位车刀	1	CCMT097308	0.8	
2	T02	机夹式可转位车刀	1	RCMT060200	2	
3	T03	机夹式可转位车刀	1	TCMT090204	0.4	

续表

产品名称或代号			零件名称	轴　套	零件图号	
序号	刀具号	刀具规格名称	数量	刀片型号	刀尖半径（mm）	备注
4	T04	ϕ18 麻花钻	1			
5	T05	机夹式可转位车刀	1	DCMA070204	0.4	
6	T06	机夹式可转位车刀	1	CCMW080304	0.4	
7	T07	成型车刀	1		2	
8	T08	成型车刀	1		2	
9	T09	机夹式可转位车刀	1	DCMA070204	0.4	
10	T10	机夹式可转位车刀	1	CCMW060204	0.4	
编制		审核		批准	共　页	第　页

上述两卡和零件图是编制数控加工程序的主要依据。

（3）将各工步的进给路线绘成进给路线图。（见图 5-33 ~ 图 5-42）

二、缸孔的车削加工工艺

下面以大批量生产的图 5-44 所示活塞缸零件为例，介绍其数控车削加工工艺。

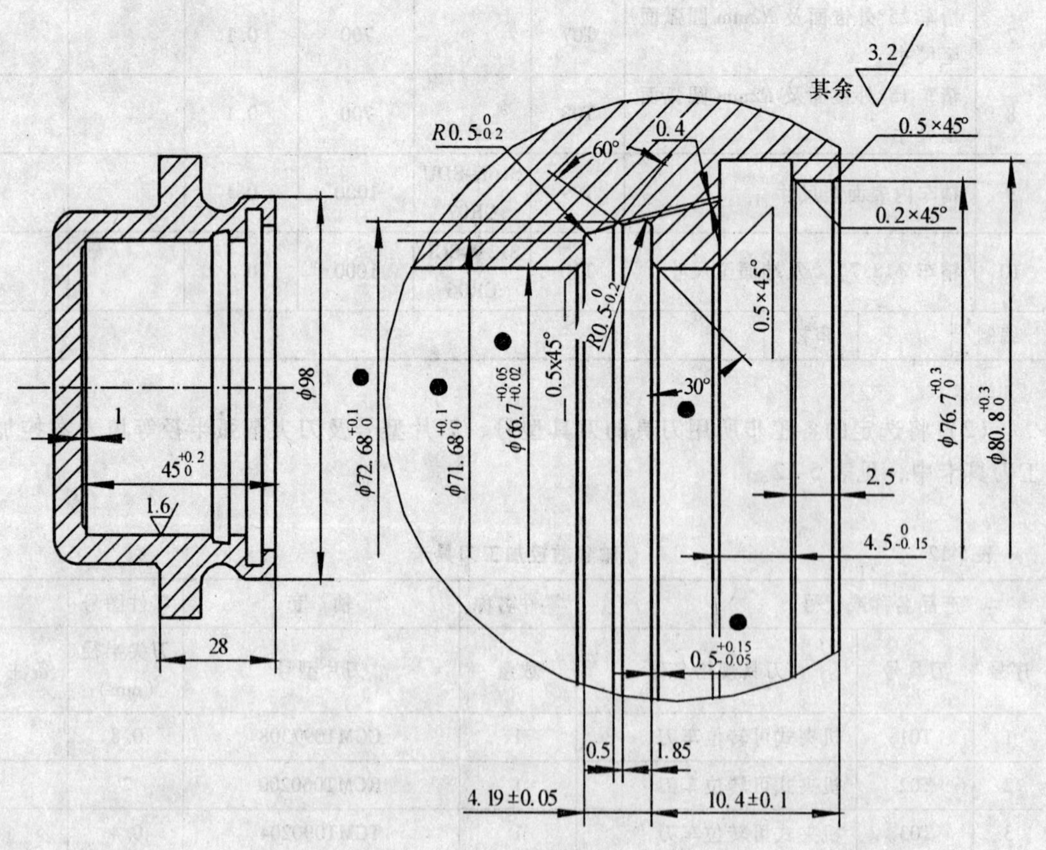

图 5-44　活塞缸零件图

1. 零件工艺分析

该零件采用铸造毛坯，外形由铸造保证，机械制造时主要进行缸孔加工。缸孔虽然没有复杂的轮廓形状，但两处密封槽的构造比较复杂，槽窄而转角圆弧小，不便于做直线及圆弧插补切削，宜采用成型刀具加工，以方便编程和提高切削效率。缸孔及密封槽在直径方向和轴向位置、槽宽方面均有一定的尺寸精度要求，其中缸孔内径 $\phi66.7^{+0.05}_{+0.02}$ 精度最高，达 IT7 级，且有较高的表面粗糙度要求，需通过精车来保证；$\phi72.68_0^{+0.1}$、$\phi71.68_0^{+0.1}$ 成型槽的精度为 IT10 级，需预切后再作精切；其余尺寸精度在 IT11 ~ 12 级之间，一次切削即可。缸孔成型部分结构清晰、尺寸标注完整、基准明确。另外，为保证槽的密封性能，槽壁不允许有振纹，因此要求切削刀具刀刃锋利且切削性能好。

零件材料为球墨铸铁 QT500-7，为短切屑脆性材料，应选用合适材料的切削刀片。

2. 确定装夹方案

该零件铸造毛坯形状、主要尺寸如图 5-45 所示。*A* 面为零件的装配基准，也是缸孔加工时的装夹定位基准，首先必须安排加工该面的工序，此时可由外圆 $\phi98$ 和 *C* 面作粗定位，以外圆 $\phi98$ 表面为夹紧表面，直接用三爪卡盘夹紧，将 *A* 面带白即可；缸孔加工时由 *A* 面作轴向定位基准，保证孔口到 *A* 面的距离尺寸 28，由于缸孔加工时只需一次装夹即可完成全部缸孔的加工，径向可直接以铸造毛坯表面 *B* 作定位基准，以 *B* 面为夹紧表面，直接用三爪卡盘液压夹紧加工，则更能保证缸孔与毛坯各处壁厚的均匀程度，夹紧变形由调整液压夹紧力大小进行控制。

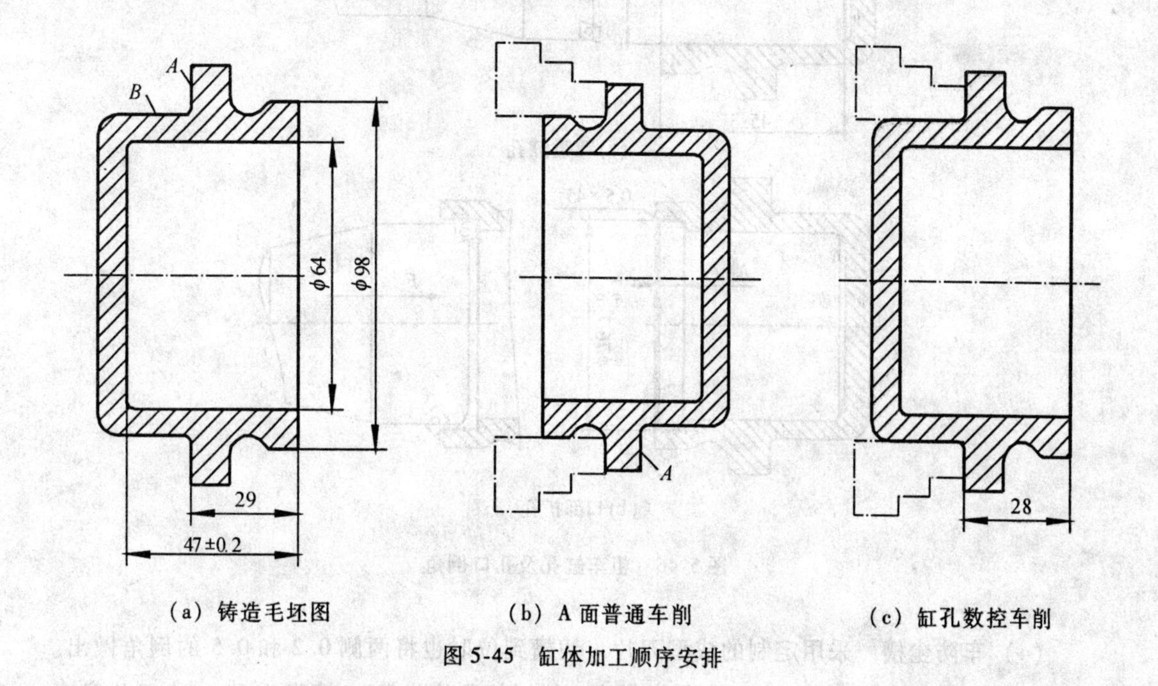

(a) 铸造毛坯图　　(b) A 面普通车削　　(c) 缸孔数控车削

图 5-45　缸体加工顺序安排

3. 确定加工顺序及进给路线

当装夹定位基准面 A 加工完成后，按图 5-45（c）一次装夹即可实现缸孔所有表面的数控加工。具体加工顺序和进给路线安排如下：

（1）车削孔口端面　由于孔口端面车削范围不大，可使用一把外圆车刀进行车削，为获得较高的表面质量，可考虑使用车床的恒线速度控制功能，并进行主轴转速限制。

（2）粗车缸孔　采用定制的双刃镗孔刀具粗车（镗）缸孔，刀杆粗、刀具刚性好，切削效率高。车孔尺寸直接由两刀片外刃间距保证，试切对刀时使刀杆对称中心与主轴回转中心重合即可，粗车缸孔直径到 $\phi66.4$，Z 向缸孔深度加工到 45.3，以确保足够的精车深度。工序尺寸和进给路线如图 5-46（a）所示。

（3）扩缸孔口部带倒角　采用定制的复合刀具，当扩孔深度到位时，口部 0.5×45° 也刚好加工到位。控制尺寸：$\phi76.7_{0}^{+0.3}$ 由双刀片外刃间距保证，试切对刀时使刀杆对称中心与主轴回转中心重合即可；Z 深 $7_{-0.15}^{0}$ 由程序保证。工序尺寸和进给路线如图 5-46（b）所示。

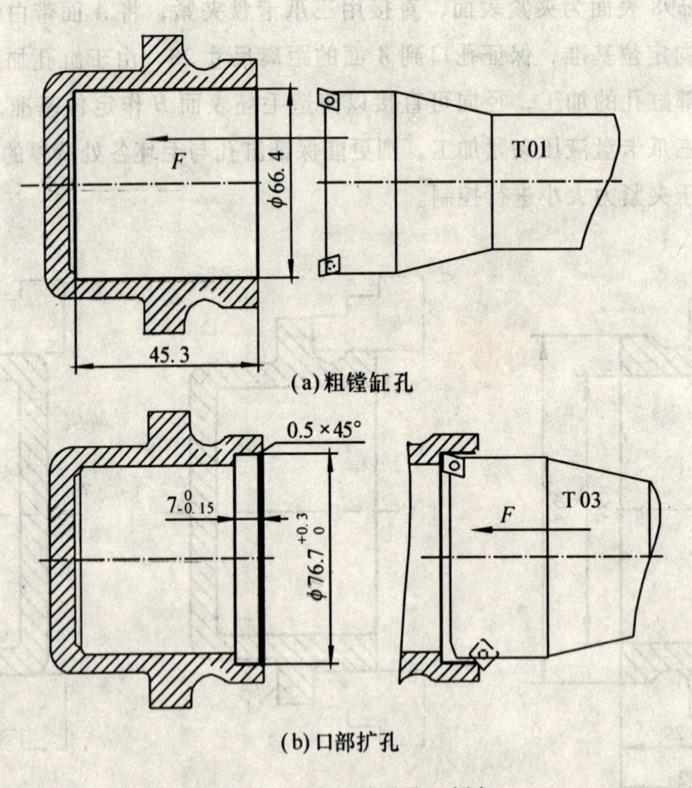

图 5-46　粗车缸孔及孔口倒角

（4）车防尘槽　采用定制的成型刀片，切槽到位时也将两侧 0.2 和 0.5 的倒角做出。控制尺寸：$\phi80.8_{0}^{0.3}$，Z 深 $7_{-0.15}^{0}$ 由程序保证，以试切到位为 X0；槽宽 $4.5_{-0.15}^{0}$ 由刀片宽度保证。工序尺寸和进给路线如图 5-47（a）所示。

(5) 精车缸孔　采用定制刀杆，标准刀片。控制尺寸：$\phi66.7^{+0.05}_{+0.02}$，Z 深 $45^{+0.2}_{0}$ 由程序保证，以试切到位为 X0。为避免断续切削的冲击损伤刀具，精车安排在成形槽切削之前进行，整个缸孔的精车为连续走刀，同时精车缸孔 Z 深度应稍小于粗车深度可有效保护精车刀具。工序尺寸和进给路线如图 5-47 (b) 所示。

(6) 预切成形槽　采用定制尖形刀片，刀尖角 60°。可加工成形槽内 60°油槽、预切成形槽、右侧 30°倒角和对左侧 0.5×45°的角做预切。工序尺寸和进给路线如图 5-47 (c) 所示。

(7) 精切成形槽　采用定制成形刀片，精切成形槽带左侧 45°倒角。$\phi72.68$、$\phi71.68$、$\phi4.19\pm0.05$ 的槽形尺寸由刀片保证，径向位置 X 和轴向位置 Z 由程序保证。工序尺寸和进给路线如图 5-47 (d) 所示。

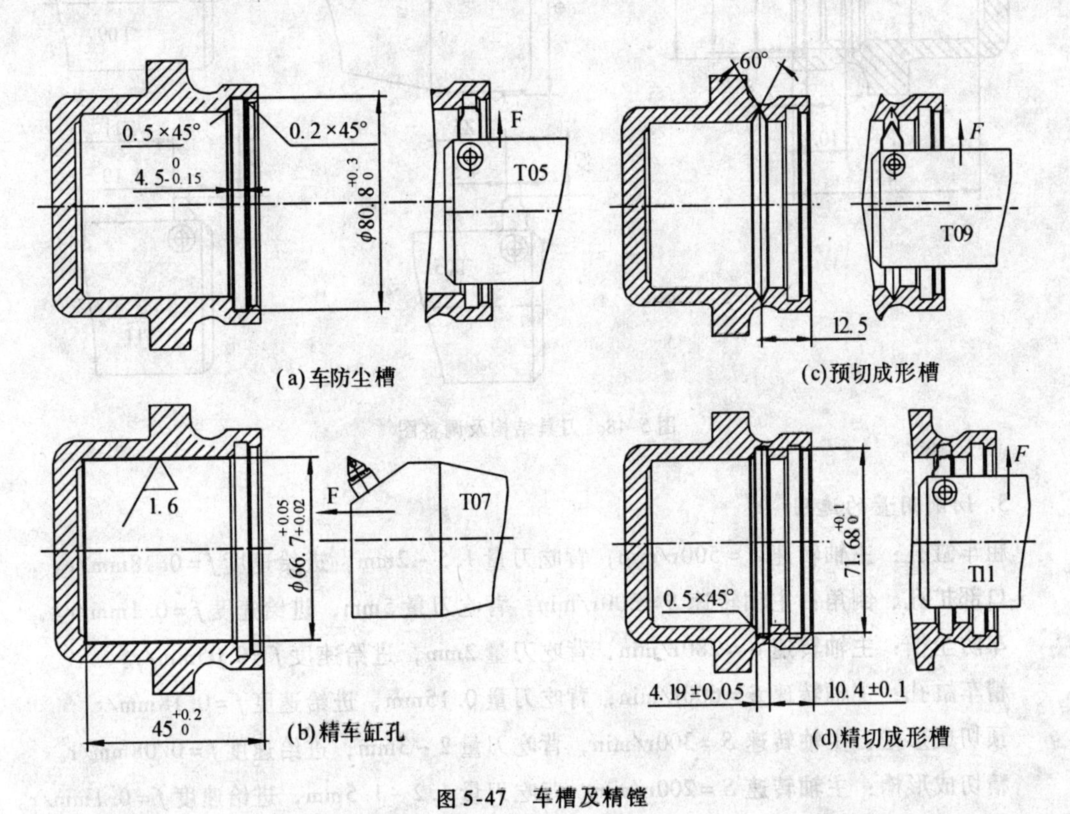

图 5-47　车槽及精镗

4. 刀具选用

由于产品生产的批量大，且缸孔内各槽形的要求特殊，各刀具均采用刚性好的定制粗刀杆作刀体，为高效切削提供条件；各切槽刀具根据槽形定制，并通过复合刀具适当组合工步，可减少刀具数目，节省对刀、换刀时间，简化走刀路线；扩口、倒角采用复合刀具，其刀片装固位置和角度按加工尺寸位置关系设计，和粗、精车缸孔一样，由于结构形状简单，可选用标准刀片，便于更换且节约刀具成本。各刀具结构及其调整如图 5-48 所示。

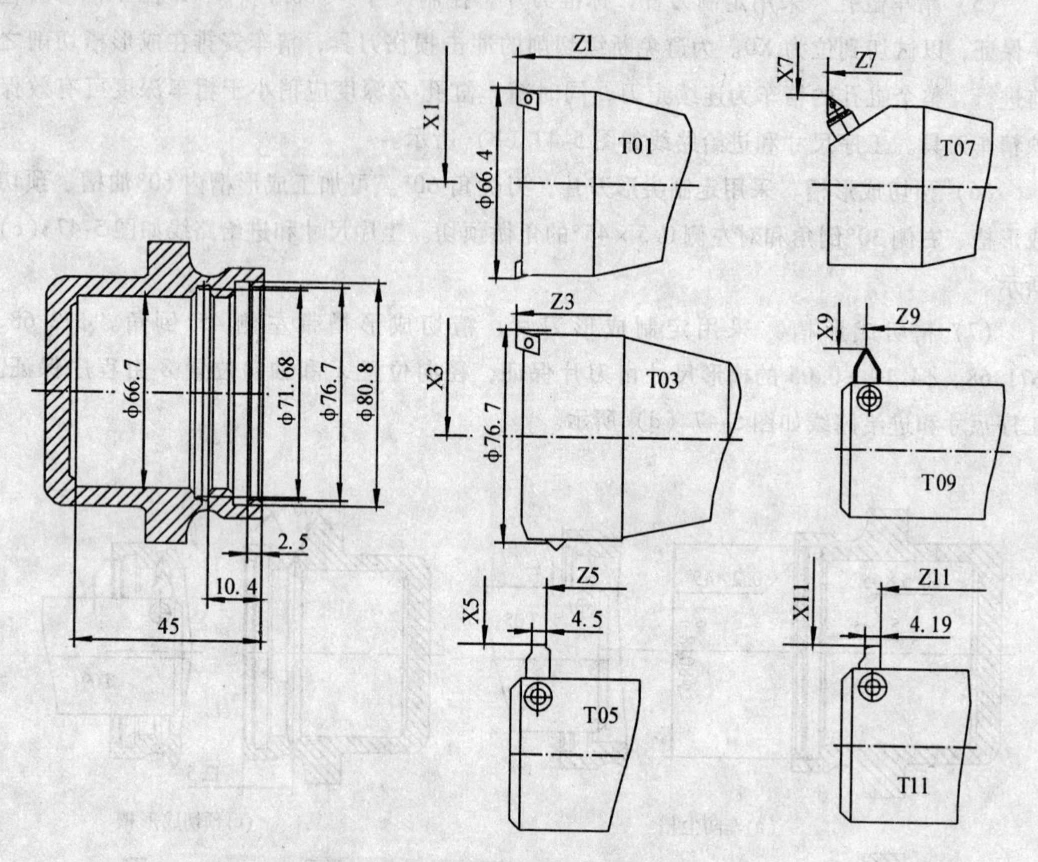

图 5-48 刀具结构及调整图

5. 切削用量的选用

粗车缸孔：主轴转速 $S=500$r/min，背吃刀量 1.5～2mm，进给速度 $f=0.18$mm/r。

口部扩孔、倒角：主轴转速 $S=300$r/min，背吃刀量 5mm，进给速度 $f=0.1$mm/r。

车防尘槽：主轴转速 $S=280$r/min，背吃刀量 2mm，进给速度 $f=0.05$mm/r。

精车缸孔：主轴转速 $S=600$r/min，背吃刀量 0.15mm，进给速度 $f=0.18$mm/r。

预切成形槽：主轴转速 $S=300$r/min，背吃刀量 2～3mm，进给速度 $f=0.08$mm/r。

精切成形槽：主轴转速 $S=200$r/min，背吃刀量 1.2～1.5mm，进给速度 $f=0.1$mm/r。

6. 填写工艺文件

见数控加工工序卡和数控加工检验卡。

产品代号	数控加工工序卡片	零(部)件代号	零(部)件代号	工序名称	工序号
SG1020		101/201	卡钳体	缸孔加工	2

材料名称	材料牌号
球墨铸铁	QT500-7
机床名称	机床型号
车削中心	CH6145
夹具名称	夹具编号
车床夹具	SY6480-101-J02

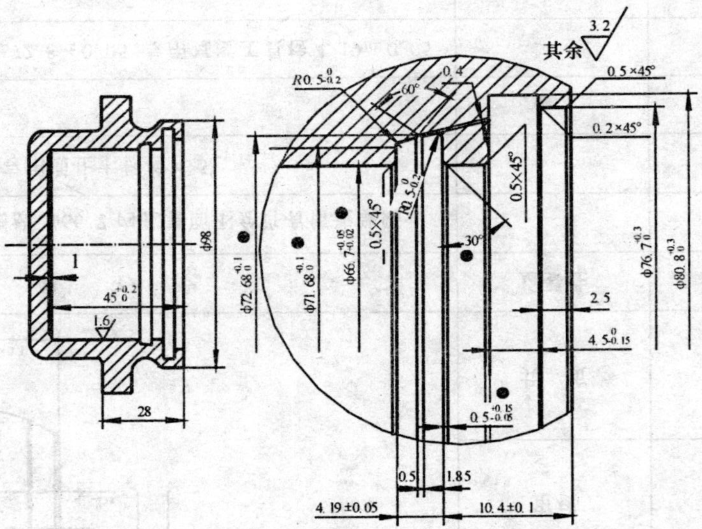

备注　$\phi72.8$ 为矩形槽直径对表尺寸，测量值为 $\phi72.8 \pm 0.05$mm

工步	工作内容	刀具	量具	主轴转速 S(r/min)	背吃刀量(mm)	进给速度 f(mm/min)	自检频次
1	装夹工件						
2	粗车缸孔 $\phi66.4$,45.3	T01	0～125 游标卡尺	500	1.8	90	1/20
3	口部扩孔，倒角 $\phi76.7_{0}^{+0.3}$,$7_{-0.15}^{0}$,0.5x45°	T03	专用游标卡尺	300	5	45	1/20
4	车防尘槽 $\phi80.8_{0}^{+0.3}$,$4.5_{-0.15}^{0}$	T05	内径千分尺	280	5	42	1/15
5	精车缸孔 $\phi66.7_{+0.02}^{+0.05}$,Z 深 $45_{0}^{+0.2}$	T07	成形槽专用内卡钳	600	0.15	90	1/5
6	预切矩形槽	T09	3501QA-015-L02	300	2	75	1/20
7	精切矩形槽 $\phi72.8 \pm 0.05$,4.19 ± 0.05	T11		200	1.2	28	1/5

更改标记	数量	文件号	签字	日期	编制	审核	批准	日期	共　页
									第　页

产品代号	数控加工检验卡片	零(部)件代号	零(部)件代号	工序名称	工序号
SG1020		101	卡钳体	缸孔加工	2
				编制	
				校对	
				审核	
				共　页	第　页

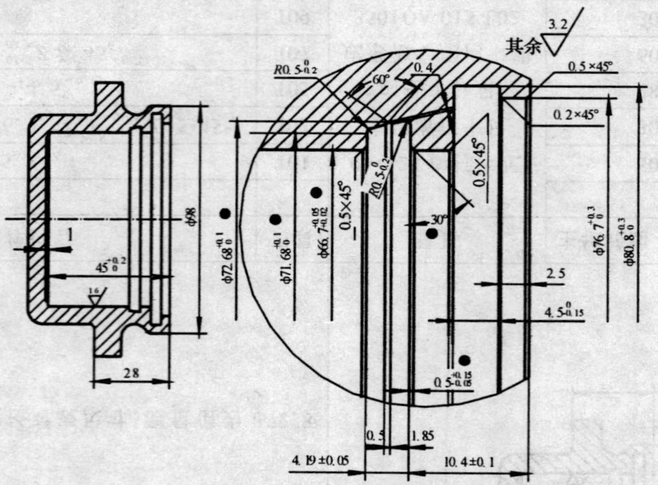

编号	技术要求	检　测　工　艺	重要性	自检频次
1	$\phi66.7^{+0.05}_{+0.02}$　1.6	内径千分尺，1.6 采用目测法，$\phi66.7$ 内孔表面不允许有铸造缺陷		10%
2	$\phi80.8_0^{+0.3}$，$4.5^0_{-0.15}$	专用游标卡尺检 $\phi80.8_0^{+0.3}$，专用通止卡板检 $4.5^0_{-0.15}$		5%
3	$\phi76.7_0^{+0.3}$	0～125mm 游标卡尺		5%
4.5	$\phi72.68_0^{+0.1}$，$\phi71.68_0^{+0.1}$，4.19 ± 0.05	成形槽专用量具，检验尺寸 $\phi72.8\pm0.05$，专用宽度工具检 4.19 ± 0.05		20%
6	$45_0^{+0.2}$	深度游标卡尺		5%
7	其余	各倒角：目测，3.2：目测		

思考与练习题

1. 数控车削的主要加工对象有哪些？数控车削工艺特点是什么？

2. 数控车削对刀具有哪些要求？如何合理选择数控车床刀具？

3. 在数控车床上加工零件，分析零件图样主要应该考虑哪些方面的问题？

4. 在数控车床上加工时，选择粗车、精车的切削用量时的原则分别是什么？

5. 数控车床适合加工具有哪些特点的回转体零件？为什么？

6. 数控车床常用的车刀有哪些类型？车刀的安装有哪些要求？

7. 在数控车床上常可采用哪些对刀方法？

8. 粗车与精车的工艺特点各是什么？

9. 轴类与套类零件车削加工工艺特点是什么？

10. 车床铭牌上标明的车削直径和加工长度就是该设备车削零件的尺寸范围对吗？为什么？

11. 数控车床有哪些常用装夹方式？是如何进行定位和夹紧的？

12. 试解释刀片 TCMT090204 的含义。

13. 数控车削工序顺序的安排原则有哪些？工步顺序安排原则有哪些？

14. 数控常用粗加工进给路线有哪些方式？精加工路线应如何确定？

15. 数控车削加工进给速度如何确定？

16. 数控车的常用工艺文件有哪些？非数控车削加工工序如何安排？

17. 图 5-49 所示零件，采用棒料毛坯加工，由于毛坯余量较大，在进行外圆精车前

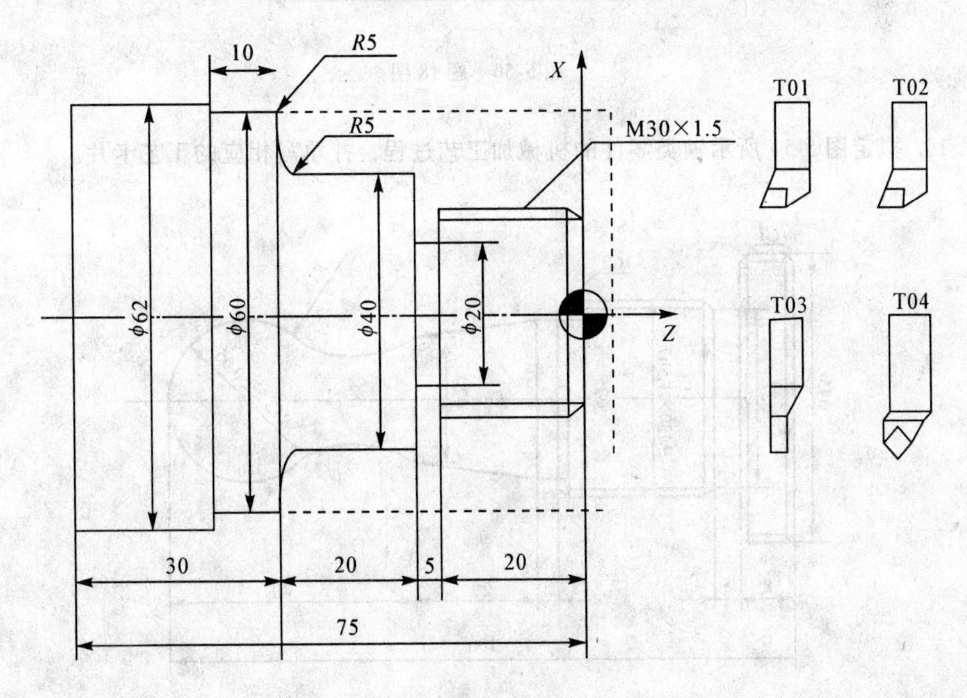

图 5-49　题 17 图

应采用粗车去除大部分毛坯余量，粗车后留 0.2mm 余量（单边）。使用刀具 T01～T04，加工参数见表 5-13，试编制该零件的数控车削工艺。

表 5-13　　主要切削参数

切削用量	主轴转速 S（r/min）	进给量 f（mm/r）
T01 外圆粗车	630	0.15
T02 外圆精车	315	0.15
T03 切槽	315	0.16
T04 车螺纹	200	1.5

18. 拟定图 5-50 所示轴类零件的机械加工艺过程，并填写相应的工艺卡片。

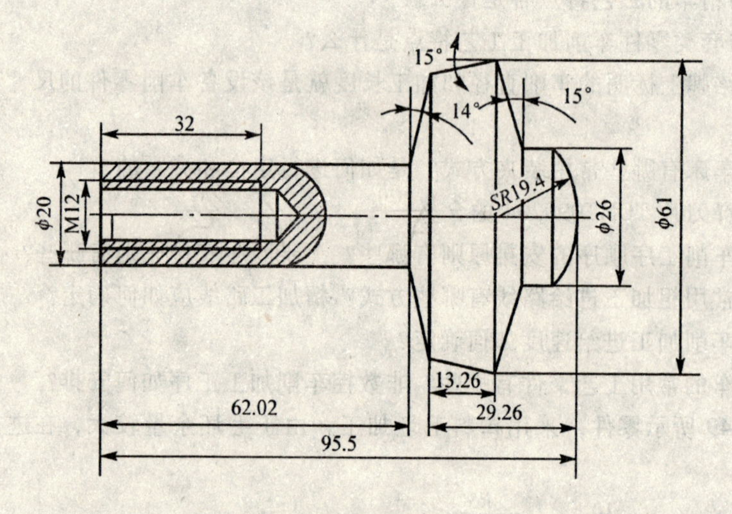

图 5-50　题 18 图

19. 拟定图 5-51 所示轴类零件的机械加工艺过程，并填写相应的工艺卡片。

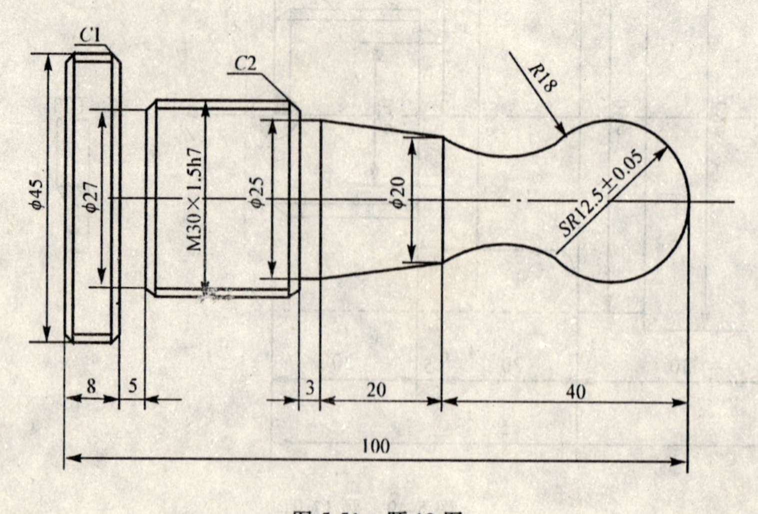

图 5-51　题 19 图

20. 拟定图 5-52 所示套类零件的机械加工艺过程，并填写相应的工艺卡片。

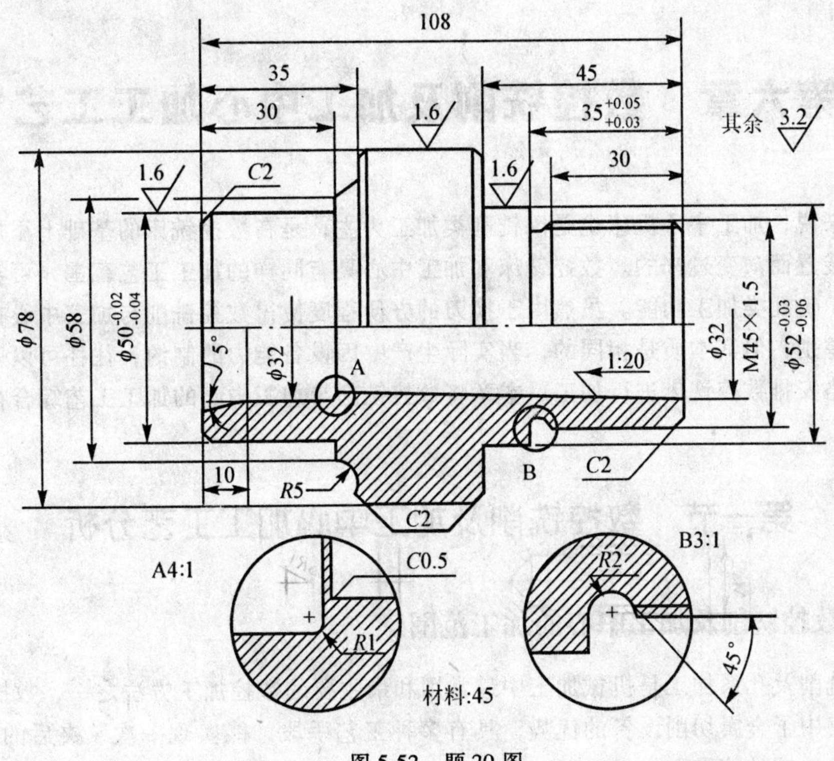

图 5-52　题 20 图

第六章　数控铣削及加工中心加工工艺

一般来说，加工中心机床也是以铣削类加工为主，是在数控铣床的基础上添加刀库和自动换刀装置而演变过来的。数控铣床和加工中心具有同样的加工工艺范围，可实现铣削加工和钻、镗孔类加工功能。虽然由于换刀的方便程度使得数控铣削与加工中心在工艺安排上有所差别，但其本质是相同的，当实际生产中因设备能力的制约，往往可以采用工序分散的策略安排数控铣床进行加工。本章将数控铣削与加工中心的加工工艺综合在一起进行介绍。

第一节　数控铣削及加工中心加工工艺分析

一、数控铣削及加工中心的加工范围

数控铣削及孔系加工是机械加工中最常用和最主要的数控加工方法之一，数控铣床和加工中心集中了金属切削设备的优势，具有多种工艺手段，能实现一次装夹后的铣、镗、钻、铰、锪、攻丝等综合加工。

1. 数控铣削及加工中心加工的工艺范围

数控铣床和加工中心除了能铣削普通铣床所能铣削的各种零件表面外，还能铣削普通铣床不能铣削的复杂轮廓及三维曲面轮廓，不需要分度盘即可实现钻、镗、攻丝等的孔系加工；添加附加轴后还可方便地实现多坐标联动的各种复杂槽形及立体轮廓的加工，采用回转工作台和立卧转换的主轴头还可实现除安装基面外的五面加工，其加工工艺范围相当宽。适合数控铣削及加工中心的主要加工对象有三类。

1）平面类零件

加工平行或垂直于水平面，或加工面与水平面的夹角为定角的零件，如箱体、盘、套、板类等平面零件（见图 6-1），加工内容包括内外形轮廓、筋台、各类槽形及台肩、孔系、花纹图案等。目前在数控铣床上加工的绝大多数零件属于平面类零件。平面类零件的特点是各个加工面是平面，或可以展开成平面。

例如图 6-1 中的曲线轮廓面 *M* 和锥台面 *N*，展开后均为平面。平面类零件是数控铣削加工对象中最简单的一类零件，一般只需用三坐标数控铣床的两坐标联动（即两轴半坐标联动）就可以加工出来。

对于图 6-2 所示的盒盖零件和基座零件，一次装夹下加工所涉及的刀具较多，工序较为集中，则应纳入加工中心加工的工艺范围。

2）变斜角类零件

加工面与水平面的夹角呈连续变化的零件称为变斜角类零件。如飞机上的整体梁、

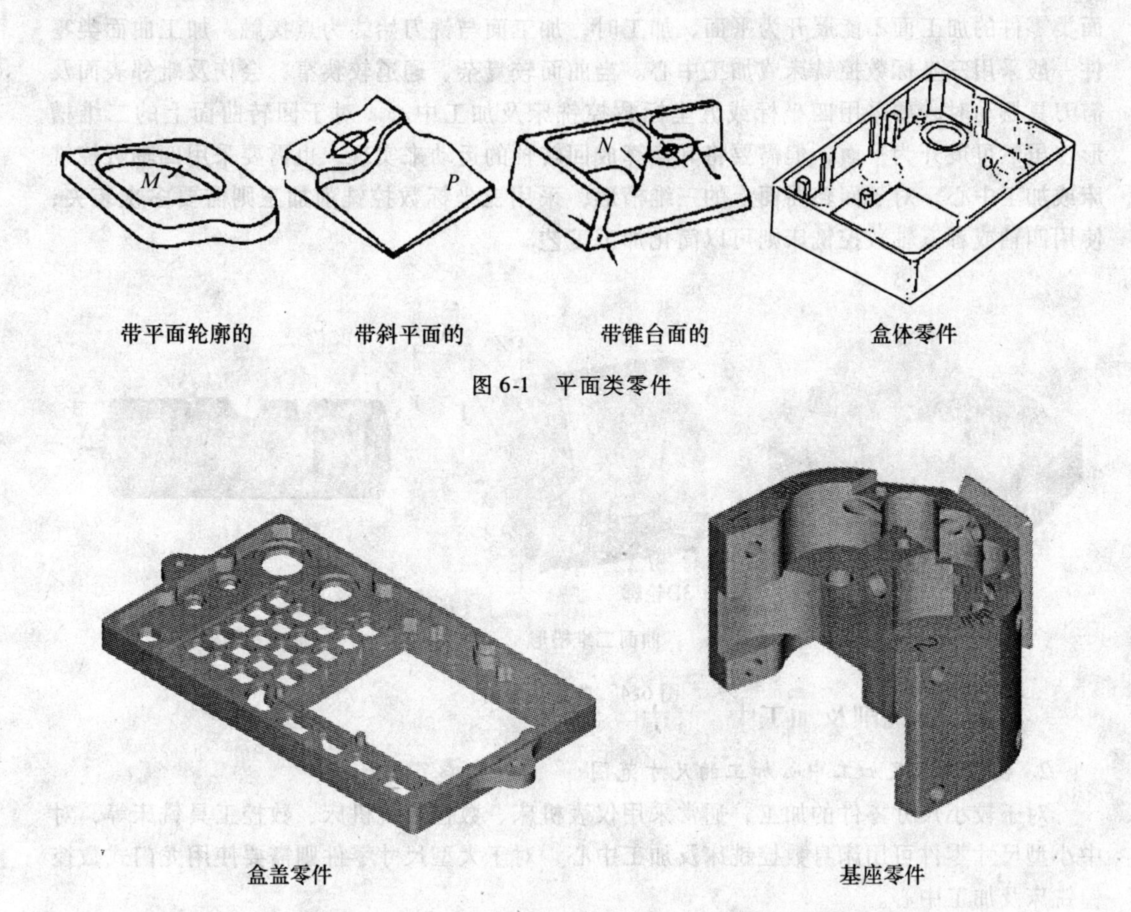

图 6-1　平面类零件

盒盖零件　　基座零件

图 6-2　适于加工中心作工序集中加工的平面类零件

框、缘条与肋等；此外还有检验夹具与装配型架等也属于变斜角类零件。图 6-3 所示是飞机上的一种变斜角梁缘条，该零件的上表面在第 2 肋至第 5 肋的斜角 α 从 3°10′均匀变化为 2°32′，从第 5 肋至第 9 肋再均匀变化为 1°20′，从第 9 肋至第 12 肋又均匀变化为 0°。

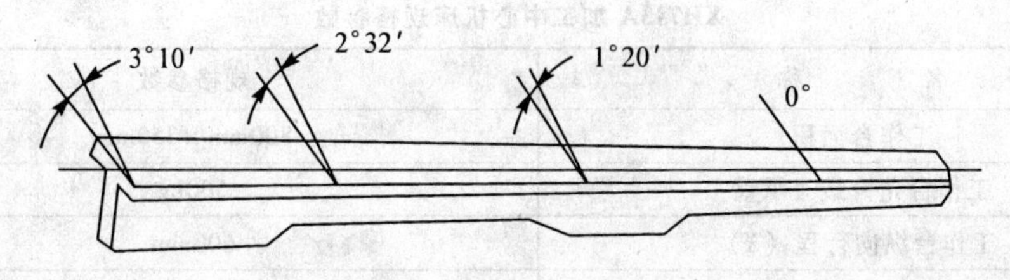

图 6-3　变斜角零件

变斜角类零件的变斜角加工面不能展开为平面，但在加工中，加工面与铣刀圆周接触的瞬间为一条线。最好采用四坐标或五坐标数控铣床摆角加工，在没有上述机床时，可采用三坐标数控铣床，进行两轴半坐标近似加工。

3）空间曲面类零件

图 6-4 所示加工面为空间曲面的零件称为曲面类零件，如模具、叶片、螺旋桨等。曲

面类零件的加工面不能展开为平面，加工时，加工面与铣刀始终为点接触。加工曲面类零件一般采用三坐标数控铣床或加工中心。当曲面较复杂、通道较狭窄，会伤及毗邻表面及需刀具摆动时，要采用四坐标或五坐标数控铣床及加工中心。对于回转曲面上的二维槽形，虽然可展开为平面，但需要将其换算成回转轴的运动来实现，也需要采用四轴数控铣床或加工中心。对于回转曲面上的三维槽形，采用三坐标数控铣削加工则需要多次装夹，使用四轴或者五轴数控铣床则可以简化加工工艺。

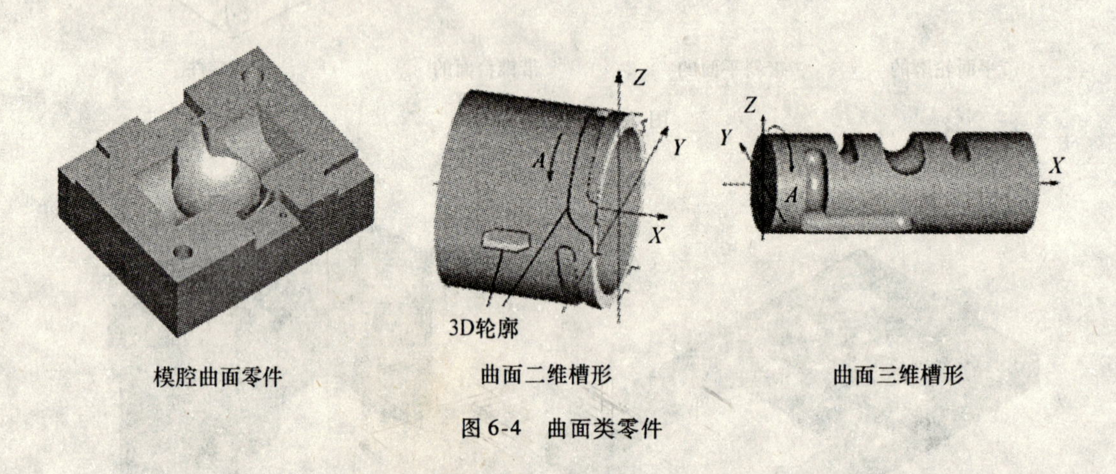

图 6-4 曲面类零件

2. 数控铣削及加工中心加工的尺寸范围

对于较小尺寸零件的加工，通常采用仪表机床、数控雕铣机床、数控工具铣床等，对中小型尺寸零件可用床身数控铣床及加工中心，对于大型尺寸零件则需要使用龙门式数控镗铣床及加工中心。

数控铣削及加工中心能加工零件的尺寸范围，理论上受（*X*/*Y*/*Z*）各轴行程范围的影响，实际上还要考虑工作台面的装夹尺寸、工作台允许的最大承重、刀库预留的活动空间等诸多因素。表 6-1 列出的是某 XH713A 立式加工中心机床的尺寸规格参数，其位置关系如图 6-5 所示。

表 6-1 **XH713A 加工中心机床规格参数**

名　　称	规格参数
工作台面积	800mm × 350mm
工作台允许最大承重	500kg
工作台纵向行程（*X*）	600mm
工作台横向行程（*Y*）	410mm
垂向行程（*Z*）	510mm
主轴端面至工作台面距离	125 ~ 635mm
主轴中心至立柱导轨面距离	420mm
工作台中心至立柱导轨面距离	215 ~ 625mm
换刀所需行程	127mm

由以上数据可推算出，该机床最大可加工尺寸范围为（600 + D）×（410 + D）× 508（mm），若采用内装夹固定，其最大可装夹箱体零件尺寸为：900 × 430 ×（508 − H_{max}），但工件最大允许重量不超过 500kg，D 为最大使用刀具直径，H_{max} 为最大使用刀具长度（刀刃至刀柄与主轴接合面距离）。该机床可安装使用的刀具长度范围为 125 ~ 508mm。

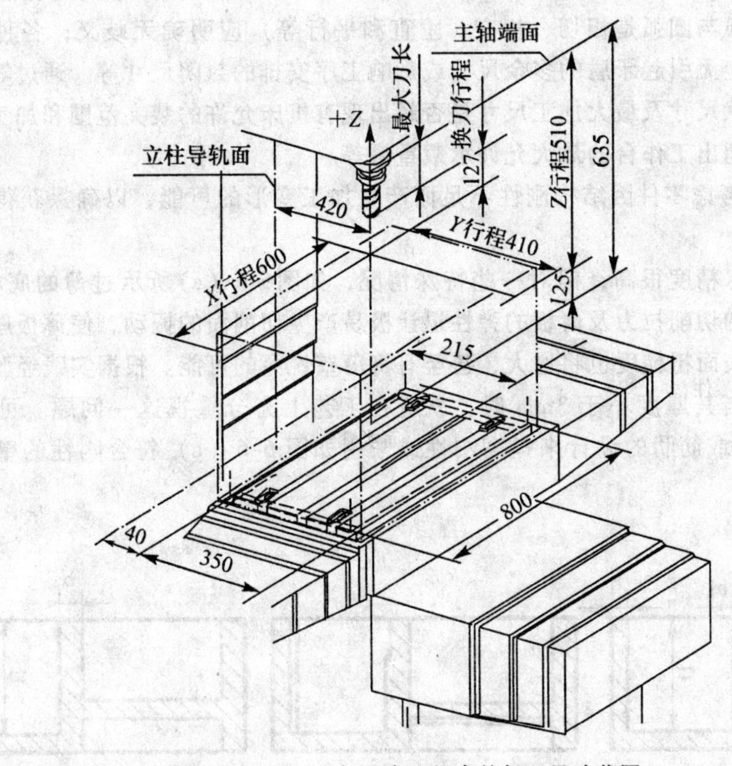

图 6-5　XH713A 加工中心机床的加工尺寸范围

二、数控铣削加工零件的工艺性

制订零件的数控铣削加工工艺时，首先要对零件图进行工艺分析，其主要内容是数控铣削加工内容的选择。数控铣床的工艺范围比普通铣床宽，但其价格较普通铣床高得多，因此，选择数控铣削加工内容时，应从实际需要和经济性两个方面考虑。通常选择下列加工部位为其加工内容：

（1）零件上的曲线轮廓，特别是由数学表达式描绘的非圆曲线和列表曲线等曲线轮廓以及已给出数学模型的空间曲面；

（2）形状复杂、尺寸繁多，划线与检测困难的部位；

（3）需频繁换刀作集中工序加工的孔系；

（4）用通用铣床加工难以观察、测量和控制进给的内外凹槽；

（5）尺寸精度、形状精度及相互位置精度要求较高的孔及表面；

（6）能在一次安装中顺带铣出来的简单表面为数控铣削可选内容；

（7）采用数控铣削能成倍提高生产率，大大减轻体力劳动强度的一般加工内容。

1. 零件结构工艺性

零件的结构工艺性是指根据加工工艺特点，对零件的设计所产生的要求，也就是说零件的结构设计会影响或决定工艺性的好坏，可从以下几方面来考虑结构工艺性特点。

（1）零件图样尺寸应标注完整、正确

由于数控加工程序是以准确的坐标点来编制的，各图形几何要素间的相互关系（如圆弧与直线、圆弧与圆弧是相切、相交、垂直和平行等）应明确无歧义；各种几何要素的条件要充分，应无引起矛盾的多余尺寸或影响工序安排的封闭尺寸等。通过零件图样还应分析其最大形状尺寸及最大加工尺寸是否超出现有机床允许的装夹范围和加工范围，零件最大重量是否超出工作台的最大允许承载重量等。

（2）应充分考虑零件因结构刚性不足而产生加工变形的可能，以确保获得要求的加工精度

虽然数控机床精度很高，但对一些特殊情况，如图6-6（a)所示过薄的底板与肋板，因为加工时产生的切削拉力及薄板的弹性退让极易产生切削面的振动，使薄板厚度尺寸公差难以保证，其表面粗糙度也将增大，甚至有将薄壁铣穿的可能。根据实践经验，对于面积较大的薄板，当其厚度小于3mm时，就应在工艺上充分重视这一问题。可通过如图6-6（b)增设台肩或筋肋的设计来提高刚性或采用如图6-6（c）符合刚性的壁厚尺寸设计。

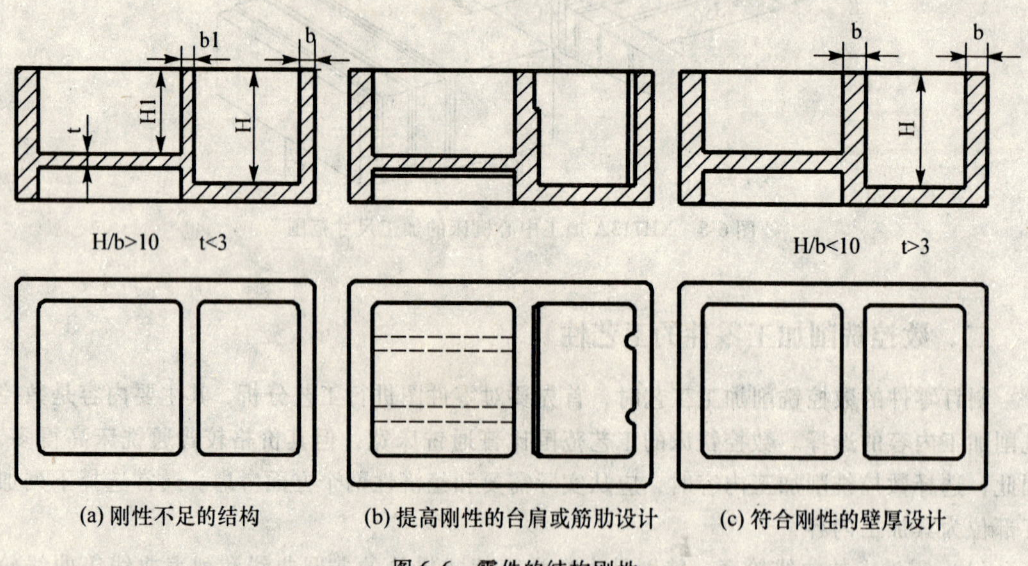

图6-6 零件的结构刚性

有些零件因结构关系在数控铣削加工时的变形较大，将使加工不能继续进行下去。这时就应当考虑采取一些必要的工艺措施进行预防，如对钢件进行调质处理，对铸铝件进行退火处理，对不能用热处理方法解决的，也可考虑粗、精加工及对称去余量等常规方法。这都应该在工艺性分析时周全考虑。

（3）尽量统一零件轮廓内圆弧的有关尺寸，光孔和螺纹孔的尺寸规格尽可能少且尽

量标准化，以便于采用标准刀具，减少使用刀具的规格和换刀次数。

轮廓内圆弧半径 R 常常限制刀具的直径。如图 6-7 所示，工件侧壁间的转接圆弧半径大就可以采用较大直径的铣刀来加工，刀具刚性好、加工效率高且利于获得较好的表面质量，因此工艺性较好。一般来说，当 $R<0.2H$（H 为被加工轮廓面的最大高度）时，可以判定零件上该部位的工艺性不好。对于侧壁与底平面相交处的圆角半径 r 则越小越好，r 越大，铣刀端刃铣削平面的能力越差，效率越低。当 r 大到一定程度时甚至必须用球头铣刀加工，这是应当避免的。因为铣刀与铣削平面接触的最大直径 $d=D-2r$（D 为铣刀直径），当 D 越大而 r 越小时，铣刀端刃铣削平面的面积越大，加工平面的能力越强，铣削工艺性当然也越好。有时，当铣削的底面面积较大，底部圆弧 r 也较大时，我们只能用两把 r 不同的铣刀（一把刀的 r 小些，另一把刀的 r 符合零件图样的要求）分成两次进行切削。

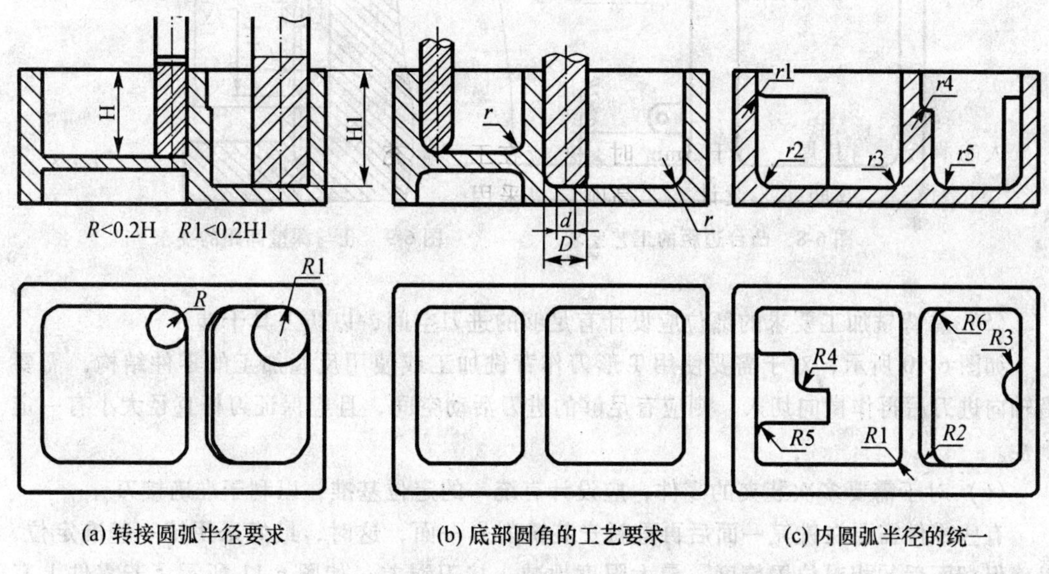

图 6-7　转接圆弧半径的工艺要求

在一个零件上的这种凹圆弧半径在数值上的一致性对数控铣削的工艺性显得相当重要，特别是对侧壁和底平面处的交接圆弧，只有用与圆弧 r 大小对应的圆角刀才可获得满意的加工质量。一般来说，即使不能寻求完全统一，也要力求将数值相近的圆弧半径分组靠拢，达到局部统一，以尽量减少铣刀规格与换刀次数，节省工时、降低成本，并避免因频繁换刀而增加的零件加工面上的接刀痕，降低表面质量。对于侧壁间不同 R 大小的转接圆弧，虽然使用较小 R 的刀具可以加工较大 R 的部位，但将受到刀具刚性和加工效率的制约，因此在不影响零件使用性能时也应尽可能地统一。

零件上的结构型孔系应按标准钻头系列尺寸设计，且孔径尺寸大小应尽可能分类统一；沉孔可考虑趋近标准铣刀系列尺寸规格设计，以便于采用标准铣刀锪孔；配合孔、螺纹孔应尽量按标准铰刀、丝锥的尺寸规格设计，以避免定制非标准刀具而增加成本。

（4）零件上凸台之间及凸台与侧壁之间、孔与深壁之间的间距应保证足够刚性刀具的切入如图 6-8 所示，零件上凸台之间及凸台与侧壁之间的间距按 $a>2R$ 设计，便于半径为 R 的铣刀进入，所需的刀具少，加工效率高。若一定需要使用小于 R 的铣刀，则应充分考虑其深径比（H/D）符合刚性要求。如图 6-9 所示，深壁附近应避免设计小孔 d，由于小孔钻头长度的限制，深壁附近的小孔需用接长杆，接长杆直径 $D \geqslant d+5\text{mm}$，在壁深 $H \leqslant 10D$ 时，孔与边壁之间的距离应按 $a>D$ 设计。

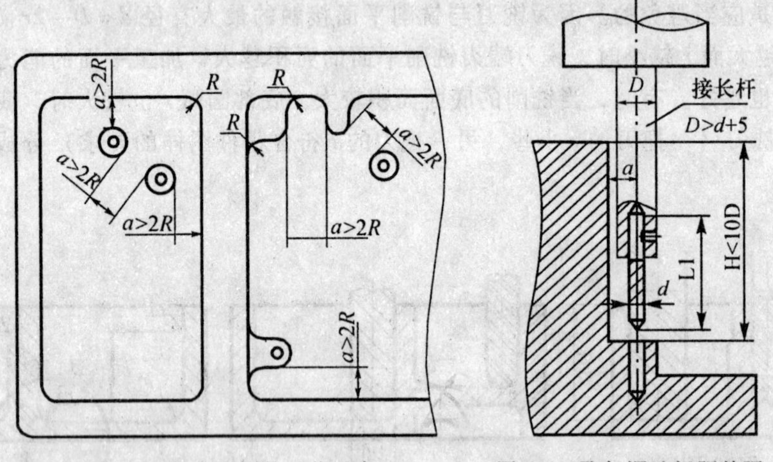

图 6-8　凸台边距的工艺要求　　　　图 6-9　孔与深壁间距的要求

（5）有背铣加工要求的部位应设计有足够的进刀空间，以防刀具干涉

如图 6-10 所示，对于需要使用 T 形刀作背铣加工或使用反镗加工的零件结构，需要沿轴向进刀后再作横向切入，则应有足够的进刀活动空间，且应保证刀杆直径大小有一定刚性。

（6）对于需要多次装夹的零件，应设计有统一的定位基准，以利于准确接刀

有些零件需要在铣完一面后再重新安装铣削另一面，这时，最好采用统一基准定位，以确保翻面后的相对位置精度，最大限度地减小接刀误差。如图 6-11 所示，若零件上有已加工过的基准孔或规则外形表面可作定位基准，则翻面后应采用同一基准孔或表面进行定位。如果零件上没有基准孔，也可以专门设置工艺孔作为定位基准，比如可在毛坯上增加工艺凸台做出基准孔，也可在后继工序要铣去的余量上设基准孔或铣出定位面。

（7）零件毛坯应具有一定的铣削加工余量和合理的余量分配

对于铸锻毛坯在铸造的时候可能由于砂型误差、收缩量以及金属液体的流动性差等原因而造成余量不足，锻件因模锻时的欠压量与允许的错模量会造成余量不均匀，此外，毛坯的翘曲和扭曲变形也可能产生余量不足。在数控铣加工中，加工过程的自动化决定了在加工过程中很难处理余量不足的问题，不能像普通铣削那样采用划线时串位借料的方法解决。因此，只要是准备数控铣加工的工件，不管是锻件、铸件还是型材，其加工面必须留有一定的加工余量。但由于数控加工的成本较高，零件采用数控加工的切削量越小则越利于降低成本。

2. 数控铣削加工的尺寸精度

数控铣削加工所能达到的经济精度和表面粗糙度见表 6-2。

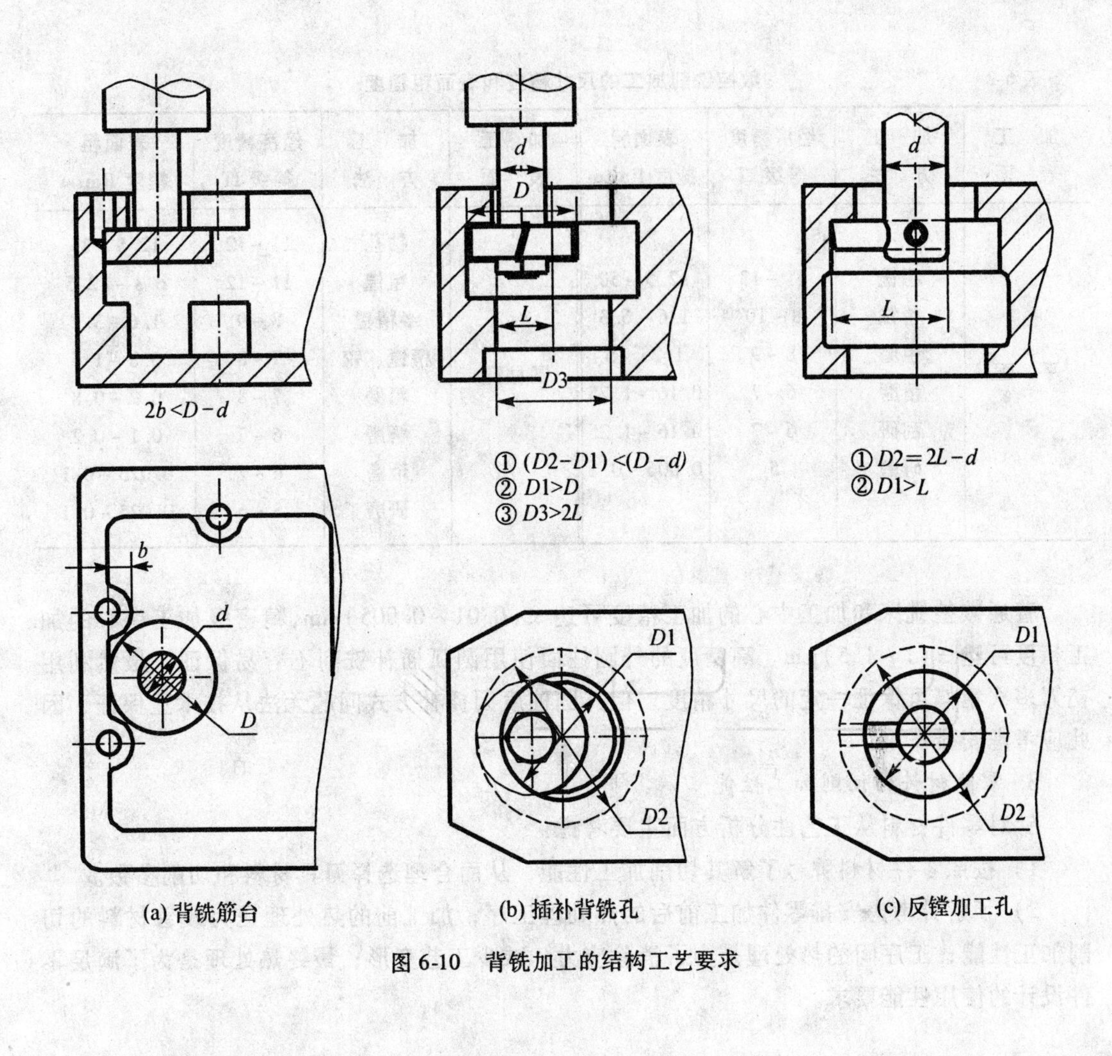

(a) 背铣筋台　(b) 插补背铣孔　(c) 反镗加工孔

图 6-10　背铣加工的结构工艺要求

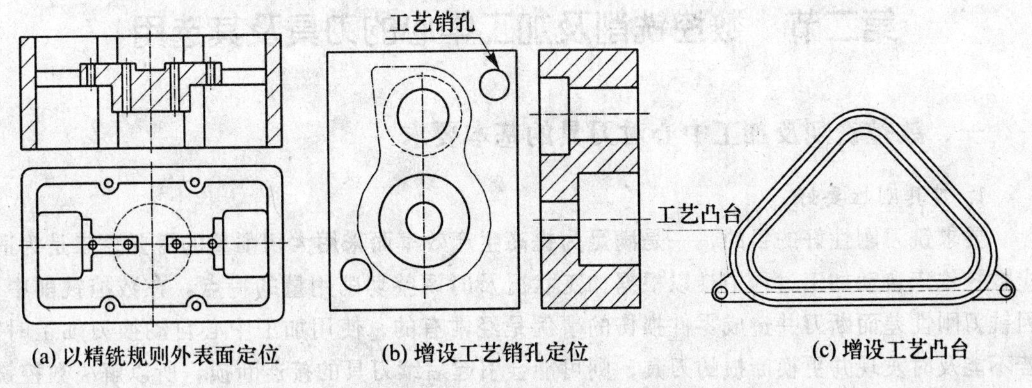

(a) 以精铣规则外表面定位　(b) 增设工艺销孔定位　(c) 增设工艺凸台

图 6-11　统一定位基准的工艺要求

表6-2　　数控铣削加工的尺寸精度和表面粗糙度

加工表面	加工方法	经济精度等级IT	表面粗糙度Raμm	加工表面	加工方法	经济精度等级IT	表面粗糙度Raμm
平面				圆柱孔	钻孔	11～12	12.5～25
	粗铣	11～13	12.5～50		粗镗	11～12	6.3～12.5
	精铣	8～10	1.6～6.3		半精镗	8～9	1.6～3.2
	粗磨	8～9	1.25～5		精镗、铰	7～8	0.8～1.6
	精磨	6～7	0.16～1.25		粗磨	7～8	0.2～0.8
	刮研	6～7	0.16～1.25		精磨	6～7	0.1～0.2
	研磨	5	0.006～0.1		珩磨	6～7	0.025～0.1
					研磨	5～6	0.025～0.1

普通数控铣床和加工中心的加工精度可达±(0.01～0.005)mm,精密级加工中心的加工精度可达±(1～1.5)μm。高精度的外圆柱面使用圆弧插补铣削不容易保证，虽然利用初刀多次精修可保证一定的尺寸精度，但其圆柱度因插补方式问题无法从技术上保证，因此应考虑安排车削。

3. 零件材料的切削加工性能

针对零件材料从工艺性分析方面主要考虑：

1）按照零件材料牌号了解其切削加工性能，从而合理选择刀具材料和切削参数。

2）了解并考虑安排零件加工前后的热处理工序，加工前的热处理是为改善材料的切削加工性能；工序间的热处理是为了消除应力，减少工艺变形；最终热处理是为了满足零件设计的使用性能要求。

第二节　数控铣削及加工中心的刀具及其选用

一、数控铣削及加工中心对刀具的基本要求

1. 刀具刚性要好

要求铣刀刚性好的目的，一是满足为提高生产效率而采用大切削量的需要，二是为适应数控铣床自动加工过程中难以根据加工状况及时调整切削用量的特点。在数控铣削中，因铣刀刚性差而断刀并造成零件损伤的事例是经常有的，使用加工中心自动换刀加工时，若不能及时发现并更换断损的刀具，则可能会引起后续刀具的接连断损，所以解决数控铣刀的刚性问题是至关重要的。

2. 刀具的耐用度要高

使用数控铣床单件小批量生产时常常用同一把铣刀进行粗、精铣加工，粗铣时刀具磨损较快，再用作精铣则会影响零件的表面质量和加工精度，因此需增加换刀与对刀次数，从而导致零件加工表面留下因对刀误差而形成的接刀台阶，降低零件的表面质量。虽然使

用加工中心批量生产时，粗、精铣削加工通常采用不同的刀具，粗铣刀具的磨损不直接影响零件的加工质量，但因耐用度不够而频繁更换粗铣的刀具也将严重影响生产效率。

3. 刀具更换调整要方便

随着数控铣削及加工中心逐渐由精密复杂的单件加工向批量生产的普及型产品加工方式的转换，刀具更换的频度显得非常突出，为减少换刀调整所需的时间，要求刀具更换调整应十分方便，因此，使用机夹快换式不重磨刀片结构代替焊接刀片结构是数控刀具发展的趋势，整个刀具系统应向标准化和模块化发展。

除上述几点之外，铣刀切削刃的几何角度参数的选择与排屑性能等也非常重要。切屑粘刀形成积屑瘤在数控铣削中是十分忌讳的。总之，根据被加工工件材料的热处理状态、切削性能及加工余量，选择刚性好、耐用度高的铣刀，使用标准化、模块化的刀具系统是充分发挥数控铣床及加工中心的生产效率并获得满意加工质量的前提条件。

二、常用铣削刀具及孔加工刀具

1. 按刀具结构分类

（1）整体结构刀具　刀具刃部和刀柄夹持部分为一整体的结构形式，有高速钢和硬质合金整体式铣刀、钻头、铰刀、丝锥等孔加工刀具。整体硬质合金刀具通常用于小规格尺寸范围，高速钢整体式刀具规格范围稍宽于整体硬质合金刀具。因整体硬质合金刀具耐磨性好但韧性较差，一般在精铣加工中使用。

（2）硬质合金焊接式刀具　在面铣刀、模具铣刀中有在刀体上采用整体硬质合金焊接和机夹镶齿焊接的刀具结构，刀体为40Cr，刀齿为硬质合金或高速钢，高速钢面铣刀按国家标准规定，直径为 $\phi80 \sim \phi250$mm，螺旋角 $\beta = 10°$，刀齿数 $z = 10 \sim 26$。由于焊接刀具耐用度低、重磨费时，目前已被可转位机夹刀片的面铣刀所取代。

（3）套式结构刀具　直径 $\phi40 \sim \phi60$mm 以上的立铣刀具或面铣刀，刀刃部分和刀柄夹持部分一般可做成套式结构，采用统一规格的刀柄结构设计。

（4）机夹可转位刀片结构的刀具　一个或多个硬质合金刀片通过螺钉、压块等以机夹的方式安装固定在刀体上形成刀齿，当刀刃磨钝后可松开夹紧元件，将刀片转一个位置再夹紧后即可继续使用，整个刀片断损后可快速更换刀片而不需要重新对刀。

数控铣削加工用各类刀具见图 6-12 所示。

2. 按加工表面特征分类

1）铣削加工刀具

（1）面铣刀　如图 6-13 所示，面铣刀圆周方向切削刃为主切削刃，端部切削刃为副切削刃。面铣刀多制成套式镶齿结构。刀齿为高速钢或硬质合金，机夹硬质合金刀片的面铣刀其铣削速度、加工效率和工件表面质量均高于高速钢铣刀，并可加工带有硬皮和淬硬层的工件，因而在数控加工中得到了广泛的应用。可转位刀片面铣刀的直径已经标准化，采用公比 1.25 的标准直径（mm）系列：16、20、25、32、40、50、63、80、100、125、160、200、250、315、400、500、630，参见 GB5342—85。面铣刀按齿距分有疏齿（L）、密齿（M）、超密齿（H）三类，使用的刀片可有 45°、90°主偏角及圆形刀片等类型。

（2）立铣刀　是数控机床上用得最多的一种铣刀，其结构如图 6-14 所示。立铣刀的圆柱表面和端面上都有切削刃，它们可同时进行切削，也可单独进行切削。

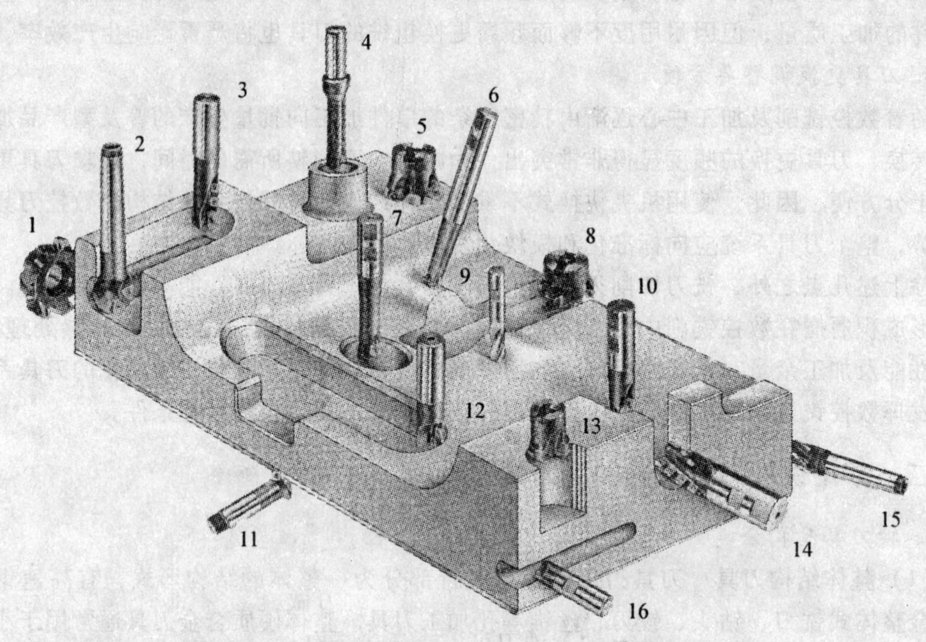

1、5、8、13—套式结构刀具　9、15、16—整体式刀具　其他—机夹刀片结构刀具

图 6-12　数控铣削加工刀具

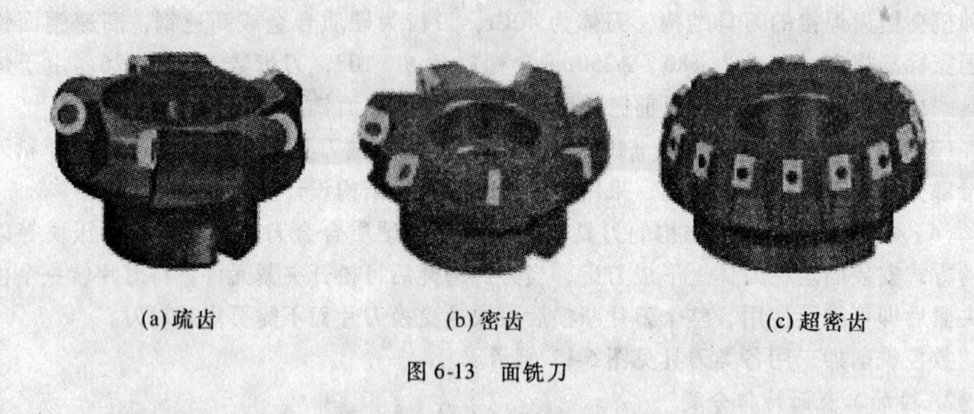

(a) 疏齿　(b) 密齿　(c) 超密齿

图 6-13　面铣刀

立铣刀圆柱表面的切削刃为主切削刃，端面上的切削刃为副切削刃。主切削刃一般为螺旋齿，这样可以增加切削平稳性，提高加工精度。由于普通立铣刀端面中心处无切削刃，所以立铣刀不能作轴向进给，端面刃主要用来加工与侧面相垂直的底平面。

为了能加工较深的沟槽，并保证有足够的备磨量，整体式立铣刀的轴向长度一般较长，按刃长与刀具直径比值不同，有短（H/D<2）、标准（H/D<2~3）、长（H/D>3）和特长（H/D>5）几种系列。为改善切屑卷曲情况，增大容屑空间，防止切屑堵塞，刀齿数比较少，容屑槽圆弧半径则较大。一般粗齿立铣刀齿数Z=3~4，细齿立铣刀齿数Z=5~8，套式结构Z=10~20，容屑槽圆弧半径 $r=2\sim5$mm。当立铣刀直径较大时，可制成不等齿距结构，以增强抗振作用，使切削过程平稳。深槽粗切削时，常采用波刃整体立铣刀或多刀片长刃硬质合金立铣刀（也称玉米铣刀），以方便断屑。

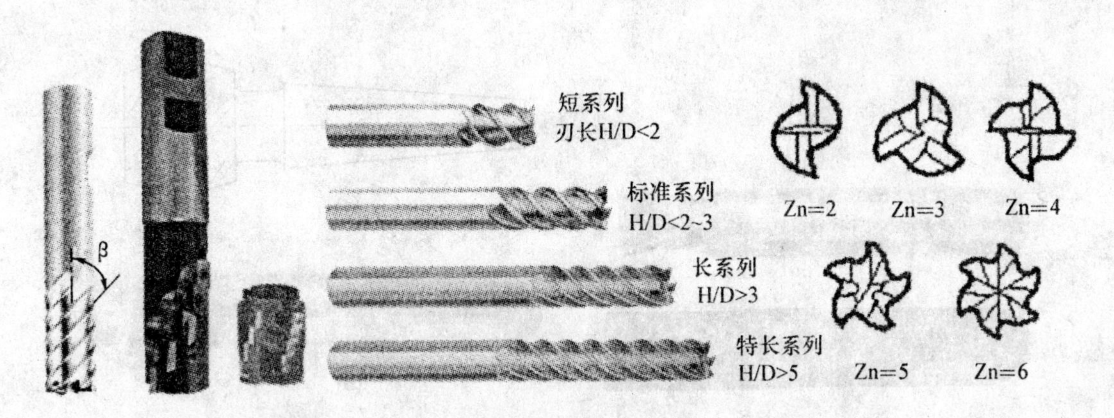

图 6-14 立铣刀

标准立铣刀的螺旋角β为40°~45°（粗齿）和30°~35°（细齿），套式结构立铣刀的β为15°~25°。直径较小的立铣刀，一般制成带柄形式。ϕ2~7mm 的立铣刀制成直柄；ϕ6~63mm 的立铣刀制成莫氏锥柄；ϕ25~80mm 的立铣刀做成 7∶24 锥柄，内有螺孔用来拉紧刀具。直径大于ϕ40~60mm 的立铣刀可做成套式结构。

(3) 模具铣刀 模具铣刀由立铣刀发展而成，可分为圆锥形立铣刀（圆锥半角$\alpha/2=3°$、5°、7°、10°）、圆柱形球头立铣刀和圆锥形球头立铣刀三种，其柄部有直柄、削平型直柄和莫氏锥柄。它的结构特点是球头或端面上布满了切削刃，圆周刃与球头刃圆弧连接，可以作径向和轴向进给。铣刀工作部分用高速钢或硬质合金制造。国家标准规定直径$D=4\sim63$mm。图 6-15 为各类球头模具铣刀，其中$R<3$的球头铣刀杆部直径通常为ϕ6mm，$R6$以上常采用机夹刀片式有 R6、R8、R10、R12.5、R15、R20、R25 等规格。

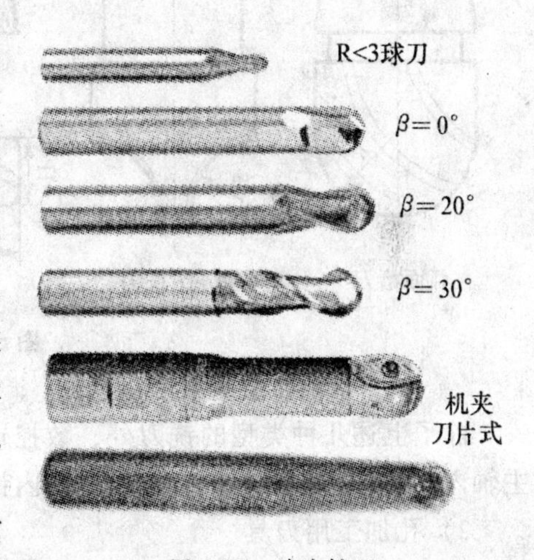

图 6-15 球头铣刀

(4) 键槽铣刀 键槽铣刀如图 6-16 所示，它有两个刀齿，圆柱面和端面都有切削刃，端面刃延至中心，既像立铣刀，又像钻头。加工时先轴向进给达到槽深，然后沿键槽方向铣出键槽全长。

按国家标准规定，直柄键槽铣刀直径$D=2\sim22$mm，锥柄键槽铣刀直径$D=14\sim50$mm。键槽铣刀直径的偏差有 e8 和 d8 两种。键槽铣刀的圆周切削刃仅在靠近端面的一小段长度内发生磨损，重磨时，只需刃磨端面切削刃，因此重磨后铣刀直径不变。

(5) 鼓形铣刀 图 6-17（a）所示为一种典型的鼓形铣刀，它的切削刃分布在半径为R的圆弧面上，端面无切削刃。加工时控制刀具上下位置，相应改变刀刃的切削部位，可以在工件上切出从负到正的不同斜角。R越小，鼓形铣刀所能加工的斜角范围越广，但所获得的表面质量也越差。这种刀具的特点是刃磨困难，切削条件差，而且不适于加工有底的轮廓表面。图 6-17(b)所示的机夹刀片式镗球铣刀则既可作鼓形刀又可作成型刀使用。

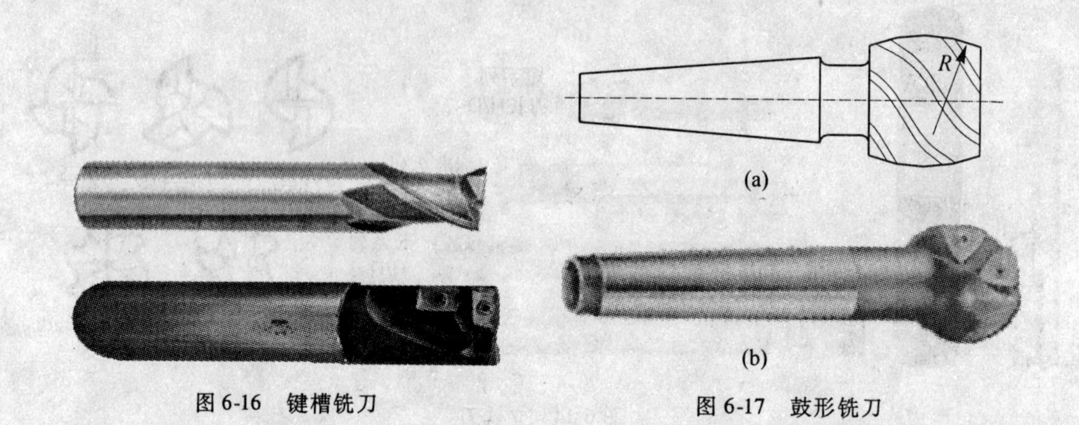

图 6-16 键槽铣刀　　图 6-17 鼓形铣刀

(6) 成型铣刀　成型铣刀一般是为特定形状的工件或加工内容专门设计制造的，如渐开线齿面、燕尾槽和 T 形槽等的加工。几种常用的成型铣刀如图 6-18 所示。

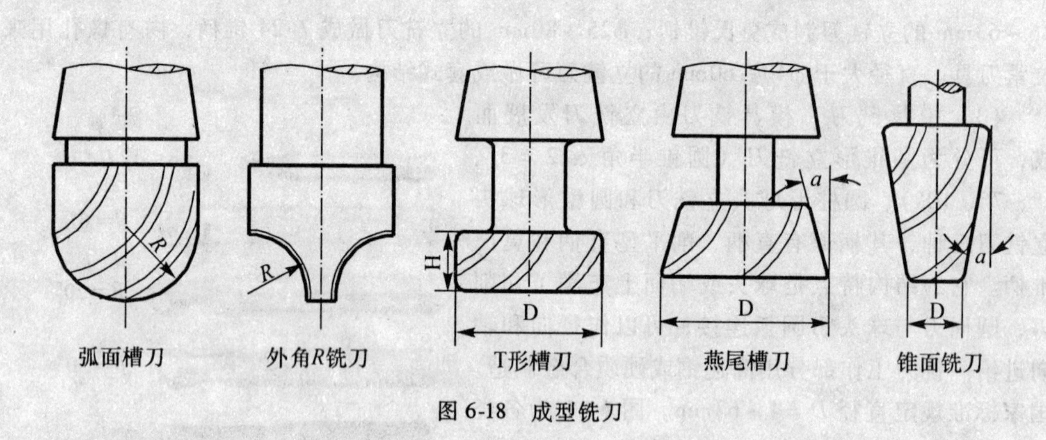

图 6-18 成型铣刀

除了上述几种类型的铣刀外，数控铣床也可使用各种通用铣刀。但因不少数控铣床的主轴内有特殊的拉刀装置，或因主轴内锥孔有别，须配过渡套和拉钉。

2) 孔加工用刀具

(1) 钻头

钻头是孔加工最常用的工具之一，包括在实心材料上钻孔和在已有小孔的基础上扩孔。直径较小的孔通常用直柄麻花钻，孔径超过 13mm 以上的则多用莫氏锥柄钻头。在批量加工中则越来越多的使用可转位机夹刀片结构的钻头，其直径从 $\phi11$ 以上，按 0.5 ~ 1mm 递增形成规格系列，常用钻头如图 6-19 所示。

如图 6-20 所示，麻花钻的切削部分由两条主切削刃、两条副切削刃和一条横刃组成；导向部分由两条对称的螺旋槽和刃带组成；两个螺旋槽是切屑流经的表面，为前刀面；与工件过渡表面（孔底）相对的端部两曲面为主后刀面；与工件已加工表面（孔壁）相对的两条刃带为副后刀面。前刀面与主后刀面的交线为主切削刃，前刀面与副后刀面的交线为副切削刃，两个主后刀面的交线为横刃。

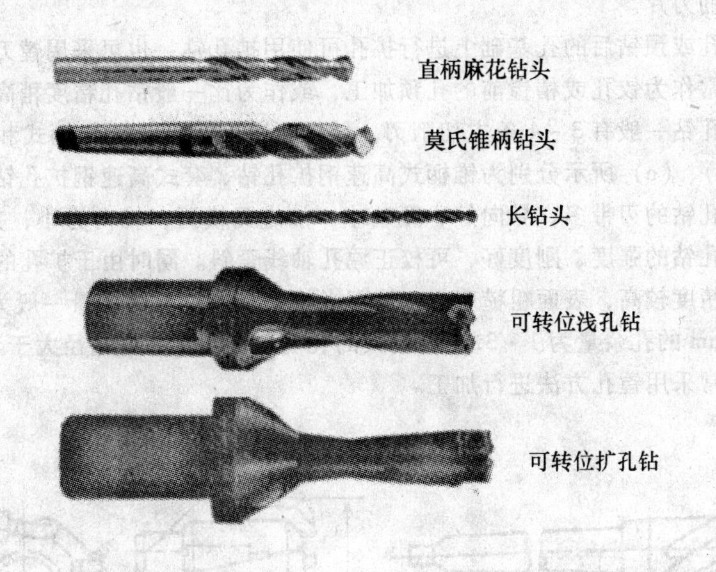

图 6-19　钻头

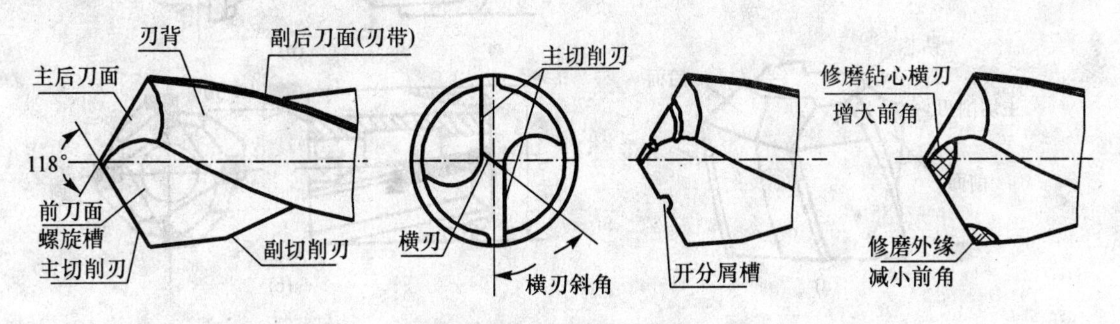

图 6-20　麻花钻及其修磨

麻花钻切削部分两主切削刃之间的夹角为顶角，其大小主要影响钻头的强度和轴向阻力。顶角越大强度越大，但切削时的轴向力也越大。减小顶角会增大主切削刃的长度，使相同条件下主刃单位长度上的负荷减轻，容易切入工件，但过小的顶角会使钻头的强度降低，标准麻花钻的顶角为 118°±2°，顶角分布不对称时钻出的孔径会偏大或呈多角形；由于前刀面是螺旋面，因此主切削刃上各点的前角是变化的，外缘处前角最大，约为 30°，自外缘向中心逐渐减小，到钻头半径处前角为零，再往内前角为负，靠近横刃处前角为 -50°~-60°；主刃上的后角则与前角恰恰相反，在外缘处最小，约为 8°~14°，钻心处后角约为 20°~26°，横刃处约为 30°~36°；横刃与主切削刃在端面上投影所夹的锐角称为横刃斜角，约为 50°~55°，横刃斜角越小则横刃越长，横刃过长则钻削时轴向力增大，不利于钻削。

针对麻花钻外缘处前角大易磨损、钻心横刃处负前角阻力大、主刃长不利于断屑排屑等缺点，通常都需要对钻头进行相应的刃磨处理。如修磨外缘处前刀面以减小前角，修磨钻心处前面以增大前角，修短横刃及增大横刃处前角，在主刃上开分屑槽以分散切屑等。

可转位机夹钻头在切削部分安装有刀片组，近钻心处使用韧性材质的刀片，在外缘处则使用耐磨材质的刀片。

在已有铸锻孔或预钻后的孔基础上进行扩孔可使用扩孔钻，也可采用镗刀扩孔或用铣刀扩孔。扩孔通常作为铰孔或精镗前的孔预加工，或作为比一般钻孔精度稍高一些的孔的终加工。标准扩孔钻一般有3～4条主切削刃，结构形式有直柄式、锥柄式和套式等，如图6-21（a）、（b）、（c）所示分别为锥柄式高速钢扩孔钻、套式高速钢扩孔钻和套式硬质合金扩孔钻。扩孔钻的刃带多，导向好、振动小，加之无横刃，轴向力小，其螺旋槽浅、钻心粗，因而扩孔钻的强度、刚度好，可校正原孔轴线歪斜。同时由于扩孔的余量小，切削热少，故扩孔精度较高，表面粗糙度好，属于半精加工。扩孔的余量一般为孔径的1/8左右，小于ϕ25mm的孔余量为1～3mm，较大的孔为3～6mm。当孔径大于100mm时扩孔就很少应用，常采用镗孔方法进行加工。

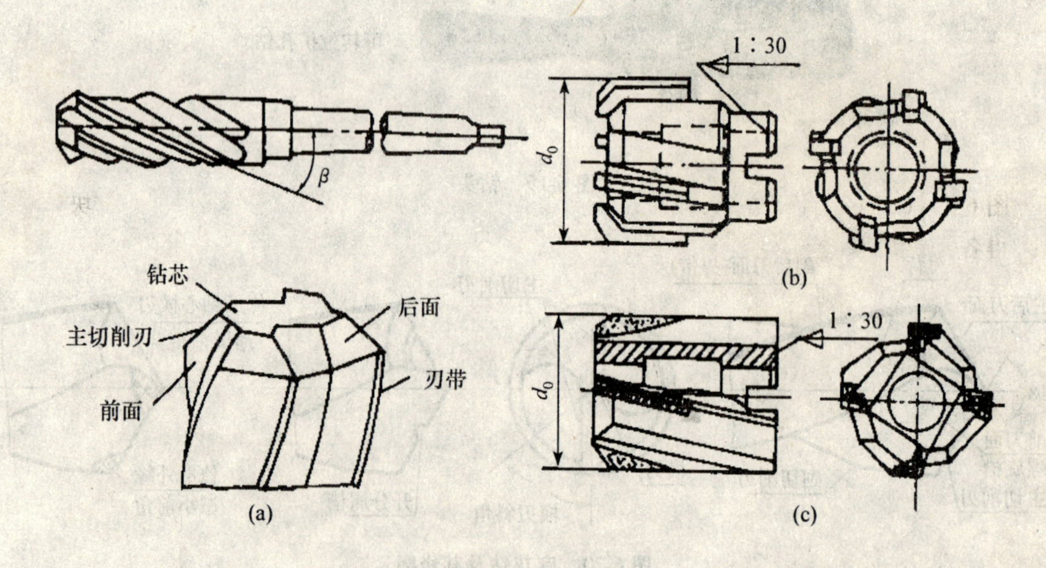

图6-21　扩孔钻

（2）铰刀

中小孔钻、扩后的精加工可使用铰刀铰孔，铰孔还可用于磨孔或研孔前的预加工。铰孔只能提高孔的尺寸精度、形状精度和表面质量，而不能提高孔的位置精度，也不能纠正孔的轴心歪斜。一般铰孔的尺寸精度可达IT7～IT9级，表面粗糙度可达1.6～0.8μm。

铰刀有普通标准铰刀和使用机夹刀片的铰刀等。如图6-22所示，一般小孔用直柄铰刀直径为ϕ1～6mm，直柄机用铰刀直径为ϕ6～20mm，锥柄铰刀直径为ϕ10～32mm，套式铰刀直径为ϕ25～80mm。标准铰刀有4～12齿，其工作部分包括切削部分与校准部分。切削部分为锥形，校准部分起导向、校正孔径和修光孔壁的作用。齿数多、导向好，齿间容屑槽小，芯部粗、刚性好，铰孔精度高；齿数少时铰削稳定性差、刀齿负荷大，容易产生形状误差。

（3）镗刀

镗孔主要用于大、中型孔的半精加工和精加工，镗孔的尺寸精度一般可达IT7～10级。镗孔刀具按切削刃数可分单刃镗刀和双刃镗刀和三刃镗刀。如图6-23（a）所示，横

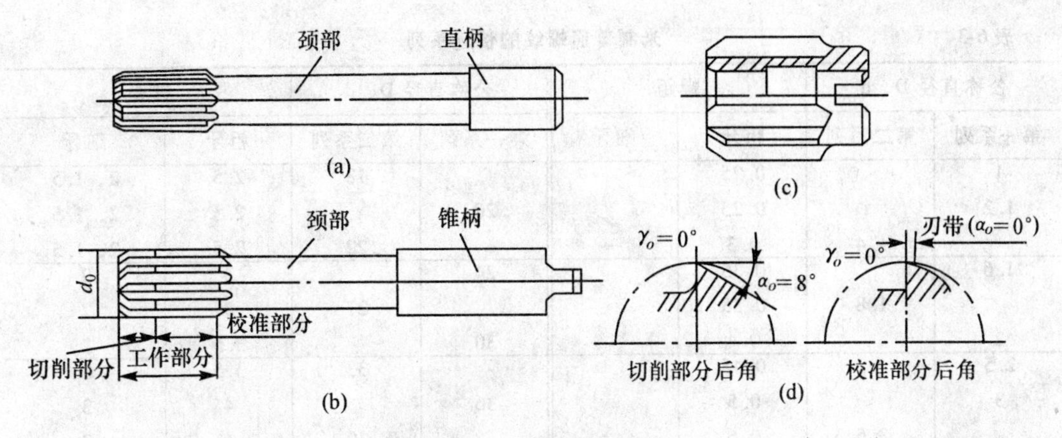

图 6-22 普通标准铰刀

镗杆单刃镗刀是在镗头上装入一单刃小镗杆，结构简单、适用性广，通过调整镗杆的悬伸长度即可镗出不同直径大小的孔。图 6-23（b）所示双刃镗刀具有两个对称的切削刃同时工作，头部可在较大范围内进行调整，刚性好，两径向力抵消，不易引起振动，加工精度高。图 6-23（c）所示三刃镗刀则是用于高生产率镗削的新型镗刀类别，可选换滑块长度以获得各种镗削尺寸。

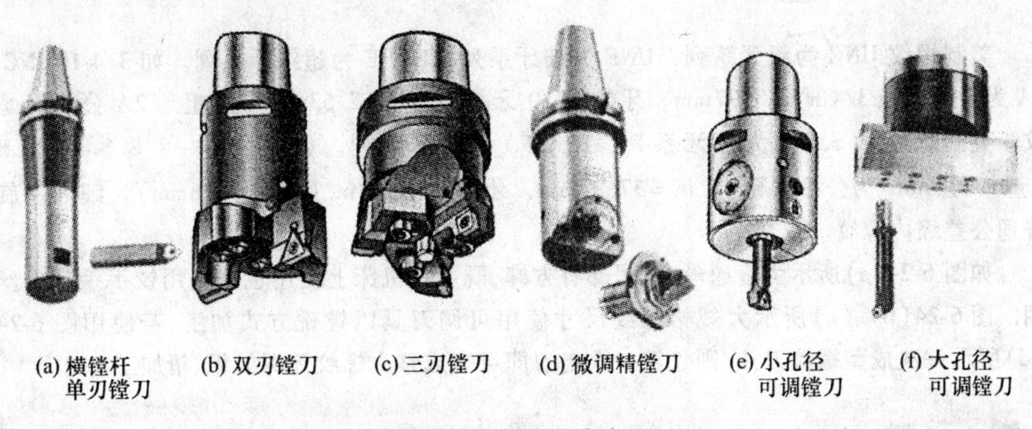

图 6-23 镗刀系列

基于数控加工刀具对快速装调方便程度的要求，目前更多地使用机内可调镗刀结构。这种镗刀的径向尺寸可在一定范围内进行调整而不需要从主轴上卸下刀具，调节方便且精度高。如图 6-23（c）为微调精镗刀，图 6-23（d）是可更换刀杆安装位置并可调节径向尺寸大小的镗刀。

（4）螺纹刀具

小尺寸规格的普通螺纹孔加工一般使用丝锥刀具，大尺寸规格的螺纹则使用专用螺纹加工刀具。按照螺距不同有粗牙和细牙的区分，标准米制/美制螺纹的牙型角为 60°。米制普通螺纹的优选系列见表 6-3，其尺寸标识代号通常为“M 公称直径 × 螺距”（单线，粗牙可省略螺距，如 M8）或“M 公称直径 × Ph 导程 × P 螺距”（多线，如 M14 × Ph6 × P 2 为三线螺纹）。

表 6-3　　　　米制普通螺纹的优选系列

公称直径 D、d		螺距		公称直径 D、d		螺距	
第一系列	第二系列	粗牙	细牙	第一系列	第二系列	粗牙	细牙
1		0.25			18	2.5	2，1.5
1.2		0.25		20		2.5	2，1.5
	1.4	0.3			22	2.5	2，1.5
1.6		0.35		24		3	2
	1.8	0.35			27	3	2
2		0.4		30		3.5	2
2.5		0.45			33	3.5	2
3		0.5		36		4	3
	3.5	0.6			39	4	3
4		0.7		42		4.5	3
5		0.8			45	4.5	3
6		1		48		5	3
	7	1			52	5	4
8		1.25	1	56		5.5	4
10		1.5	1.25，1		60	5.5	4
12		1.75	1.5，1.25	64		6	4
	14	2	1.5				
16		2	1.5				

美制螺纹 UNC 为粗牙系列，UNF 为细牙系列，UNEF 为超细牙系列。如 3/4-10UNC-2A 为公称直径 3/4in = 18.97mm、牙数为 10 牙/in（螺距 2.53mm）的粗牙 2A 公差级螺纹。英制螺纹 B.S.W. 为粗牙系列，B.S.F. 为细牙系列。如 $1^{1/2}$ in. －8 B.S.F.，LH (normal) nut. 为公称直径 $1^{1/2}$ in = 37.95mm、牙数为 8 牙/in（螺距 3.16mm）、细牙左旋普通公差级内螺纹。

如图 6-24(a)所示为普通丝锥，尾部有方榫，既可在机床上使用也可采用铰手手动攻丝用。图 6-24(b)、(c)所示大规格螺纹尺寸使用可调刀具以镗铣方式加工，若使用图 6-24(d)所示一次成型螺纹刀片，则仅需一次走刀即可完成整个螺纹牙深的粗、精加工。

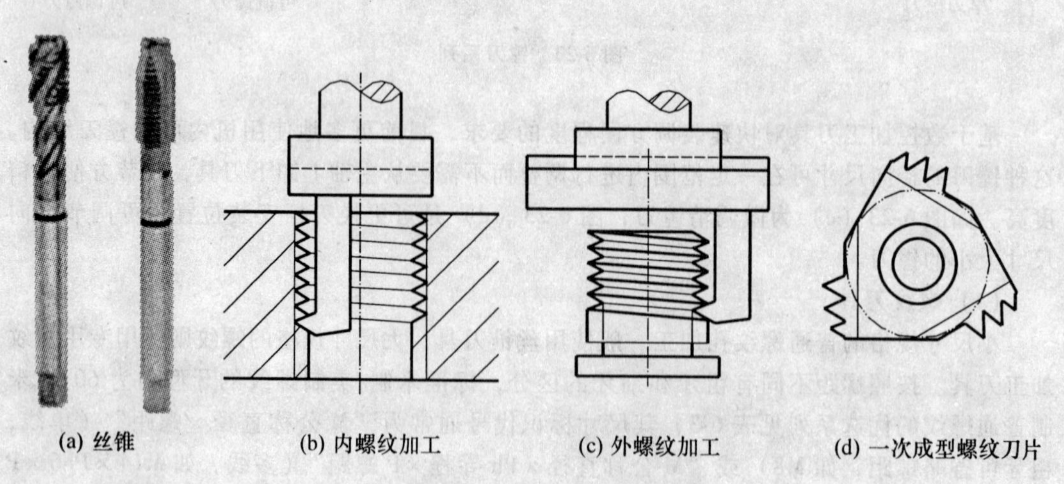

(a) 丝锥　(b) 内螺纹加工　(c) 外螺纹加工　(d) 一次成型螺纹刀片

图 6-24　螺纹加工刀具

三、数控铣削及加工中心的标准刀具系统

数控铣削及加工中心所用刀具品种繁多，目前还没有统一的规格型号标准，但刀具生产厂家各有自己的一套编号规则，以下作简单介绍，仅供参考。

1. 铣削刀具系列

某 SANDVIK 整体硬质合金立铣刀型号为 R215. 34-10030-AC22N，其型号各代码含义如下：

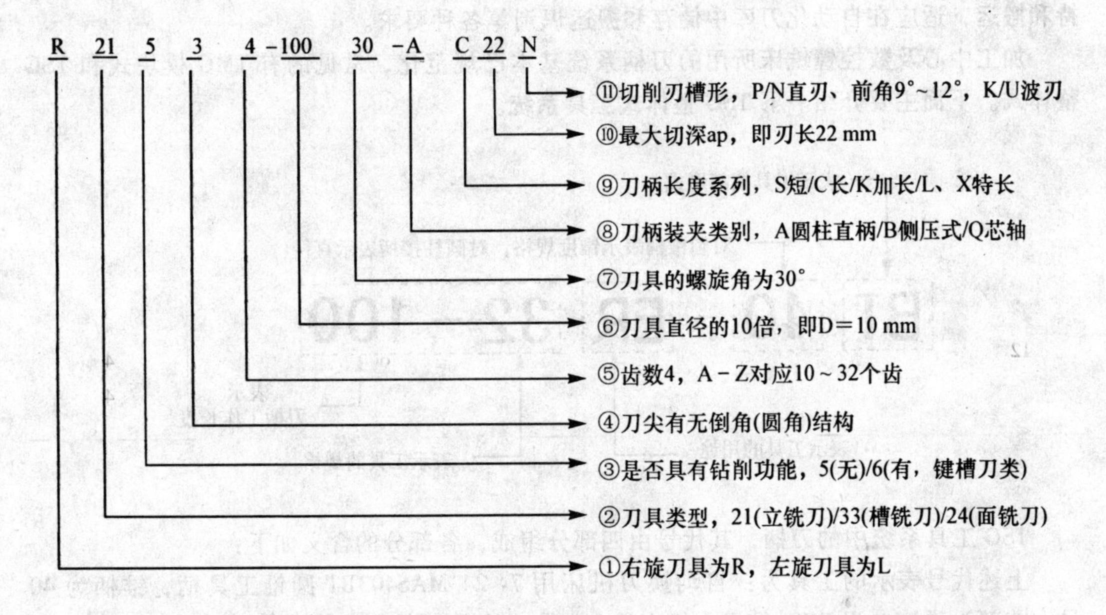

对于面铣刀、机夹立铣刀等，无以上③④⑤⑦项，且最后一项为齿距对应的疏齿 L/密齿 M/超密齿 H 标识或轻 L/中 M/重 H 标识的切削槽形。

也有一些刀具生产厂家采用类似于车削刀具的标识方法，例如某可转位铣削刀具的型号为：HM75-16SD08（AL）（M）（L200）（－Z2），其型号各代码含义如下：

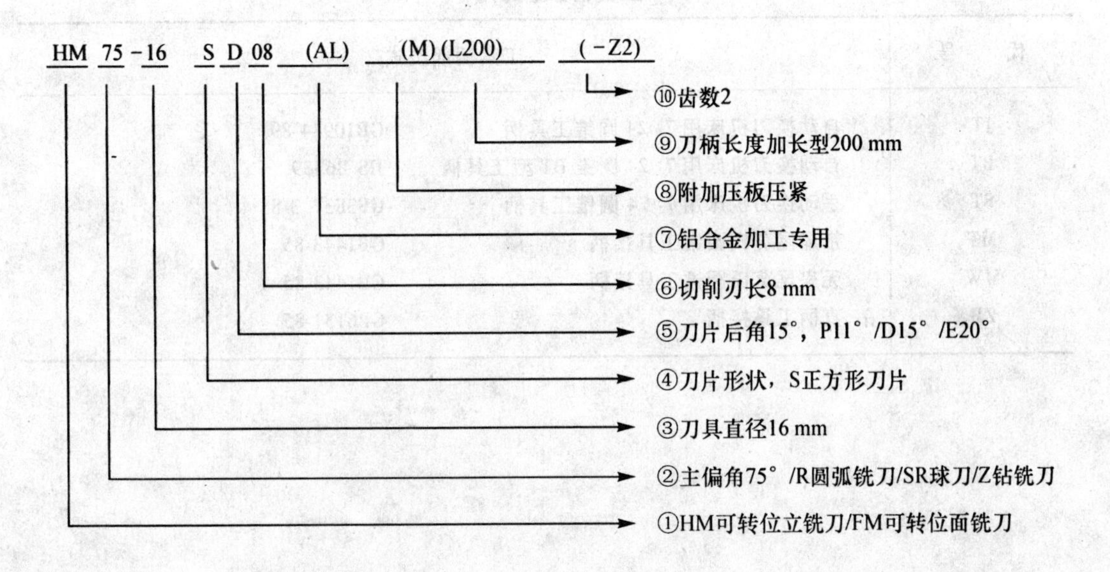

铣削类机夹可转位刀片和车削机夹刀片的规格类别基本相同，在此不作介绍。

镗削类刀具大多按照模块式刀柄系统进行标识。

2. 模块式工具系统

数控铣削及加工中心上使用的刀具分刃具部分和连接刀柄部分。刃具部分包括钻头、铣刀、铰刀、丝锥等，和数控铣床所用刃具类似。由于大多数控机床手工或自动换刀时一般都是连刀柄一起更换的，因此其对刀柄的要求更为重要。连接刀柄应满足其在机床主轴内的夹紧和定位要求、准确安装各种切削刃具的要求，对自动换刀的还应适应机械手的夹持和搬运，适应在自动化刀库中储存和搬运识别等各种要求。

加工中心及数控镗铣床所用的刀柄系统基本已规范化，常见的有 TMG 模块式和 TSG 整体式。下面主要介绍一下 TSG 整体式工具系统。

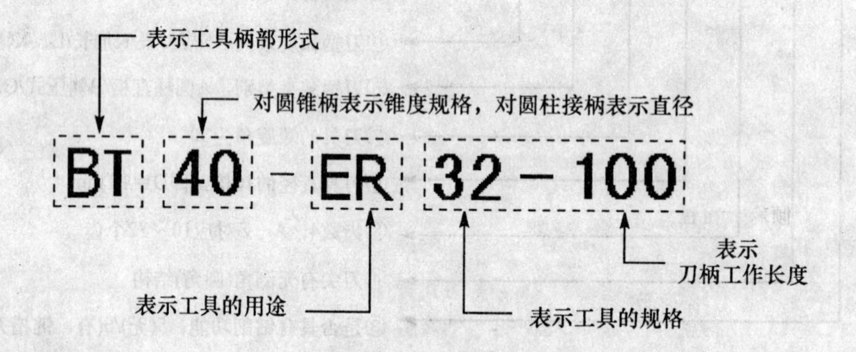

TSG 工具系统中的刀柄，其代号由四部分组成，各部分的含义如下：

上述代号表示的工具为：自动换刀机床用 7: 24 MAS403BT 圆锥工具柄，锥柄为 40 号，前部为弹簧夹头 ER，最大夹持直径 32mm（若为 MT3 则代表有扁尾莫氏 3 号锥柄），刀柄工作长度（锥柄大端直径处到弹簧夹头前端面的距离）为 120mm。TSG 工具刀柄的型式代号及规格参数分类见表 6-4、表 6-5。

表 6-4　　工具柄部型式代号

代　号	工具柄部型式	
JT	自动换刀机床用 7: 24 圆锥工具柄	GB10944-89
BT	自动换刀机床用 7: 24 圆锥 BT 型工具柄	JIS B6339
ST	手动换刀机床用 7: 24 圆锥工具柄	GB3837. 3-83
MT	带扁尾莫氏圆锥工具接柄	GB1443-85
MW	无扁尾莫氏圆锥工具接柄	GB1443-85
ZB	直柄工具接柄	GB6131-85

表 6-5　　　　　　　　　　**工具的用途代号及规格参数**

用途代号	用途	规格参数表示的内容
J	装直柄接杆工具	所装接杆孔直径——刀柄工作长度
Q、ER	弹簧夹头	弹簧夹头直径——刀柄工作长度
XP	装削平型直柄工具	装刀孔直径——刀柄工作长度
Z	装莫氏短锥钻夹头	莫氏短锥号——刀柄工作长度
ZJ	装贾氏锥度钻夹头	贾氏锥柄号——刀柄工作长度
M	装带扁尾莫氏圆锥柄工具	莫氏锥柄号——刀柄工作长度
MW	装无扁尾莫氏圆锥柄工具	莫氏锥柄号——刀柄工作长度
MD	装短莫氏圆锥柄工具	莫氏锥柄号——刀柄工作长度
JF	装浮动铰刀	铰刀块宽度——刀柄工作长度
G	攻丝夹头	最大攻丝规格——刀柄工作长度
TQW	倾斜型微调镗刀	最小镗孔直径——刀柄工作长度
TS	双刃镗刀	最小镗刀直径——刀柄工作长度
TZC	直角型粗镗刀	最小镗孔直径——刀柄工作长度
TQC	倾斜型粗镗刀	最小镗孔直径——刀柄工作长度
TF	复合镗刀	小孔直径/大孔直径——小孔工作长度/大孔工作长度
TK	可调镗刀头	装刀孔直径——刀柄工作长度
XS	装三面刃铣刀	刀具内孔直径——刀柄工作长度
XL	装套式立铣刀	刀具内孔直径——刀柄工作长度
XMA	装 A 类面铣刀	刀具内孔直径——刀柄工作长度
XMB	装 B 类面铣刀	刀具内孔直径——刀柄工作长度
XMC	装 C 类面铣刀	刀具内孔直径——刀柄工作长度
KJ	装扩孔钻和铰刀	1∶30 圆锥大端直径——刀柄工作长度

图 6-25 所示为 TSG 工具系统基本结构组成示意图。

图 6-26、图 6-27、图 6-28 所示为数控机床常用的 JT、BT 自动换刀型、ST 手动换刀型标准刀柄型式。

JT 型锥柄上与主轴连接的两键槽与主轴轴心的间距是不对称的，刀柄在主轴上应按刀柄上的缺口标记进行单向安装，对需要主轴准停后作定向让刀移动的精镗及反镗刀具来说，这种结构不会导致刀具安装出错，而 BT、ST 锥柄型上的两键槽是对称布局的，刀柄在主轴上可双向安装，对需作定向让刀移动的刀具来说，取下后再回装到主轴时一定要注意安装方位要求。

图 6-29 为 JT、BT 型锥柄所使用的标准拉钉结构示意图。刀柄安装到主轴之前必须了解机床主轴所适用的拉钉结构与尺寸，选用对应的拉钉后才能保证刀柄与主轴的可靠连接。ST 型锥柄没有设计机械手抓取的结构部分，需要手动装卸刀具，不适于自动换刀的加工中心机床使用。由于主轴与刀具系统是高速运转的，必须确保主轴与刀具系统间具有可靠的连接。

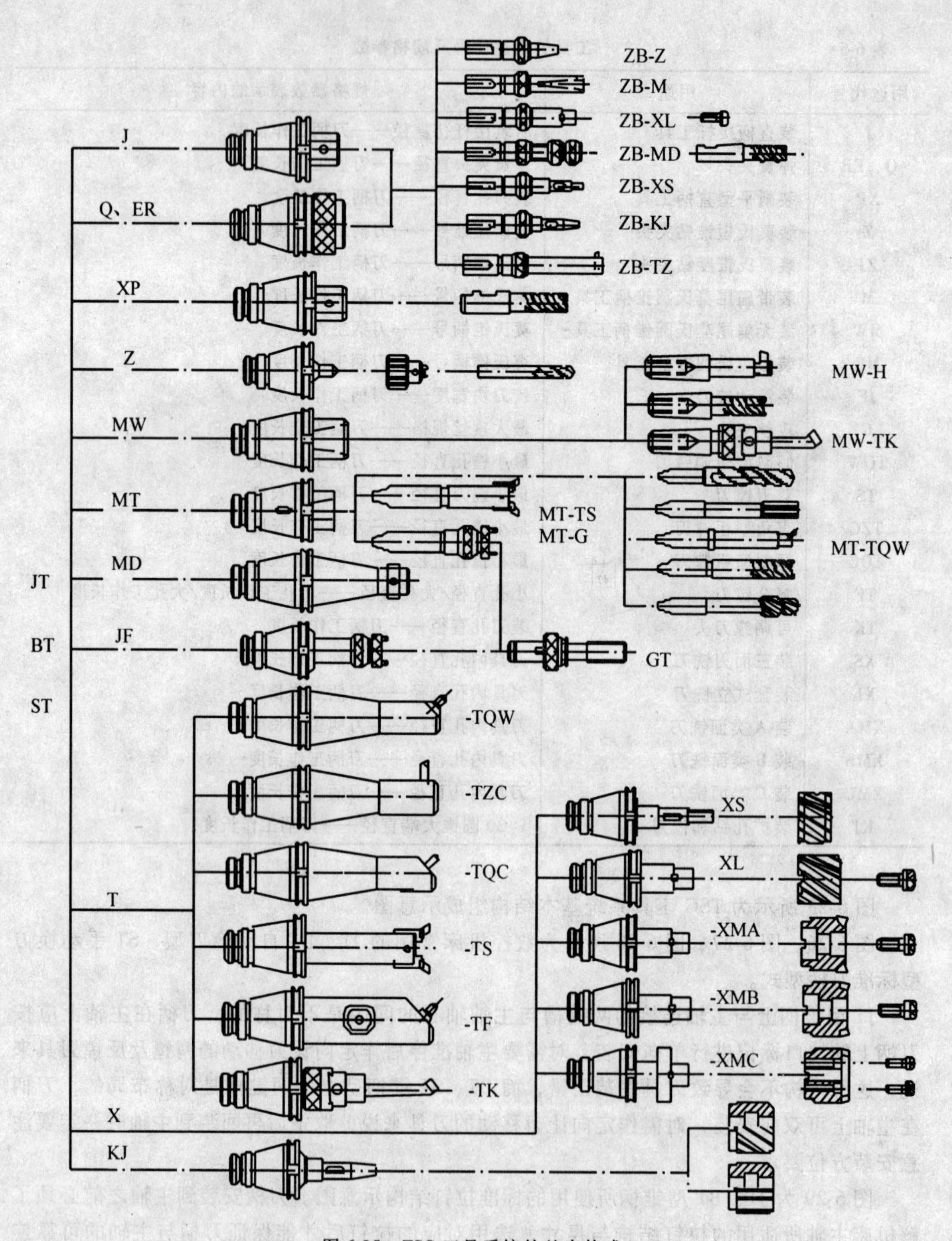

图 6-25 TSG 工具系统的基本构成

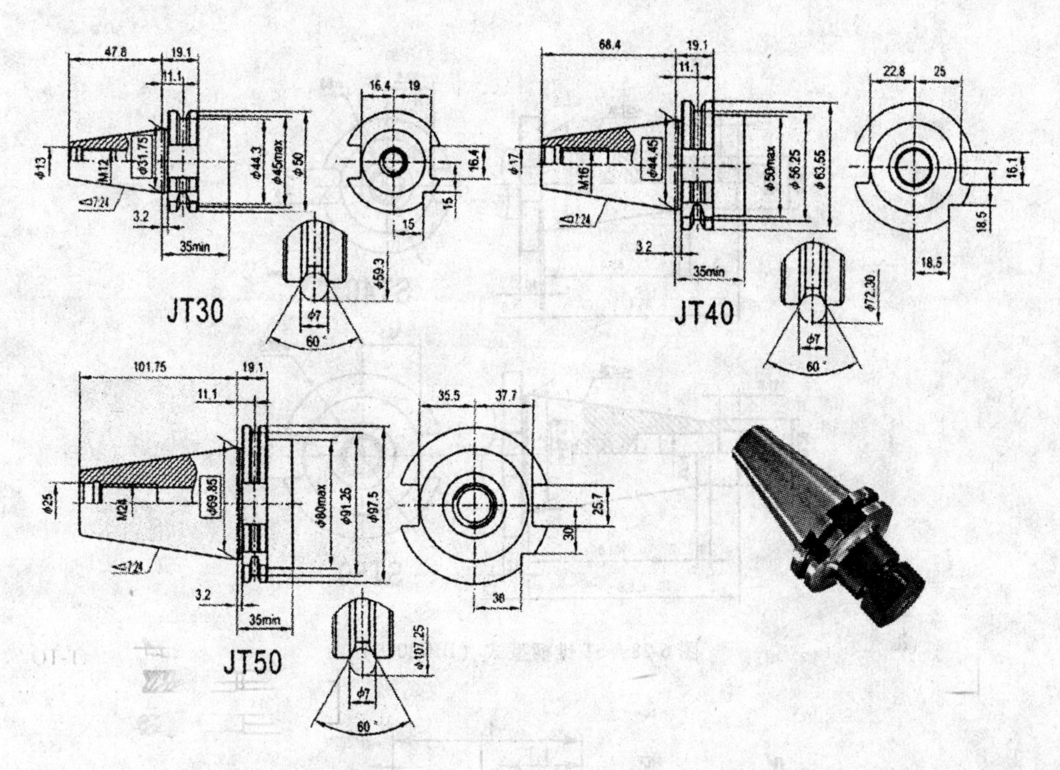

图 6-26　JT 锥柄型式（DIN69871 - A）

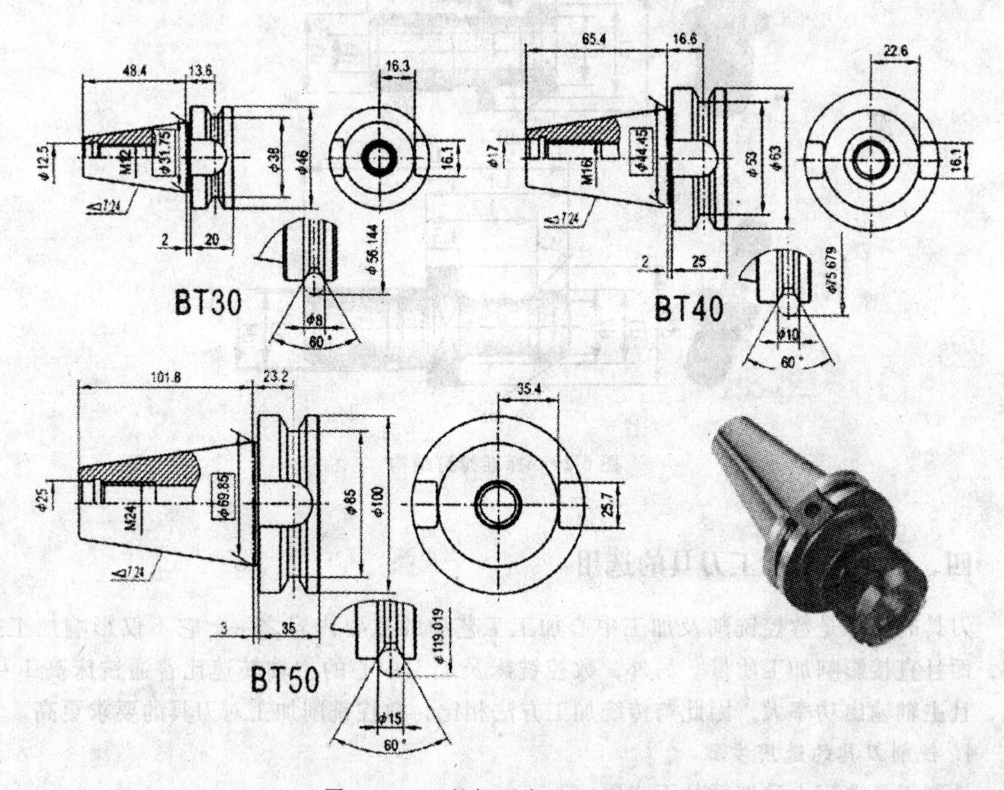

图 6-27　BT 锥柄型式（MAS403BT）

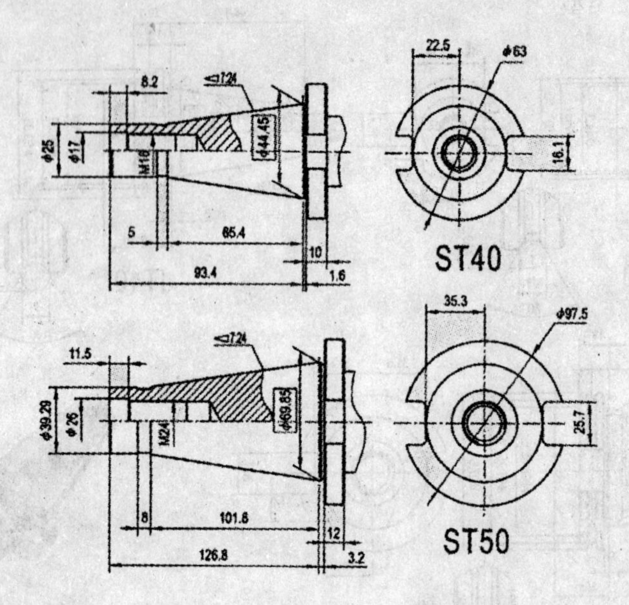

图 6-28 ST 锥柄型式（DIN2080）

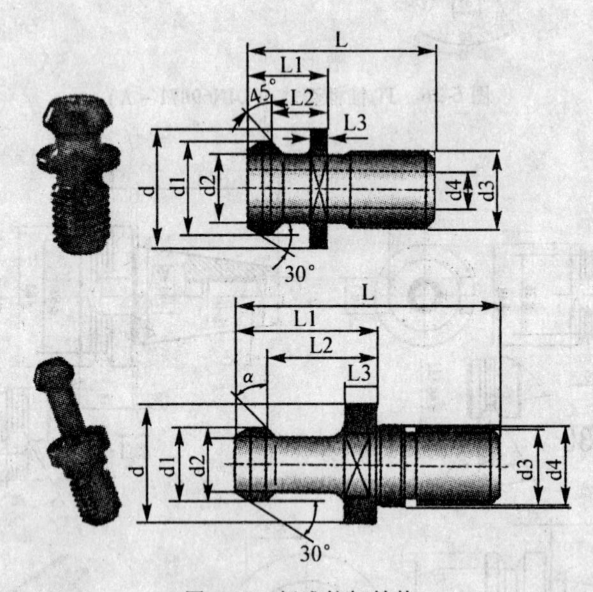

图 6-29 标准拉钉结构

四、铣刀及孔加工刀具的选用

刀具的选择是数控铣削及加工中心加工工艺中的重要内容之一，它不仅影响加工效率，而且直接影响加工质量。另外，数控铣床及加工中心的主轴转速比普通铣床高 1 ~ 2 倍，且主轴输出功率大，因此与传统加工方法相比，数控铣削加工对刀具的要求更高。

1. 铣削刀具的选用步骤

铣削刀具选用大致遵循如下步骤：

（1）确定加工类型：加工类型是指铣平面、台肩、仿形铣削还是挖槽加工。加工较大的平面、台肩面应选择面铣刀；加工轮廓槽、较小的台阶面及平面轮廓应选择立铣刀或键槽铣刀；加工窄长槽应选用三面刃铣刀；加工空间曲面、模具型腔或凸模成形表面等多选用模具铣刀和圆鼻刀；加工变斜角零件的变斜角面应选用鼓形铣刀；加工各种直的或圆弧形的凹槽、斜角面、特殊孔等应选用成形铣刀，如图6-12所示。

（2）确定被加工材料：不同的工件材质对应使用不同的刀具材质及切削参数，钢件材质对应使用P类硬质合金刀具，不锈钢件对应使用M类硬质合金刀具，铸铁件对应使用K类硬质合金刀具，铝及有色金属件对应N类，耐热合金和钛合金对应S类，淬硬材料对应H类。

（3）选择铣刀结构类型：选择刀具齿距、安装类型等。如图6-13所示，一般加工首选密齿型铣刀，可进行稳定性较好的高效加工。大悬伸稳定性差工况下和功率有限的小型机床可用不等距疏齿，以消除粗切时的振动，保持长时间的稳定加工；稳定性好的机床切削短屑材料和优质合金材料可使用超密齿刀具，多刀片切削可获得高效率的加工。在功率足够时，钢件粗切选择疏齿则具有较大的容屑能力，超密齿则多用于小切削量的精铣加工。安装类型是根据加工所需刀具尺寸决定用直柄、锥柄还是套式结构。大尺寸刀具通常为套式结构采用芯轴安装，中型尺寸刀具为莫氏锥柄采用螺钉紧固安装，小型尺寸刀具为直柄采用强力夹头、普通弹簧夹头或削平柄侧固式安装。

（4）选择刀片：根据工况选择刀片槽形，如图6-30所示为SANDVIK铣削刀片的各类槽形示意，一般地，轻型加工、低切削力、低进给率用大正前角的L形槽，铝件切削选用具有锋利刃口的AL槽形；大多数材料的普通中度切削用小前角轻微倒棱的M形槽；重载加工、大切削力、高进给率用小前角负倒棱的H形槽；加工余量较小，并且要求表面粗糙度较低时用陶瓷、氮化硼及聚晶金刚石材质的零前角E槽形刀片；Wiper刀片适用于大直径高质量表面切削，其长刃允许每转进给量可为普通刀片的4倍。

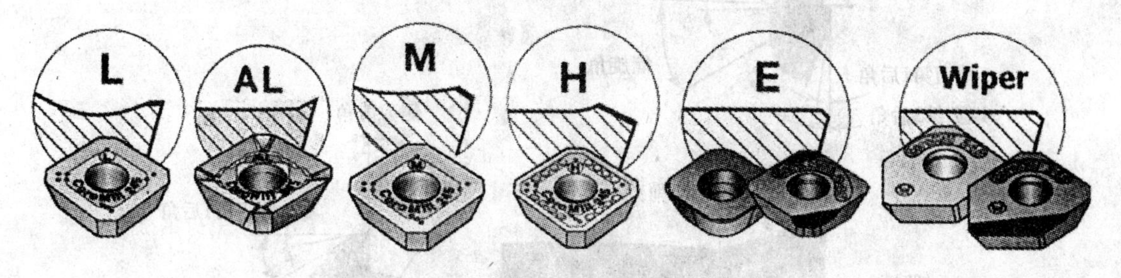

图6-30 SANDVIK铣削刀片的各类槽形

（5）确定切削参数：按照刀具手册提供的切削参数确定。

2. 铣刀主要参数的选择

（1）面铣刀主要参数的选择　在数控机床上铣削平面时，应采用可转位式硬质合金刀片铣刀。一般采用两次走刀，一次粗铣、一次精铣。当连续切削时，粗铣刀直径要小些，以减小切削扭矩，精铣刀直径大一些，最好能包容待加工表面的整个宽度，以提高加工精度和效率，减小相邻两次进给之间的接刀痕迹和保证铣刀的耐用度。推荐使用刀具直径D＝（1.2～1.5）B，B为加工表面宽度。加工余量大且加工表面又不均匀时，刀具直径要选得小一些，否则，当粗加工时会因切刀刀痕过深而影响加工质量。

由于铣削时有冲击，故面铣刀的前角数值一般比车刀略小，尤其是硬质合金面铣刀，前角数值减小得更多些。铣削强度和硬度都高的材料可选用负前角。前角的数值主要根据工件材料和刀具材料来选择，其具体数值可参见表6-6。

表6-6 面铣刀的前角

工件材料 / 刀具材料	钢	铸铁	黄铜、青铜	铝合金
高速钢	10°~20°	5°~15°	10°	25°~30°
硬质合金	-15°~15°	-5°~5°	4°~6°	15°

铣刀的磨损主要发生在后刀面上，因此适当加大后角，可减少铣刀磨损。常取 α_o = 5°~12°，工件材料软时取大值，工件材料硬时取小值；粗齿铣刀取小值，细齿铣刀取大值。

铣削时冲击力大，为了保护刀尖，硬质合金面铣刀的刃倾角常取 λ_S = -5°~15°。只有在铣削低强度时，取 λ_S =5°。

主偏角 K_r 在45°~90°范围内选取，铣削铸铁常用45°，铣削一般钢材常用75°，铣削带凸肩的平面或薄壁零件时要用90°。

(2) 立铣刀主要参数的选择　立铣刀主切削刃的前角在法剖面内测量，后角在端剖面内测量，前、后角的标注如图6-31 (b) 所示。前、后角都为正值，分别根据工件材料和铣刀直径选取，其具体数值可参见表6-7。

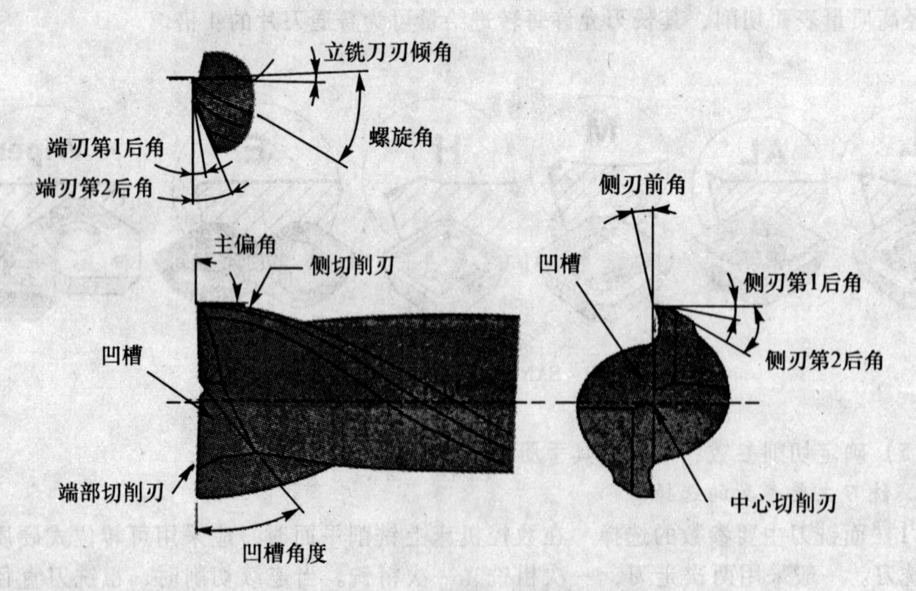

图6-31　立铣刀的几何角度

表 6-7　　　　立铣刀前后角数值

工件材料		前角	铣刀直径（mm）	后角
钢	$\sigma_b < 0.589$GPa	20°	<10	25°
	$0.589\text{GPa} < \sigma_b < 0.981$GPa	15°	10~20	20°
	$\sigma_b > 0.981$GPa	10°		
铸铁	≤150HB	15°	>20	16°
	>150HB	10°		

立铣刀的尺寸参数如图 6-32 所示，推荐按下述经验数据选取。

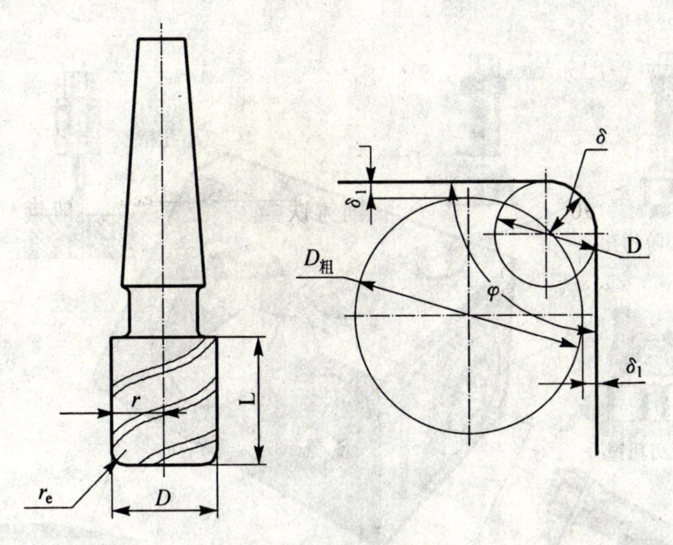

图 6-32　立铣刀的尺寸

1）刀角半径 r 应小于零件内轮廓面的最小曲率半径 ρ，一般取 $r=(0.8\sim0.9)\rho$。

2）对深槽孔，选取刀具工作刃长 $L=H+(2\sim5)$ mm，H 为零件高度。

3）加工外形及通槽时，选取 $L=H+r_e+(2\sim5)$ mm，r_e为刀尖转角半径。

4）粗加工内轮廓面时，铣刀最大直径 $D_粗$ 可按下式计算

$$D_粗 = 2\times\frac{\delta\sin\varphi/2-\delta_1}{1-\sin\varphi/2}+D$$

式中D：轮廓的最小凹圆角半径

δ：圆角邻边夹角等分线上的精加工余量

δ_1：精加工余量

φ：圆角两邻边的最小夹角

3. 孔加工刀具的选用

（1）钻头的选用步骤

一般钻头的选择步骤为：①确定孔径和孔深的范围→②选择钻头类型（粗/精加工、

普通钻孔/扩孔/锪钻）→③选择刀柄类型（直柄/锥柄/削平柄、标准/加长/接杆、整体式/机夹刀片）→④选用钻头材质与机夹刀片（高速钢/硬质合金、刀片牌号）→⑤确定钻削参数。

在数控铣及加工中心机床上钻孔，一般不采用钻模，钻孔深度为直径的5倍左右的深孔加工容易折断钻头，可采用固定循环程序，多次自动进退，以利于冷却和排屑。钻孔前最好先用中心钻钻一个中心孔或采用一个刚性好的短钻头锪窝引正。锪窝除了可以解决毛坯表面钻孔引正问题外，还可以替代孔口倒角。

（2）镗刀的选用步骤

一般镗刀的选择步骤为：①确定镗削工序类型（普通镗/阶梯镗/深孔镗/反镗）→②选择镗削性质（粗镗/精镗、三刃/双刃/单刃）→③确定镗削直径范围，选择主偏角以确定镗头型号→④选择镗头接柄型式以选用刀柄→⑤选择刀片，确定镗削参数。

镗孔工序及其刀具选用如图6-33所示。

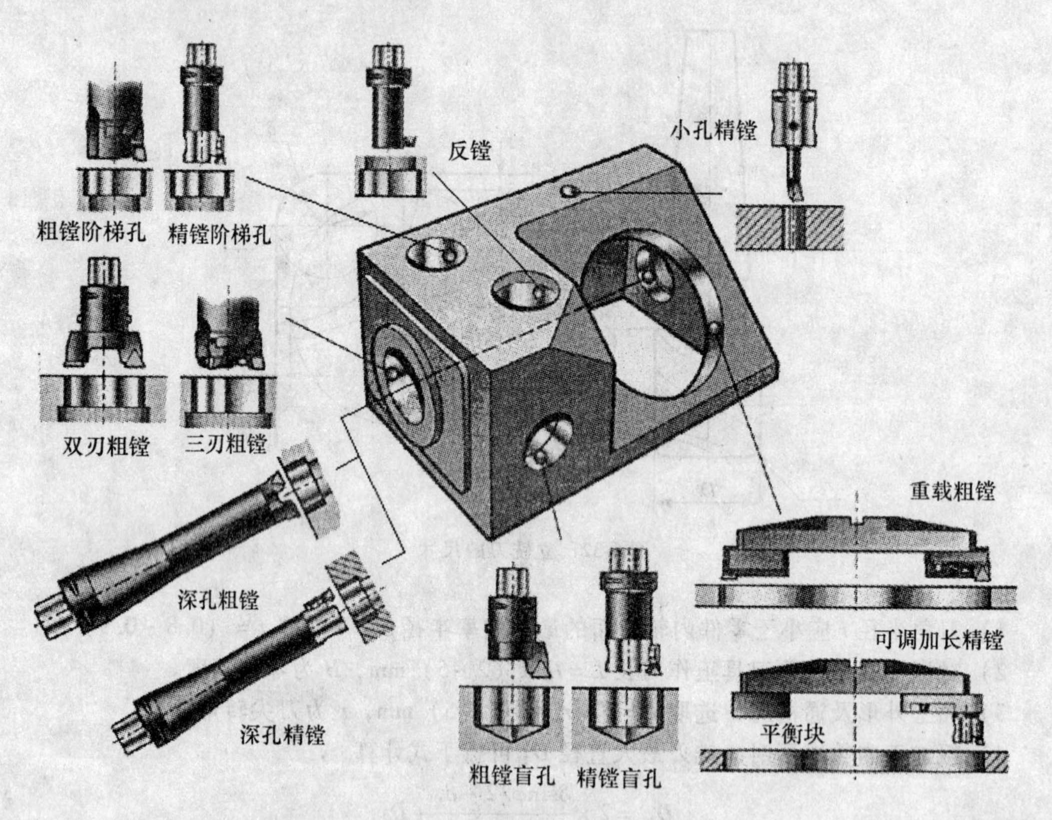

图6-33 镗孔工序及其刀具

五、数控铣削刀具的对刀

数控铣削加工的对刀器具包括机内对刀工具和机外刀具预调仪。

1. 机内对刀工具

机内对刀工具主要有探测刀具长度的 Z 轴设定器和探测工件坯料边廓的 XY 方向的寻边器。电子式对刀工具是将工件、机床、刀具及对刀工具等构成一封闭回路，当对刀工具与刀具或工件接触时回路接通，发光二极管被点亮，断开则灯熄。指针表式、数字式 Z 轴设定器属机械式，由指针表或液晶数字显示，达到设定预压量的读数时即实现精确对刀；偏心机械式寻边器是通过观察寻边器上下偏心程度，以零偏心量为准确对刀位置来实现寻边对刀的。

图 6-34 是常用的机内对刀工具。

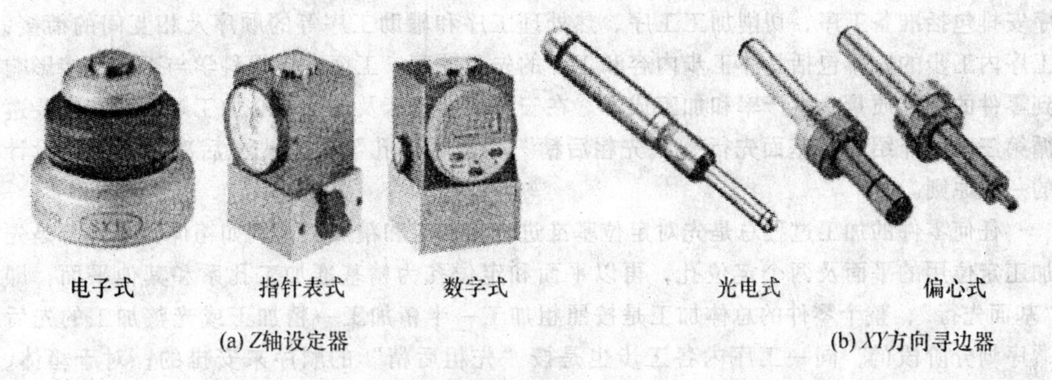

图 6-34　机内对刀工具

2. 机外刀具预调仪

当不希望对刀工作占用机床加工时间或需要对镗削刀具径向尺寸作预调整时，可使用机外刀具预调仪，如图 6-35 所示。

刀具预调仪既可实现镗削刀具径向尺寸的预调整，也可用于以某刀具为相对基准，对整个工序内各工步所有刀具的长度尺寸及径向尺寸进行刀补量的预测定。

径向对刀时可用标准检棒作测量基准，当测头接触检棒外圆后将显示读数 X 设为检棒的标准直径大小，换装刀具后移动调整 X 至测头径向接触刃尖，则显示读数 X 值即为该刀具的径向尺寸。

刀长对刀时以 Y 向测头接触基准刀具的轴向刃尖后将显示读数 Y 设为零值，换装其他刀具后移动调整 Y 至测头接触刀具的轴向刃尖，则显示读数 Y 值即为该刀具相对基准刀具刀长的补偿量。

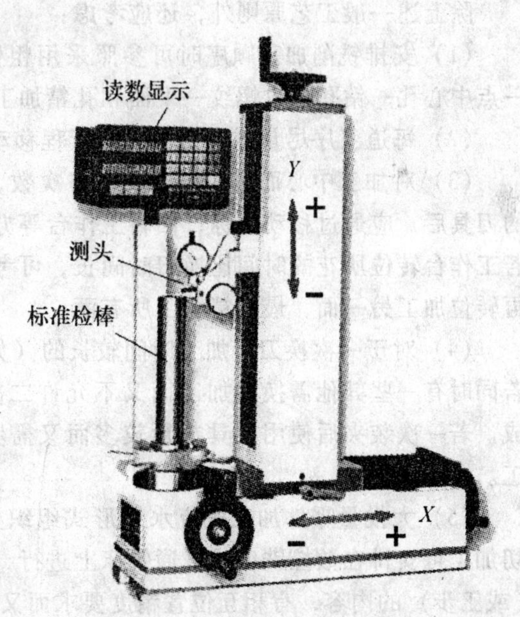

图 6-35　机外刀具预调仪

将使用刀具预调仪以相对补偿量对刀测定的补偿数据输入设定到机床系统，整个刀具组仅需在机床上对基准刀具进行对刀即可，这样可大大节省对刀的占机时间。

第三节 数控铣床及加工中心加工工艺设计

一、加工顺序的确定

确定加工顺序包括安排零件加工的总体工序顺序和工序内工步的先后顺序等。总体工序安排包括准备工序、切削加工工序、热处理工序和辅助工序等的顺序及相互间的衔接，工序内工步的安排包括具体工步内容和工步的先后顺序。工序安排得科学与否将直接影响到零件的加工质量、生产率和加工成本。在安排数控铣床及加工中心加工顺序时同样要遵循第三章所介绍的“基面先行”、“先粗后精”、“先面后孔”及“先主后次”等工艺设计的一般原则。

任何零件的加工过程总是先对定位基准进行粗加工和精加工，例如箱体类零件总是先加工定位用的平面及两个定位孔，再以平面和定位孔为精基准加工孔系和其他平面，即“基面先行”；整个零件的总体加工是按照粗加工→半精加工→精加工或光整加工的先后顺序划分阶段的，同一工序内各工步也是按“先粗后精”的顺序来安排的；对于箱体、支架等零件，平面尺寸轮廓较大，用平面定位比较稳定，而且孔的深度尺寸又是以平面为基准的，故应先加工平面，然后加工孔，即“先面后孔”。

除上述一般工艺原则外，还应考虑：

（1）安排铣削加工顺序时可参照采用粗铣大平面—粗镗孔、半精镗孔—立铣刀加工—点中心孔—钻孔—攻螺纹—平面和孔精加工（精铣、铰、镗等）的加工顺序。

（2）每道工序尽量减少刀具的空行程移动量，按最短路线安排加工表面的加工顺序。

（3）对加工中心而言，应减少换刀次数，节省辅助时间。一般情况下，每换一把新的刀具后，应通过移动坐标，回转工作台等方法将由该刀具切削的所有表面全部完成。但若工作台转位所花的时间比换刀时间长，可考虑先完成一个面的所有粗切刀具加工内容后再转位加工另一面，最后精加工所有面。

（4）对于一次换刀后加工时间较长的（如模具曲面类）零件可考虑用数控铣床加工，若同时有一些其他需换刀加工而又不允许二次装夹的，可在数控铣床上采用手工换刀完成。若一次装夹后使用刀具数量较多而又需频繁换刀的批量零件，可考虑用加工中心加工。

（5）大批量零件加工按流水线形式组织生产时，可考虑将工序分散。加工费时的粗切加工可安排在数控铣床或普通铣床上进行，每台机床完成一把或少数几把刀具加工工序（或工步）的内容，有相互位置精度要求而又需要多把刀具的最终精加工则安排在加工中心上进行。需多面加工的零件按加工面安排集中工序用加工中心加工或工序分散到多台数控铣床上加工，原则上采用逐面完成粗、精加工的工序顺序，但对于相互影响较大、位置精度要求较高的应最终作各面的精加工。组线生产时各机床加工工序内容的多少还应估算工时后统筹安排，对于容易产生瓶颈的工序应安排多台机床作同样的加工，确保生产线通畅。

（6）对于整个边廓都需要切削加工而又不方便采用内装夹固定的，深度较大需对接加工的异型通槽等采用数控铣削方式比较困难的，可考虑穿插安排线切割加工完成。

二、走刀路线的确定

1. 顺铣和逆铣

铣刀旋转在切削处相对于工件的线速度方向和工作台（工件）的进给方向相同时称为顺铣，方向相反时称为逆铣。如图 6-36 所示。

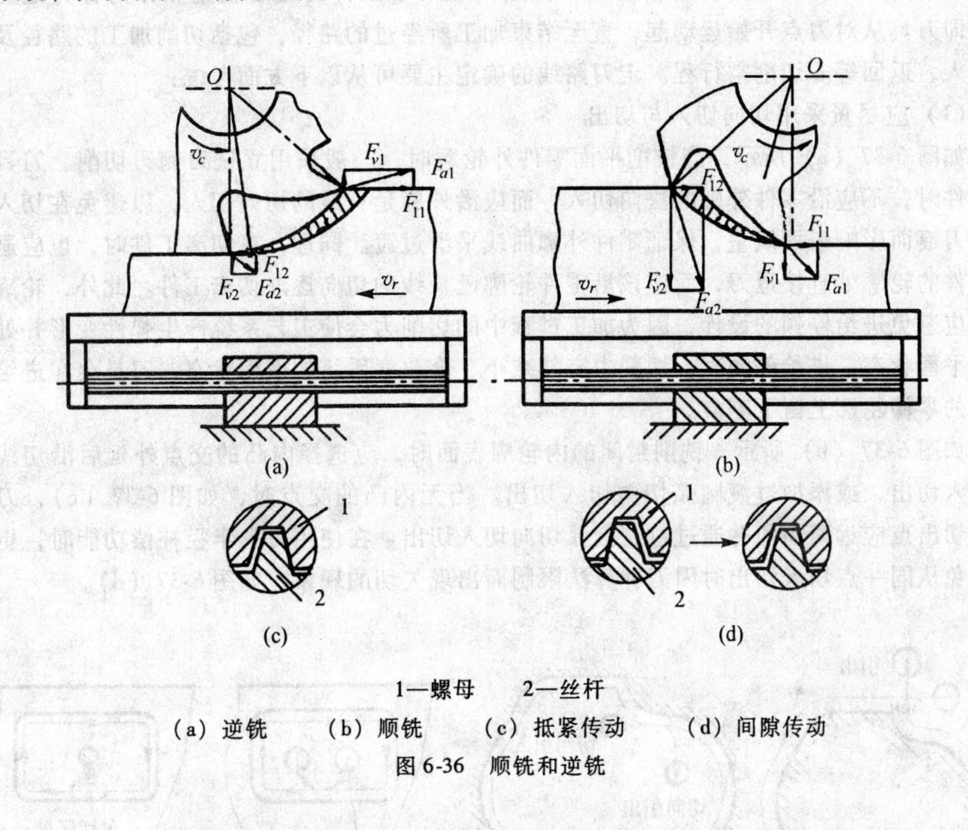

1—螺母　2—丝杆

（a）逆铣　（b）顺铣　（c）抵紧传动　（d）间隙传动

图 6-36　顺铣和逆铣

逆铣时，刀具从已加工表面切入，切削厚度逐渐增大，刀齿在已加工表面上滑行、挤压，使已加工表面变为冷硬层，既磨损刀齿又降低已加工表面的质量。卧铣加工时，刀齿有把工件从工作台面挑起的趋势，会加大工作台与导轨面的间隙而引起振动，同时也需要较大的夹紧力。但逆铣时刀齿从已加工表面切入，不会出现打刀现象；由于工件自右向左进给是靠丝杆和螺母传动面右侧抵紧来推动的，逆铣时水平切削力也是推动丝杆向右抵紧螺母传动面，因此不受丝杆螺母副间隙的影响，铣削较平稳。

顺铣时，刀具从待加工面切入，切削厚度逐渐减小，切削时冲击力大，刀齿无滑行、挤压现象，对刀具寿命有利；卧铣加工时，垂直切削分力向下压向工作台，振动小，所需夹紧力也小。由于工件自左向右进给是靠丝杆和螺母传动面左侧抵紧来推动的，顺铣时水平切削力则是推动丝杆抵向右侧螺母传动面，切削力大时（工件表面有硬皮或硬质点），带动工作台与丝杆向右窜动使得传动副左侧出现间隙，硬点过后传动副恢复正常的左侧抵紧、右侧间隙，这种现象对加工极为不利，会引起“啃刀”或“打刀”，甚至损坏夹具或机床。

当工件表面有硬皮、机床的进给机构有间隙时，应选用逆铣走刀方式；由于逆铣时机床进给机构的间隙不会引起振动和爬行，因此粗铣时应尽量采用逆铣。当工件表面无硬皮，机床进给机构无间隙时，应选用顺铣走刀方式；顺铣加工的表面质量好，刀齿磨损小，因此精铣时应尽量采用顺铣。

2. 走刀路线的确定

在数控加工中，刀具（严格说是刀位点）相对于工件的运动轨迹和方向称为走刀路线。即刀具从对刀点开始运动起，直至结束加工所经过的路径，包括切削加工的路径及刀具引入、返回等非切削空行程。走刀路线的确定主要可从以下方面考虑：

（1）应尽量采用切向切入与切出

如图 6-37（a）所示，当铣削平面零件外轮廓时，一般采用立铣刀侧刃切削。刀具切入工件时，不应沿零件外廓的法向切入，而应沿外廓延长线的切向切入，以避免在切入处产生刀痕而影响表面质量，保证零件外廓曲线平滑过渡。同理，在切离工件时，也应避免在工件的轮廓处直接退刀，而应该沿零件轮廓延长线的切向逐渐切离工件。此外，轮廓加工中应避免进给停顿的设计，因为加工过程中的切削力会使工艺系统产生弹性变形并处于相对平衡状态，进给停顿时，切削力突然减小，会改变系统的平衡状态，刀具会在进给停顿处的零件轮廓上留下刻痕。

如图 6-37（b）所示，铣削封闭的内轮廓表面时，应选择内凸的交点外延后沿切线方向切入切出，或添加过渡圆弧切向切入切出。当无内凸的交点时，如图 6-37（c），刀具切入切出点应远离拐角并通过过渡圆弧切向切入切出。在使用刀具半径补偿功能时，更应该避免从同一点切入切出时因刀补算法限制而出现欠切的现象，如图 6-37（d）。

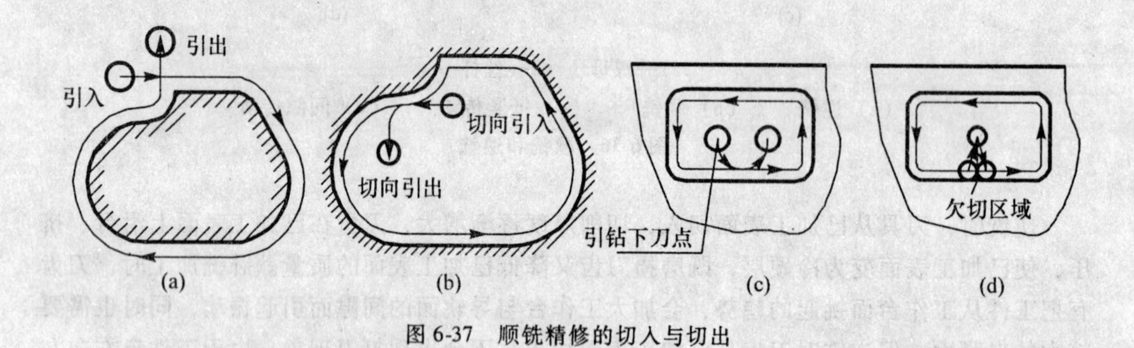

图 6-37　顺铣精修的切入与切出

（2）采用合理的下刀方式和下刀位置

铣削外轮廓、凸形曲面或敞口槽时，可从坯料外部快速下刀；铣封闭内槽、内轮廓或模腔曲面时，可先钻引孔后从引孔处快速进给下刀，或使用键槽铣刀轴向进给下刀；若用立铣刀应以斜插及螺旋插补方式从槽内下刀。批量生产时建议采用快速进给下刀方式以提高生产效率。

1）对于槽形铣削，若为通槽，可采用行切法来回铣切，走刀换向在工件外部进行，如图 6-38（a）所示；若为敞口槽，可采用环切法，如图 6-38（b）；若为封闭凹槽，可采用①粗切时行切、精修时环切；②粗精修均采用环切的走刀路线设计，如图 6-38（c）、（d）所示，以走刀路线最短者为首选。

如图 6-39 所示，若封闭凹槽内还有不需加工的岛屿部分，则以保证每次走刀路线与

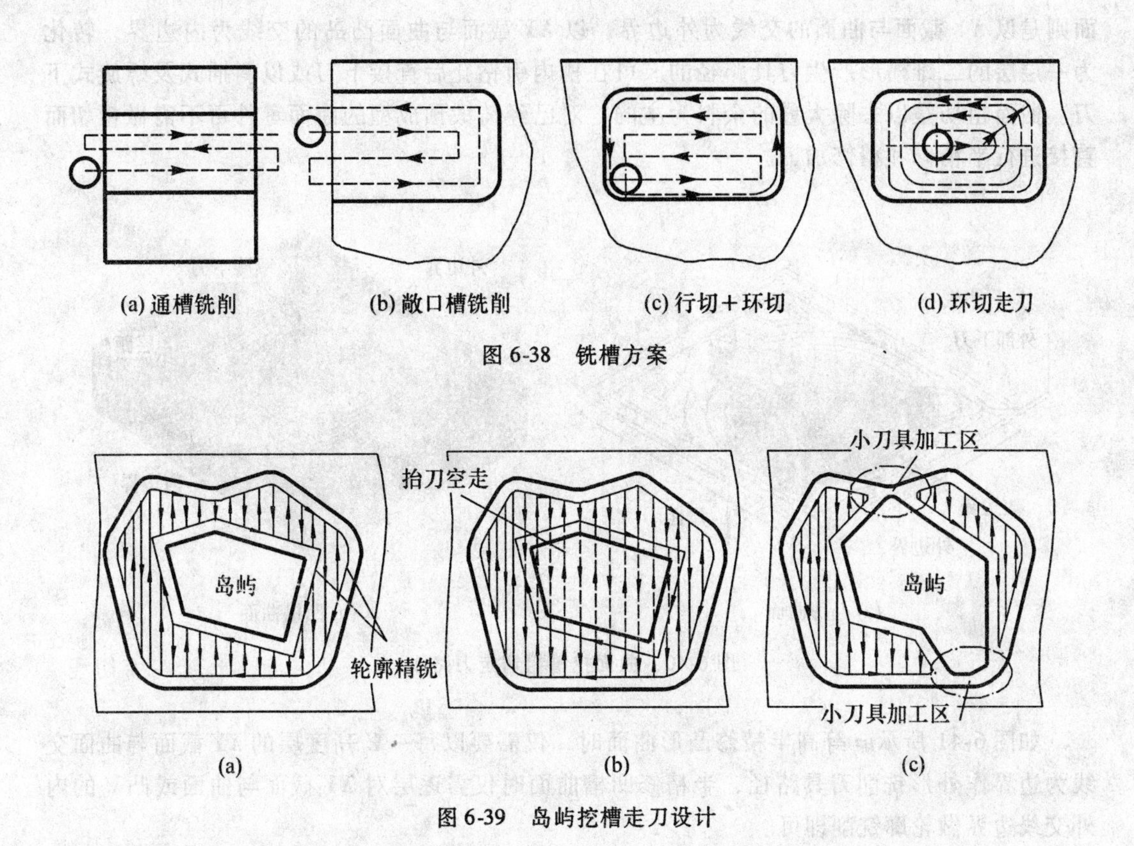

图 6-38　铣槽方案

图 6-39　岛屿挖槽走刀设计

轮廓的交点数不超过两个为原则，按图 6-39（a）方式将岛屿两侧视为两个内槽分别进行切削，最后用环切方式对整个槽形内外轮廓精切一刀。若按图 6-39（b）方式，来回地从一侧顺次铣切到另一侧，必然会因频繁地抬刀和下刀而增加工时。如图 6-39（c）所示，当岛屿间形成的槽缝小于刀具直径，则必然将槽分隔成几个区域，若以最短工时考虑，可将各区视为一个独立的槽，相当于多槽加工。可先后完成一个槽的粗、精加工后再去加工另一个槽区。若以预防加工变形考虑，则应在所有的区域完成粗铣后，再统一对所有的区域先后进行精铣，最后使用小刀具完成窄缝槽区的加工。

加工精度要求较高的凹槽时，可采用直径比槽宽小一些的立铣刀，先铣槽的中间部分，然后利用刀具的半径补偿功能精铣槽的两边，直到达到精度要求为止。精加工余量一般以（0.2～0.5）mm 为宜，而且精铣时宜采用顺铣，以减小零件被加工表面粗糙度值。

2）三坐标数控铣床或加工中心加工模具曲面零件时，其走刀路线需要用 CAM 软件进行设计。通常采用平底铣刀或圆角铣刀作曲面挖槽粗切、用圆角铣刀或球刀作等高半精修、用球刀做平行式或环绕等距式精修，最后可能还需要采用小球刀对剩余的残料做补加工。

挖槽粗切是逐步改变 Z 高度层以 XY 平面加工为主的切削走刀方式。凸形曲面是以 XY 截面与曲面的交线为内边界，以预设的毛坯边廓为外边界，转化为二维挖槽的形式产生刀具路径的。每改变一 Z 高度值均可得到一大小变化的内边界，由此而将复杂三维曲面转化为一层层的二维槽形进行加工，可从毛坯外部下刀切入，如图 6-40 所示。凹槽曲面则是以 XY 截面与曲面的交线为外边界，以 XY 截面与曲面凸岛的交线为内边界，转化为一层层的二维槽形产生刀具路径的。可在槽内引钻孔后直接下刀或以斜插式及螺旋式下刀。曲面粗切是以去除大量的余料为主的，对已经铸锻预成型的曲面零件可不需做粗切而直接进行半精修和精修加工。

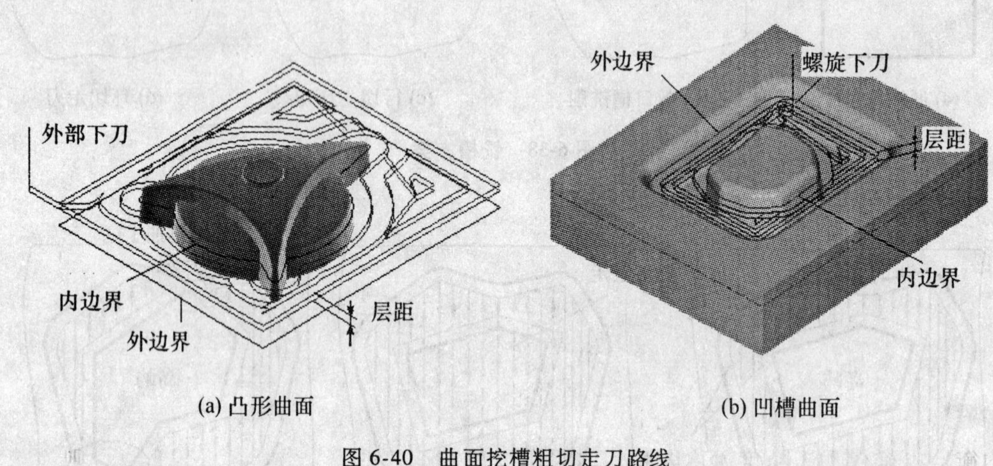

图 6-40　曲面挖槽粗切走刀路线

如图 6-41 所示，等高半精修凸形曲面时，仅需要以每一 Z 高度层的 XY 截面与曲面交线为边界作外形铣削刀具路径，半精修凹槽曲面时仅需逐层对 XY 截面与曲面或凸岛的内外交线边界做轮廓铣削即可。

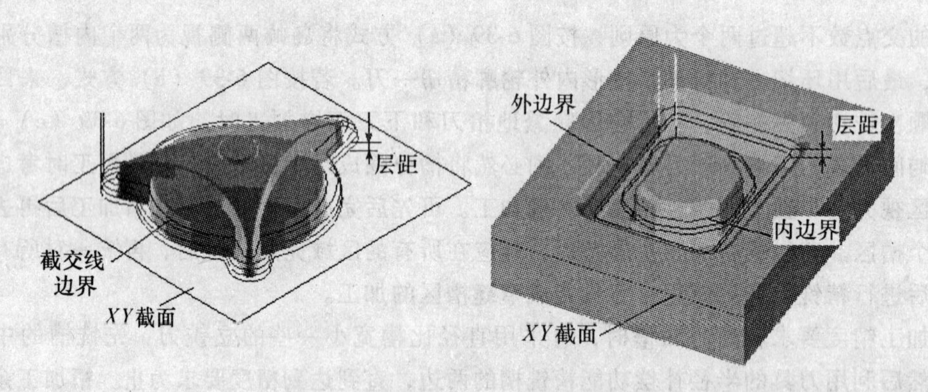

图 6-41　等高曲面半精修走刀路线

如图 6-42 所示，平行式曲面精修是逐层以 XZ、YZ 直交截面或角度直交截面与曲面的交线作为边廓，进行 XZ、YZ 平面轮廓铣削或 3D 空间轮廓铣削的走刀路线设计的。由于角度直交截面与曲面的交线为 3D 空间轮廓，因此需要具有三轴联动功能的机床，而 XZ、YZ 直交截面与曲面的交线为平面轮廓，具有两轴联动功能的机床采用两维半走刀方式即可实现。

如图 6-43 所示，环绕等距式曲面精修是以 XY 截面方向曲面轮廓的最大边界为封闭槽形，产生二维环切刀路后，投影到曲面上形成随着曲面高低起伏的走刀路线（即在原二

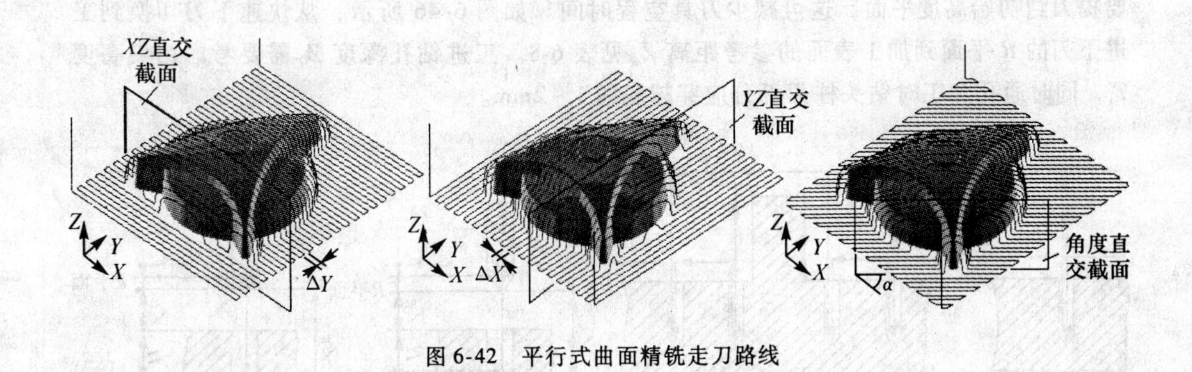

图 6-42　平行式曲面精铣走刀路线

维环切刀路基础上含 Z 轴走刀变化的 3D 刀路）。

半精修和精修走刀的区别主要在于分层间距上。为提高效率，半精修采用较疏的间距；为获得较高的加工质量，精修时采用较密的间距。由于粗切后的余量不均匀，采用平行式走刀到底部时容易“啃刀”，因此建议采用等高半精修方式用球刀或圆角铣刀切掉粗加工后出现的台阶状表面，均化下道工序的切削余量，使得精加工时的切削余量均匀，受力均衡，以确保加工精度的。若粗切时采用圆角铣刀并进行了一定的环绕精修，则可不需半精修而直接进行精修加工。

为提高切削效率，一般采用较大直径的刀具作粗精加工。如图 6-44 所示，曲面补加工主要是用小直径刀具对大直径刀具加工不到的局部残料区域进行补充加工，或对因刀路设计算法限制而不能达到理想加工质量的部位进行修补加工。

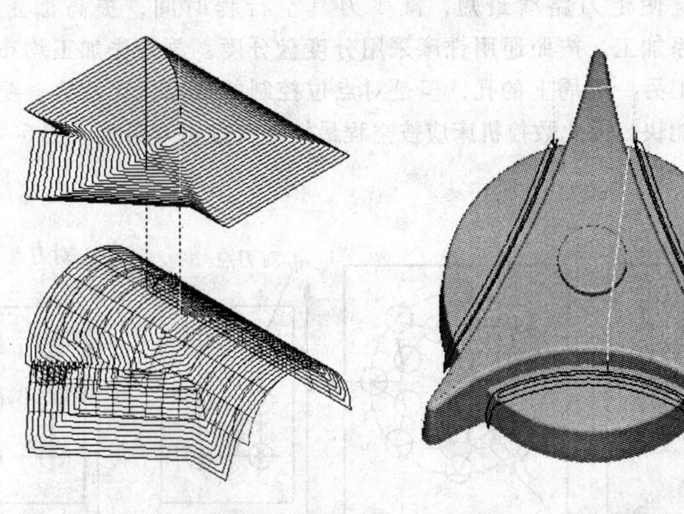

图 6-43　环绕等距精修刀路　　　　图 6-44　残料补加工刀路

3）当选定钻镗循环方式时，其孔加工的走刀路线就已经由系统设定好，但各 Z 向深度位置的设置，如快速下刀的位置、每刀的切削深度、提刀的高度等将直接影响到加工效率和加工质量。如图 6-45（a）所示为单孔加工的走刀路线，图 6-45（b）为多孔加工的走刀路线，同一侧的孔系加工时，只需提刀到 R 平面高度，跳跃加工另一侧孔系时才需要提刀到初始高度平面，这可减少刀具空程时间。如图 6-46 所示，从快速下刀切换到工进下刀的 R 平面到加工表面的参考距离 Z_R 见表 6-8。工进钻孔深度 Z_F 需要考虑钻尖高度 T_t，同时通孔加工时钻头柱刃部分应穿越底面 1 ~2mm。

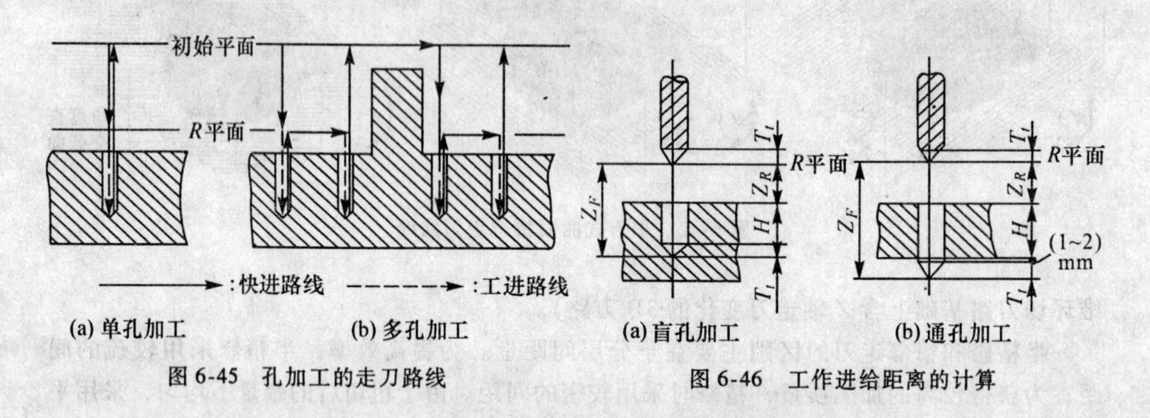

(a) 单孔加工　(b) 多孔加工

图 6-45　孔加工的走刀路线

(a) 盲孔加工　(b) 通孔加工

图 6-46　工作进给距离的计算

表 6-8　**R 平面与加工表面的参考距离**　(mm)

加工方式	已加工表面	毛坯表面	加工方式	已加工表面	毛坯表面
钻孔	2 ~ 3	5 ~ 8	铰孔	3 ~ 5	5 ~ 8
扩孔	3 ~ 5	5 ~ 8	攻丝	5 ~ 10	5 ~ 10
镗孔	3 ~ 5	5 ~ 8	铣削	3 ~ 5	5 ~ 10

4）孔间走刀应使走刀路线最短，减少刀具空行程时间，提高加工效率。如图 6-47（a）所示的孔系加工，按照通用铣床采用分度盘分度，总是先加工均布于同一圆周上的 8 个孔，再加工另一圆周上的孔，但是对点位控制的数控机床而言，要求定位精度高，定位过程尽可能快，因此数控机床应按空程最短来安排走刀路线（图 6-47（b）），节省加工时间。

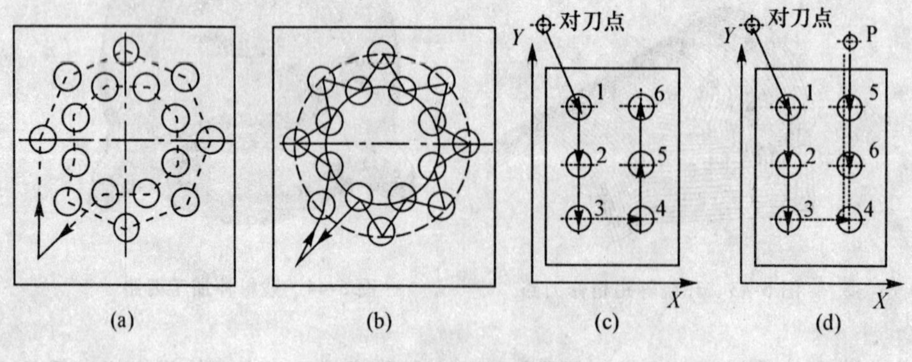

(a)　(b)　(c)　(d)

图 6-47　孔系加工路线

对于孔位置精度要求较高的零件，在精加工孔系时，孔间走刀路线一定要注意各孔的定位方向一致，即采用单向趋近定位点的方法，以避免传动系统反向间隙误差或测量系统的误差对定位精度的影响。如图6-47（c）所示的孔系加工路线，Y方向的反向间隙将会影响5、6两孔的孔距精度；如果改为如图6-47（d）所示的走刀路线，可使各孔的定位方向一致，从而提高了孔距精度。

三、切削用量的选择

1. 切削用量的选择原则

如图6-48所示，铣削加工切削用量包括主轴转速（切削速度）、进给速度、背吃刀量和侧吃刀量。切削用量的大小对切削力、切削功率、刀具磨损、加工质量和加工成本均有显著影响。数控加工中选择切削用量时，就是在保证加工质量和刀具耐用度的前提下，充分发挥机床性能和刀具切削性能，使切削效率最高，加工成本最低。

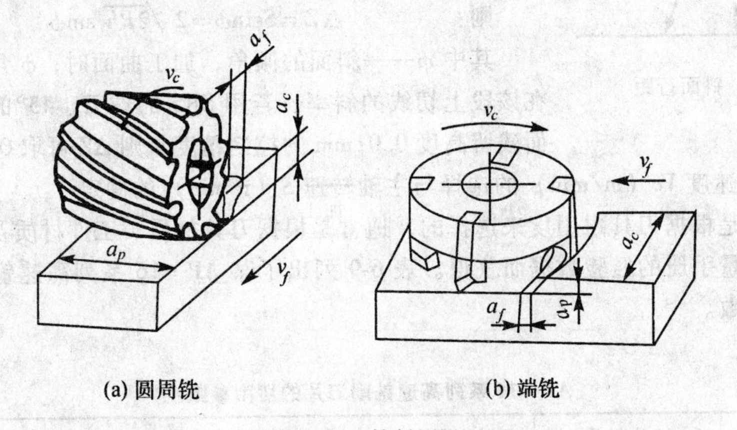

图6-48　铣削用量

数控铣削的粗、精加工时切削用量的选择原则如下：

①根据加工余量、加工方式和刀具刚性选择的背吃刀量，粗切时选较大的背吃刀量，精修时选较小的背吃刀量（粗切或半精修后的余量）。

②根据刀具耐用度确定最佳的切削速度，并按照刀具直径大小计算出主轴转速。

③最后选择进给量和确定进给速度，粗切时根据机床动力和刚性的限制条件等，选取尽可能大的进给量；精修时根据已加工表面的粗糙度要求，选取较小的进给量。

2. 切削用量的选择方法

(1) 背吃刀量（端铣）或侧吃刀量（圆周铣）的选择

背吃刀量a_p为平行于铣刀轴线测量的切削层尺寸，单位为mm。端铣时，a_p为切削层深度；而圆周铣削时，a_p为被加工表面的宽度。

侧吃刀量a_e为垂直于铣刀轴线测量的切削层尺寸，单位为mm。端铣时，a_e为被加工表面宽度；而圆周铣削时，a_e为切削层的深度。

背吃刀量或侧吃刀量的选取主要由加工余量和对表面质量的要求决定。

①在工件表面粗糙度值要求为Ra = 12.5 ~ 25μm时，如果圆周铣削的加工余量小于5mm，端铣的加工余量小于6mm，则粗铣一次进给就可以达到要求。但在余量较大，工艺系统刚性较差或机床动力不足时，可分两次进给完成。

②在工件表面粗糙度值要求为Ra = 3.2 ~ 12.5μm时，可分粗铣和半精铣两步进行。

粗铣时背吃刀量或侧吃刀量选取同前。粗铣后留0.5～1.0mm余量，在半精铣时切除。

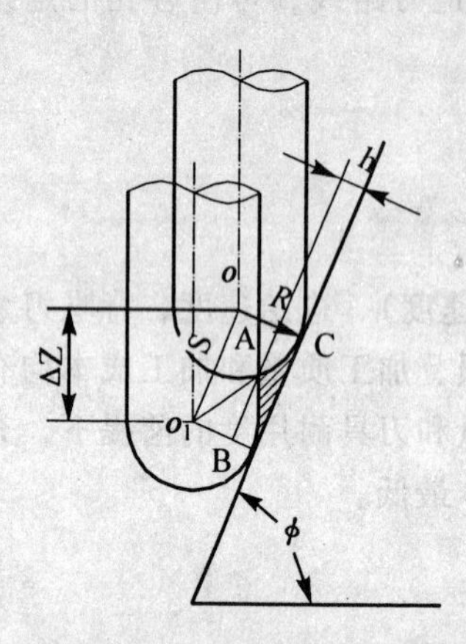

图6-49 斜面行距

③在工件表面粗糙度值要求为Ra=0.8～3.2μm时，可分粗铣、半精铣、精铣三步进行。半精铣时背吃刀量或侧吃刀量取1.5～2mm；精铣时圆周铣侧吃刀量取0.3～0.5mm，面铣刀背吃刀量取0.5～1mm。

采用球刀分层加工锥面或曲面时，行间吃刀深度ΔZ、球刀半径R及残留高度h（表面粗糙度）之间的关系见图6-49所示。由$\triangle O_1AB$有：

$$R^2 = (R-h)^2 + (S/2)^2$$

展开并略去二阶无穷小h^2，可得到： $S = 2\sqrt{2Rh}$

则： $\Delta Z = S\sin\phi = 2\sqrt{2Rh}\sin\phi$

其中ϕ——斜面的倾角，加工曲面时，ϕ角取决于曲面在该段上切线的斜率；若用SR5的球刀、45°的倾角，以表面残留高度0.01mm的控制精度，则ΔZ可取0.45mm。

（2）切削速度Vc（m/min）的选择与主轴转速S（r/min）的确定

切削速度是根据刀具耐用度来选择的，通常是根据刀具材质、工件材质及切深大小查阅刀具切削用量手册的经验数据而获得。表6-9列出了某AP—16系列高速铣削机夹刀片铣刀的切削参数。

表6-9 **AP—16系列高速铣削刀片的切削参数**

工件材质	刀片材质	切削速度Vc（m/min）	每刃进给量f_z（mm/r）	切深a_p（mm）
P类低合金钢	超微碳化钨	120～300	0.15～0.40	3.0～8.0
	K30、P30～45	90～200	0.10～0.35	3.0～8.0
P类合金钢	超微碳化钨	80～180	0.15～0.35	3.0～8.0
	K30、P30～45	60～110	0.10～0.25	3.0～8.0
M类不锈钢	超微碳化钨	120～160	0.15～0.35	3.0～8.0
	K30、P30～45	120～180	0.12～0.30	3.0～8.0
K类铸铁	超微碳化钨	160～250	0.15～0.30	3.0～8.0
	K30、P30～40	100～200	0.12～0.25	3.0～8.0
N类铝合金	K10	300～600	0.04～0.20	3.0～8.0
S类高温合金	K30、P30～45	35～60	0.08～0.22	0.5～1.5

查表获得切削速度Vc后，可按式（5-1）计算出铣床主轴转速S（r/min）。

在选择切削速度时，还应考虑以下几点：

①应尽量避开积屑瘤产生的区域；

②断续切削时，为减小冲击和热应力，要适当降低切削速度；

③在易发生振动的情况下，切削速度应避开自激振动的临界速度；

④加工大件、细长件和薄壁工件时，应选用较低的切削速度。

（3）进给量 f（mm/r）与进给速度 F（mm/min）的选择

铣削加工的进给量是指刀具转一周，工件与刀具沿进给运动方向的相对位移量；进给速度是单位时间内工件与铣刀沿进给方向的相对位移量。进给量与进给速度是数控铣床加工切削用量中的重要参数，根据零件的表面粗糙度、加工精度要求、刀具及工件材料等因素，参考切削用量手册选取或参考表 6-9 选取。工件刚性差或刀具强度低时，应取小值。铣刀为多齿刀具，其进给速度 F、主轴转速 S、刀具齿数 z 及进给量 f 的关系为

$$F = Szf_z$$

式中：f_z 为铣刀每齿进给量（mm/z）

在选择进给速度时，还应注意零件加工中的某些特殊因素。

（1）在高速进给的轮廓加工中，由于工艺系统的惯性，在轮廓拐角处容易产生"超程"（即切外凸表面时在拐角处出现少切）和"过切"（即切内凹表面时在拐角处出现多切）现象，如图 6-50。为此，应在接近拐角处适当降低进给速度，在拐角后逐渐升速，以保证加工精度。

（2）加工圆弧段时，由于圆弧半径的影响，切削点的实际进给速度 V_T 并不等于选定的刀具中心的进给速度 F，由图 6-51 可知，加工外圆弧时，切削点的实际进给速度为：

$$V_T = \frac{R}{R+r}F$$

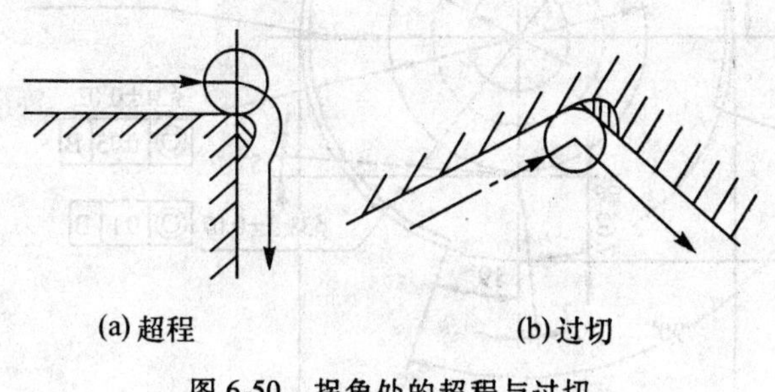

(a) 超程　　(b) 过切

图 6-50　拐角处的超程与过切

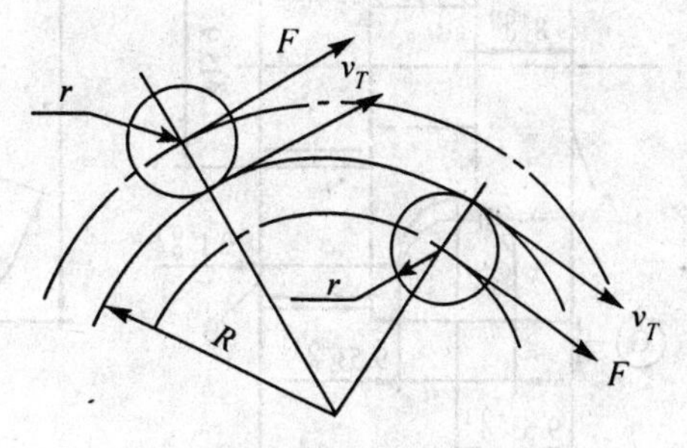

图 6-51　圆弧切削时的进给速度

即 $V_T < F$，而加工内圆弧时，由于

$$V_T = \frac{R}{R-r}F$$

即 $V_T < F$，如果内转角半径接近刀具半径，则切削点的实际进给速度将变得非常大，有可能损伤刀具或工件，因此，应适当降低内圆弧铣削的进给速度。

第四节　典型零件的数控铣削工艺

一、连接臂零件的数控铣削加工工艺

1. 连接臂零件的加工工艺性分析

如图 6-52 所示的连接臂零件具有较复杂的外形轮廓和一定位置精度要求的槽、孔，

除上下两面加工内容外还有侧孔及侧面槽形需要加工，零件小而不便于夹持，且有薄壁，加工有一定的难度，需要使用数控铣床或加工中心进行加工。该零件批量生产时，尺寸 $\phi20.8^{+0.02}$ 为 IT7 级，需要定制铣刀进行插铣加工；$\phi13.5^{+0.03}_{+0.01}$ 为 IT7 ~ 8 级，需要定制专用铰刀加工；$\phi24\pm0.02$ 为 IT8 ~ 9 级，可用标准合金立铣刀插铣加工，其余尺寸精度相对偏低。在形位公差方面，$\phi24\pm0.02$ 的孔与 $\phi9.60_{-0.05}$ 的孔有一定的同轴度要求，$\phi13.5^{+0.03}_{+0.01}$ 的孔与底平面和 $\phi20.8^{+0.02}$ 的孔底平面有垂直度要求，有相互位置关系的槽孔需要一次装夹中先后加工出来。侧面螺孔为美制螺纹，需预钻底孔后采用美制丝锥加工；侧面缺口槽有一定的角度方位要求，需要带数控转台的卧式数控铣床或制作专用夹具定向加工；正面宽 $1.27^{+0.1}$ 的窄槽可在侧面加工时用三面刃锯片铣刀加工。

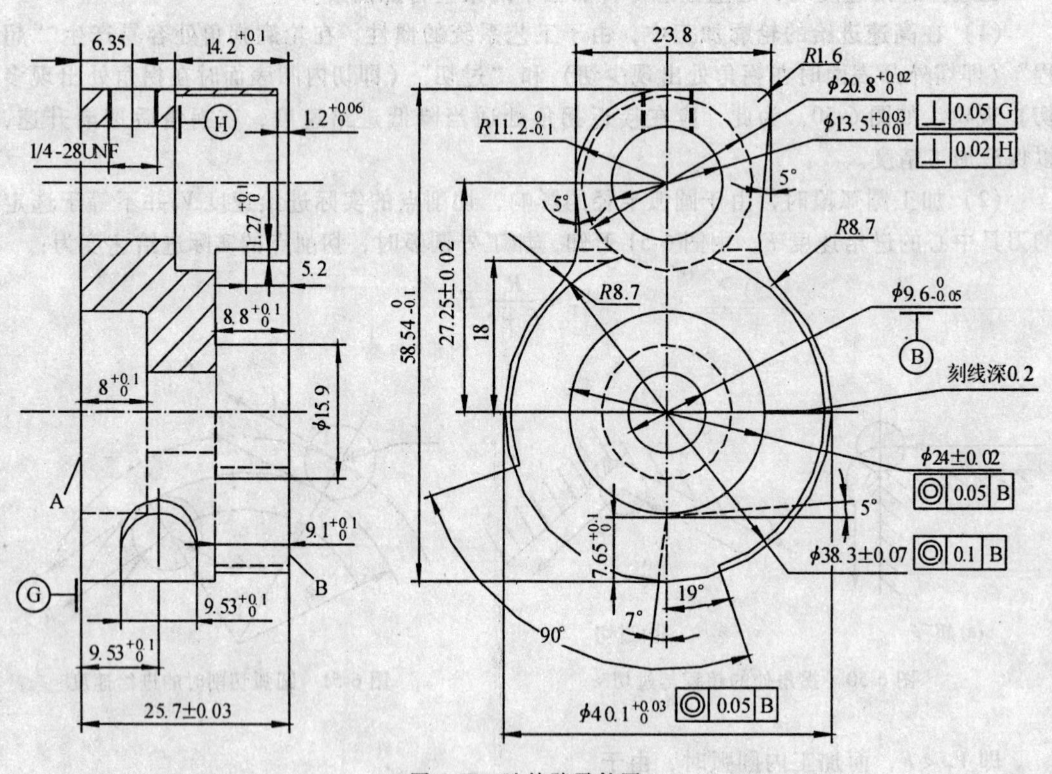

图 6-52　连接臂零件图

该零件的轮廓描述清晰，尺寸标注完整。材料为 40CrMo，切削加工性能一般，需调质作预备热处理。

2. 连接臂零件的加工工艺

由于该零件小且有薄壁，进行内外槽形加工时夹持也极不方便，可考虑多件组合加工后由线切割加工外轮廓并实现分割的工艺安排。以较大矩形尺寸备料，在废料区增添工艺销孔作为正反面加工的定位，割出外形后再单件进行侧面槽孔的加工。这样既解决了夹持问题，又降低了坯料的成本，采用线切割分离同时也解决了薄壁加工变形的可能性。该零件总体加工工艺安排见表 6-10。

表 6-10　　连接臂零件的机械加工工艺

序号	工序名称	工序内容	夹具	设备
1	备料	Φ100 圆棒料		锯床
2	锻	锻：156×75×32		锻锤
3	热处理	热处理：调质 HB265～285		
4	铣四面	铣四面：156×68×26.2		普通铣床
5	磨上下面	磨上、下大平面、厚度 25.7±0.01		平面磨床
6	A 面工艺销孔、沉孔加工	点中心、钻引孔、钻穿丝孔、粗沉孔、铰孔、沉孔精修、刻线		数控铣床/加工中心
7	B 面槽孔加工	粗沉孔、铣台肩、铣缺口、钻孔、铰孔精修沉孔及台肩、精修缺口及环槽	一面两销	数控铣床/加工中心
8	线切割	割外形到位	一面两销	线切割机床
9	侧面槽孔加工	转位铣侧槽、点中心、钻螺纹底孔攻丝、铣窄槽	一面两销专用定位板	卧式铣床/加工中心
10	钳工	去毛刺等		
11	检			
12	表面处理	表面发黑处理		

(1) A 面工艺销孔、沉孔加工

如图 6-53 所示是按照三件组合排列的工序尺寸图,可利用台钳夹固方式,按点中心→钻引孔→钻穿丝孔→粗沉孔→铰孔→沉孔精修→刻线的工步顺序在数控铣床或加工中心上进行加工,加工工序卡片见表 6-11。大批量生产时,还可以进行错位对排以节省材料。

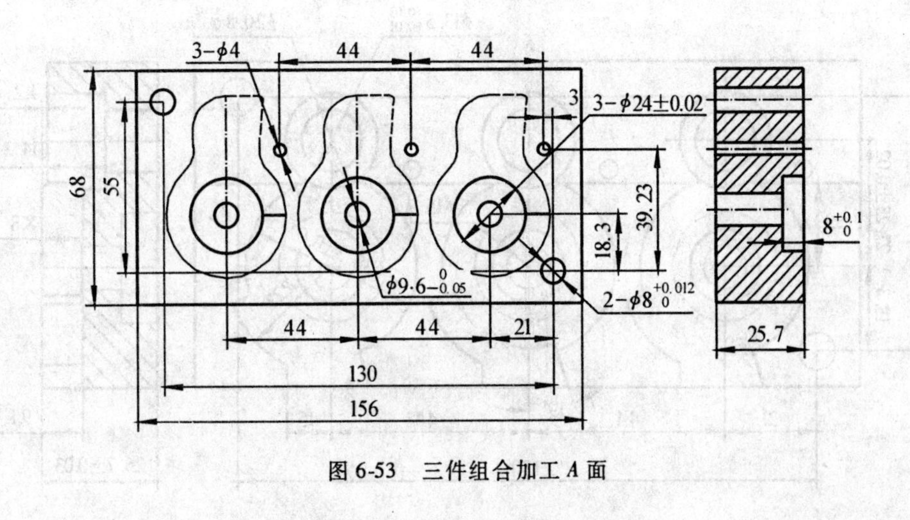

图 6-53　三件组合加工 A 面

表 6-11　　*A* 面工艺销孔、沉孔加工工序卡片

工厂名称		产品名称或代号		零件名称		零件图号	
				连接臂			
工序	程序编号	夹具名称		使用设备		车间	
6		台　钳		XH713A		数控	
工步	工　步　内　容	刀具号	刀具规格	主轴转速 r/min	进给速度 mm/min	切削深度 mm	备注
1	定心钻点中心	T1	ϕ16 中心钻				
2	钻工艺销孔：2 - ϕ7.8	T2	ϕ7.8 钻头			30	
3	钻底孔 3 - ϕ9.3	T3	ϕ9.3 钻头			30	
4	钻穿丝孔：3 - ϕ4	T4	ϕ4 钻头			28	
5	粗沉孔：ϕ22	T5	ϕ22 键槽刀			7.8	
6	沉孔精修：3 - ϕ24 ± 0.02	T6	合金铣刀 ϕ12	300	30	8	
7	铰工艺销孔：2 - $\phi8_{0}^{+0.012}$	T7	铰刀 $\phi8_{0}^{+0.012}$			28	
8	铰孔 $\phi9.6_{-0.05}$	T8	铰刀 $\phi9.6_{-0.05}$			28	
9	刻线	T9	球刀 SR1			0.2	
编制		审核		批准	年　月　日	共　页	第　页

（2）*B* 面槽孔加工

如图 6-54 所示是 *B* 面加工工序示意图，利用一面两销定位，压板螺钉固定，按粗沉孔→铣台肩→点中心→钻孔→铣缺口→铰孔→台肩面、沉孔精修→缺口、环槽精修的工步顺序在数控铣床或加工中心上进行加工。加工工序卡片见表 6-12。

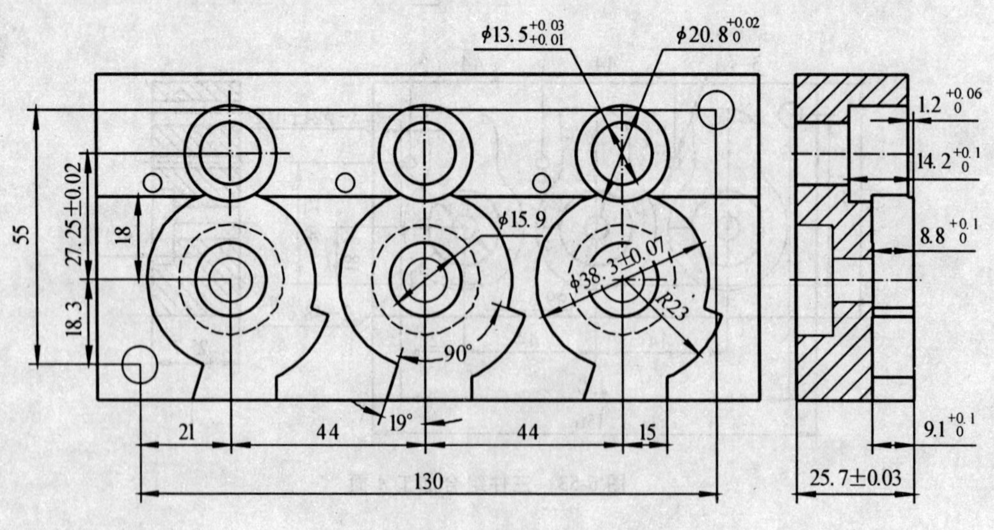

图 6-54　*B* 面槽孔加工

表 6-12 **B 面槽孔加工工序卡片**

工厂名称		产品名称或代号		零件名称		零件图号	
				连接臂			
工序	程序编号	夹具名称		使用设备		车间	
7		一面两销/压板螺钉		XH713A		数控	
工步	工步内容	刀具号	刀具规格	主轴转速 r/min	进给速度 mm/min	切削深度 mm	备注
1	沉孔 $\phi38$	T1	$\phi38$ 键槽刀			8.6	
2	粗铣台肩面	T2	$\phi40$ 立铣刀			1.0	
3	点中心	T3	$\phi16$ 中心钻				
4	钻孔 $\phi13.3$	T4	$\phi13.3$ 钻头			30	
5	沉孔 $\phi20$、铣缺口	T5	$\phi20$ 键槽刀			14/7.8	
6	铰孔：$\phi13.5^{+0.03}_{+0.01}$	T6	铰孔：$\phi13.5^{+0.03}_{+0.01}$			28	
7	精修台肩面	T7	$\phi40$ 合金铣刀			1.2	
8	精修沉孔 $\phi20.8_{0}^{+0.02}$、沉孔 $\phi38.3\pm0.07$、缺口	T8	$\phi12$ 合金铣刀			14.2/8.8	
9	精修 $\phi15.9$ 外环槽及缺口	T9	$\phi10$ 合金铣刀			9.1	
编制		审核		批准		年 月 日	共 页 第 页

(3) 线切割外形

从穿丝孔开始逐件割取外形，以封闭轮廓形式切割能较好的预防开口变形问题，利于保证外形精度和薄壁的质量。

(4) 侧面槽孔加工

侧面槽孔加工时，需要按照零件上的孔位设计制作一面两销的专用定位工艺板，以方便定位和对刀。定位板结构及各方位加工控制关系如图 6-55 所示，按照转位铣侧斜槽→点中心→钻螺纹底孔→攻丝→铣窄槽的工步顺序在卧式转台数控铣床或加工中心上加工。按图示工艺要求设计确定并由线切割加工出专用定位工艺板，通过一面两销使得工件在定位工艺板上具有确定的位置，各对刀面距离 X1 ~ X3、Y1 ~ Y3、Z1 ~ Z3，也即具有确定的尺寸值，可非常方便的控制下刀深度和横向位置。侧面槽孔加工工序卡片见表 6-13。

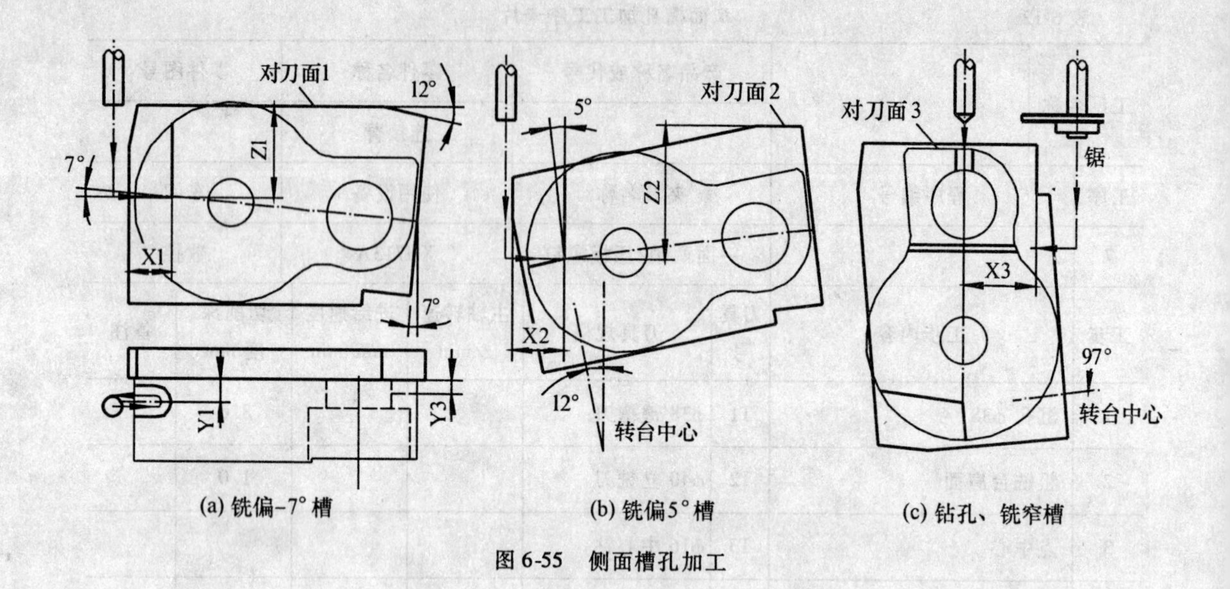

(a) 铣偏-7°槽　　(b) 铣偏5°槽　　(c) 钻孔、铣窄槽

图 6-55　侧面槽孔加工

表 6-13　　　　侧面槽孔加工工序卡片

工厂名称		产品名称或代号		零件名称		零件图号	
				连接臂			
工序	程序编号	夹具名称		使用设备		车间	
9		专用定位板/压板螺钉		TH6350		数控	
工步	工步内容	刀具号	刀具规格	主轴转速 r/min	进给速度 mm/min	切削深度 mm	备注
1	铣偏 -7°槽，偏 5°槽	T1	ϕ8 立铣刀			Z1/Z2	
2	精铣偏 -7°槽，偏 5°槽	T2	ϕ8 合金铣刀			Z1/Z2	
3	转 90°，点中心孔口倒角	T3	ϕ16 中心钻				
4	钻底孔 ϕ5.6	T4	ϕ5.6 钻头			-7	
5	攻丝：美制螺纹 1/4-28UNF	T5	美制丝锥			-6	
6	锯片铣槽：槽宽 1.37	T6	锯片铣刀 ϕ80			-20.5	
编制		审核		批准	年 月 日	共 页	第 页

3. 选择切削用量

切削用量的选用见对应的工序卡片。

二、基座零件的数控铣削加工工艺

1. 基座零件的加工工艺性分析

图 6-56 所示为搓丝机构的基座零件，该零件与前述连接臂零件通过销轴装配在一起，

具有一定的装配关系要求。连接臂在一定范围内往复摆动驱动搓丝机构，摆动范围由刻线显示，配合面间呈间隙配合，由侧面螺销限位。基座前侧为摆杆运动开设了足够的活动空间，整个基座通过后侧燕尾与机架装配。作为搓丝机构的座体，要求有足够的刚性，基座和运动部件要求有足够的耐磨损性能、耐腐蚀性能，材料采用40CrMo。为保证部件运转灵活可靠，对基座及连接臂等零件的位置精度及尺寸精度提出了较高的要求。

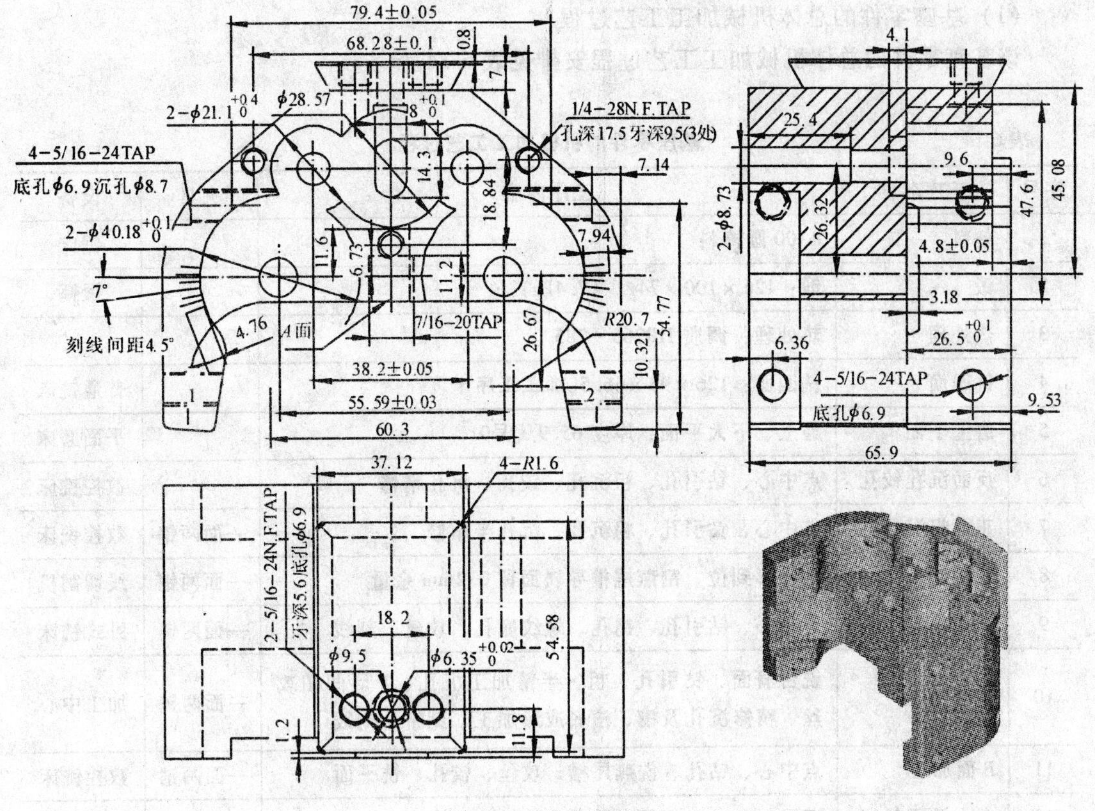

图6-56　基座零件图

由基座零件图可以看出，该零件有几处孔位尺寸，配合孔尺寸精度要求较高，它们分别是55.59±0.03（IT8～9）38.2±0.05（IT9～10），销轴孔 $\phi9.6^{0}_{-0.05}$（IT9～10），与连接臂间隙配合的孔 $\phi40.18^{+0.1}_{0}$（IT10），后侧孔 $\phi6.35^{+0.02}_{0}$（IT8）。所有螺纹孔均为美制螺纹，需按图纸要求选配好对应的美制丝锥。前侧 *R*20.7 厚 26.5 的让位槽需用“T”形槽刀加工，因余量较大，加工具有一定难度，从前侧到后侧贯穿孔的底孔台肩较深，同样给加工增加了难度；后侧燕尾槽用燕尾槽刀加工，刻线分度可采用尖刀或球刀加工。整个零件从尺寸精度和加工难易程度考虑，采用数控铣削加工或用加工中心加工比较合适。

该零件的轮廓描述清晰，尺寸标注完整。材料为40CrMo，切削加工性能稍差，需作调质处理以改善加工性能。

通过上述对图纸的分析，数控铣削中需采取以下几点工艺措施：

（1）工件上 $\phi9.6^{0}_{-0.05}$ 的孔、$\phi6.35^{+0.02}_{0}$ 的孔需作预孔后定制专用铰刀精铰。

（2）前侧 *R*20.7 厚 26.5 的让位槽需定制“T”形槽刀加工，刀具厚度即为26.5mm，考虑余量较大，应在径向分次逐步减少余量进行加工。

(3) 从前侧到后侧贯穿的深台肩底孔，应在上部槽形还未加工的情形下先行做出，以避免先挖槽后钻头经过空端后产生漂移。

(4) 因涉及多次换面装夹加工，应先将 $\phi 9.6^{0}_{-0.05}$ 的销轴孔加工到位，制作一个简单的"一面两销"定位夹具在每道工序的装夹中使用。

2. 基座零件加工工艺过程分析与设计

(1) 基座零件的总体机械加工工艺过程

该基座零件的总体机械加工工艺过程安排见表 6-14。

表 6-14 基座零件的机械加工工艺过程

序号	工序名称	工序内容	夹具	设备
1	备料	ϕ100 圆棒料		锯床
2	锻	锻：126×100×74 (7.4kg)		锻锤
3	热处理	热处理：调质 HB265～285		
4	铣四面	铣四面：126×95×66.5		普通铣床
5	磨上下面	磨上、下大平面：厚度 65.9±0.01		平面磨床
6	反面沉孔铰孔	点中心、钻引孔、粗沉孔、铰孔、沉孔精修		数控铣床
7	正面粗沉孔	点中心、钻引孔、粗沉孔、沉孔半精修	一面两销	数控铣床
8	线切割	割外形到位、割燕尾槽导轨面留 0.2mm 余量	一面两销	线切割机
9	*A* 面加工	点中心、钻引孔、锪孔、螺纹底孔、攻丝、刻线	一面两销	卧式铣床
10	正面加工	铣台肩面、钻引孔、粗、半精加工沉孔、T 形凹槽攻丝、精修沉孔及槽、槽底成形加工、刻字、刻线	一面两销	加工中心
11	*B* 面加工	点中心、钻孔、铣燕尾槽、攻丝、铰孔、铣平面	一面两销	数控铣床
12	左右侧面加工	沉孔、点中心、钻底孔、攻丝	一面两销	卧式铣床
13	雕刻	刻标记字		雕铣机
14	钳工	去毛刺等		
15	检			
16	表面处理	表面发黑处理		

该零件为块状厚料，材料 40CrMo 切削加工性能稍差，锻打后需要调质处理改善材料性能，控制硬度在 HB265～285，且要求调质处理透彻，使得零件中心部位易于切削。锻成方料后，上下平面应先粗铣再用平面磨床磨削到厚度尺寸。由于料厚，形状较大，整个外形采用正反面接刀铣削既困难又不易保证外观质量，因此可考虑用线切割加工外形到位，垂直方向的燕尾槽也可一起预切出来，但为保证整个燕尾槽形的连续性要求，线切割燕尾槽部分应留单边 0.2mm 的余量，待以后用燕尾槽刀一次连续性走刀得到完整的燕尾槽形。

该零件铣削加工先从反面开始，将反面沉孔粗、精加工到位，且将定位基准用的两销轴孔 $\phi 9.6^{0}_{-0.05}$先加工出来，待反面所有加工内容完成后即翻面以一面两销定位对正面沉孔作粗切和半精修，以减轻后续线切割加工的切削量。由于从 A 面到 B 面有一贯通孔，根据孔形要求需从 A 面作深孔钻削和锪孔，由于该孔被正面沉孔槽隔断为两部分，若先将沉孔做出后再从 A 面钻孔则易产生漂移，无法保证孔位和孔形尺寸，因此在工艺上安排先不加工正面的沉孔槽，待 A 面钻孔完成后再加工正面沉孔槽。当线切割加工已将 A 面割出后，即可先开始进行 A 面加工。

整个零件加工顺序安排为：反面沉孔粗、精加工→正面粗沉孔加工→线切割加工外形→A 面孔加工→正面粗、精加工→B 面加工→侧面加工→后续辅助工序。

（2）反面沉孔粗、精加工

反面粗、精加工是为后续工序加工定位基准（2-$\phi 9.6^{0}_{-0.05}$孔）的，如图 6-57 所示是该工序尺寸示意图。本工序毛坯是经过前后侧铣削和上下面磨削的，可用台钳装夹固定，按点中心→钻引孔→扩孔→锪孔→粗沉孔→铰孔→沉孔精修的工步顺序在数控铣床或加工中心上进行加工。由于零件刚性较大，后续工序中粗切产生的影响较小，所以本工序已将反面的粗、精加工全部内容都预先完成。定位基准孔由专用铰刀加工保证精度，后续工序按“基准统一”的工艺原则，全部采用一面两销的定位方式。本工序的加工工序卡片见表 6-15。

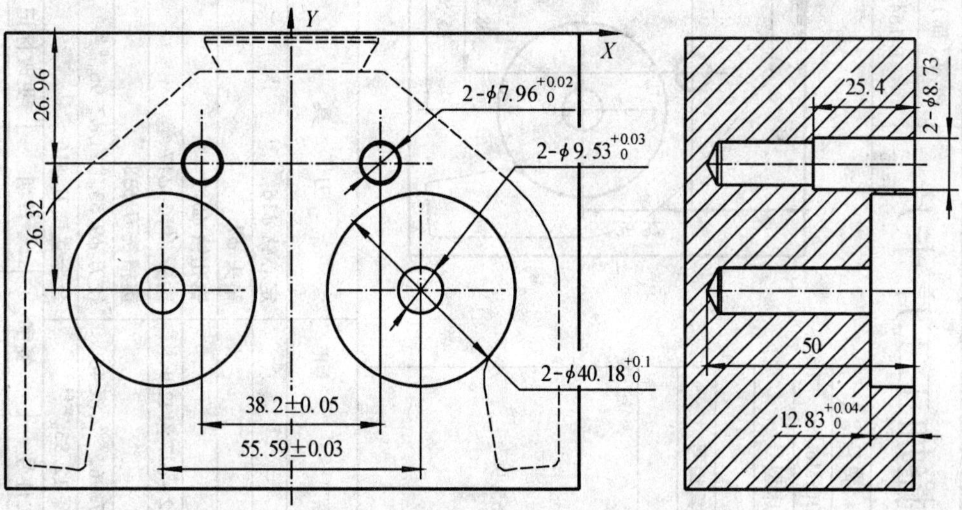

图 6-57　反面沉孔粗、精加工工序尺寸

（3）正面粗沉孔加工

正面粗沉孔加工主要是为减轻后续线切割加工的切削量，降低线切割成本的，如图 6-58 所示是该工序加工尺寸示意图。本工序利用一面两销定位、压板螺钉夹固，按点中心→钻引孔→粗沉孔→沉孔半精修的工步顺序在数控铣床或加工中心上进行加工。其加工工步安排如下：

1）用 $\phi 16$ 的定心钻点中心

2）用 $\phi 17$ 的钻头钻两个引孔、钻孔深度 26.5mm

表 6-15　　反面沉孔粗、精加工工序卡

产品名称	数控加工工序卡片	零(部)件图号	零(部)件代号	工序名称	工序号
头体		E-16451-M		反面沉孔铰孔	6
材料名称	材料牌号				
钢	40CrMo				
机床名称	机床型号				
加工中心					
夹具名称	夹具编号				
备注	毛坯:126×95×65.9				

Y
X
26.96
26.32
2-$\phi7.96_{0}^{+0.02}$
2-$\phi9.53_{0}^{+0.03}$
2-$\phi40.18_{0}^{+0.1}$
38.2±0.05
55.59±0.03
25.4
2-$\phi8.73$
50
$12.83_{0}^{+0.04}$

工步	工作内容	刀　具	量　具	主轴转速 S (r/min)	切削深度	进给速度 F (mm/min)	自检频次
1	定心钻点中心	定心钻 $\phi16$	0～150 游标卡尺		-1.5		
2	钻引孔:2-$\phi7$,深 50	钻头 $\phi7$			-50		
3	锪孔:2-$\phi8.73$,深 25.4	锪孔钻 $\phi8.7$			-25.4		
4	钻引孔:2-$\phi9.3$ 深 50,扩孔 2-$\phi17$ 深 12.9	钻头 $\phi9.3$,$\phi17$	深度卡		-50,-12.9		
5	粗沉孔:2-$\phi38$、深 12.5	键槽铣刀 $\phi38$		300	-12	30	
6	铰孔 2-$\phi9.53_{0}^{+0.03}$,2-$\phi7.96_{0}^{+0.02}$,深 46	铰刀 $\phi9.53_{0}^{+0.03}$,$\phi7.96_{0}^{+0.02}$	通止规		-46		
7	沉孔精修 2-$\phi40.18_{0}^{+0.1}$ 深 $12.83_{0}^{+0.04}$	合金立铣刀 $\phi16$	内径千分尺,深度尺		-12.83		

更改标记	数量	文件号	签字	日期	更改标记	数量	文件号	签字	日期

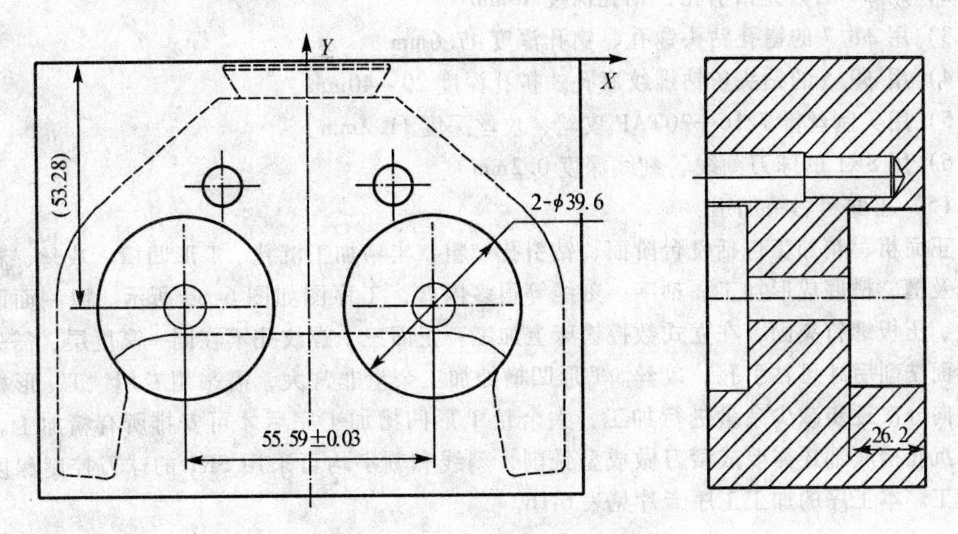

图 6-58　正面粗沉孔加工工序尺寸

3）用 ϕ38 的键槽铣刀插铣加工沉孔、沉孔深度 25.8mm

4）用 ϕ16 的合金立铣刀半精修沉孔到直径 ϕ39.6，深度为 26.2mm

（4）*A* 面孔加工

当外形经线切割加工完成获得 *A* 面后，即可进行 *A* 面的钻孔及刻线加工。如图 6-59 所示，*A* 面仅有一穿向 *B* 面的深孔加工，可以一面两销定位、压板螺钉夹固，在卧式数控铣床上加工。其加工工步安排如下：

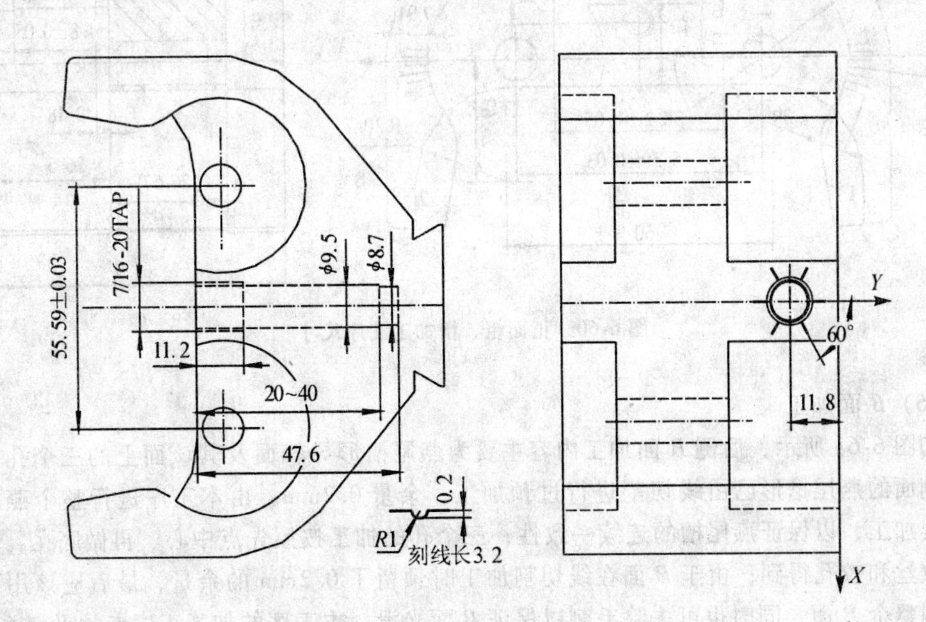

图 6-59　*A* 面孔加工工序尺寸

1）用 ϕ16 的定心钻点中心

2）用 $\phi6$ 的钻头钻引孔、钻孔深度 48mm

3）用 $\phi8.7$ 的锪孔钻头锪孔、锪孔深度 47.6mm

4）用 $\phi9.5$ 的钻头扩钻螺纹底孔、扩孔深度 20～40mm

5）用美制丝锥 7/16—20TAP 攻丝、攻丝深度 11.2mm

6）用 SR1 的球刀刻线、刻线深度 0.2mm

（5）正面粗、精加工

正面粗、精加工包括铣台阶面、钻引孔、粗、半精加工沉孔、T 形凹槽、攻丝、精修沉孔及槽、槽底成形加工、刻字、刻线等很多内容，工序图如图 6-60 所示。以一面两销定位、压板螺钉夹固，在立式数控铣床上加工。正面三个螺纹孔不在同一高度层，需先将台阶面铣削后才可钻引孔、攻丝。T 形凹槽处加工余量非常大，需采用专用“T”形槽刀由径向分次逐步减少余量进行加工，大余量 T 形凹槽加工完后才可安排所有精加工。另外，沉孔槽底部还需要成型刀做成型铣削，刻线和刻字均可采用 SR1 的球刀控制深度进行加工。本工序的加工工序卡片见表 6-16。

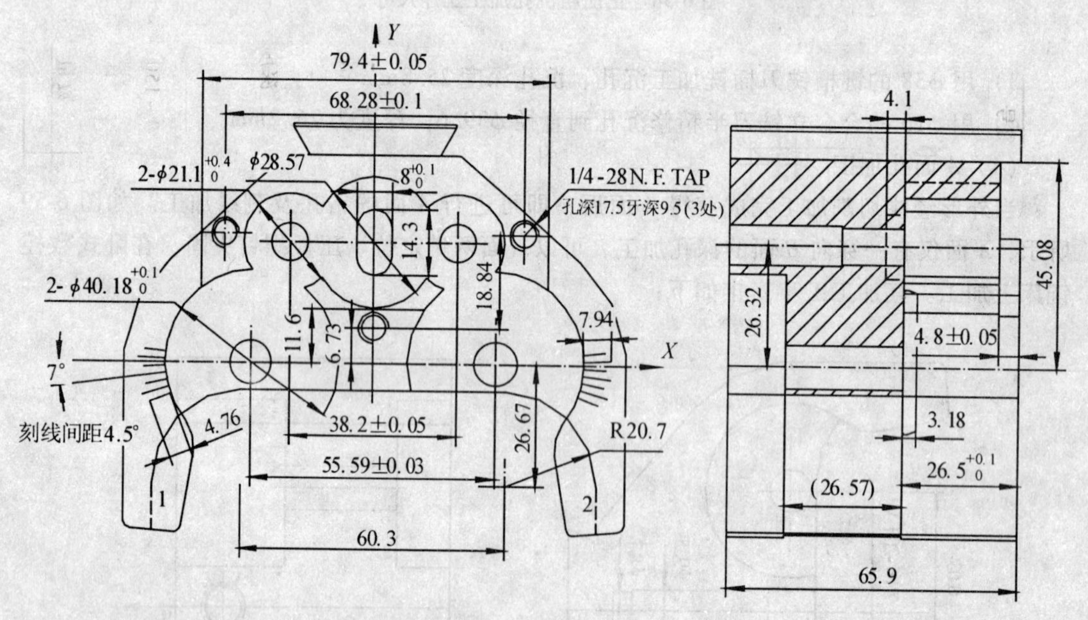

图 6-60　正面粗、精加工工序尺寸

（6）*B* 面加工

如图 6-61 所示，后侧 *B* 面加工内容主要为燕尾槽形导轨面及其该面上的三个孔的加工。侧面的燕尾槽形已由线切割进行过预加工，余量 0.2mm，由本工序进行整个燕尾槽的连续加工，以保证燕尾槽的连续一致性；三个孔的加工按照先点中心、再做底孔，然后分别攻丝和铰孔得到；由于 *B* 面在线切割加工时预留了 0.2mm 的余量，最后应该用面铣刀铣削整个 *B* 面，同时也可去除毛刺以保证 *B* 面光滑。本工序的加工工序卡片见表 6-17。

（7）侧面加工

如图 6-62 所示，左右侧面几个螺钉孔中，有两个是处在曲面部位的，不能用钻头直接引钻，需要先用铣刀将沉孔加工出来后才可点孔、引孔后攻丝。侧面标记文字线条间距

表 6-16　　**正面粗、精加工工序卡**

产品名称	数控加工工序卡片	零(部)件图号	零(部)件代号	工序名称	工序号
头体		E-16451-M		正面加工	12

材料名称	材料牌号
钢	40CrMo
机床名称	机床型号
加工中心	
夹具名称	夹具编号

Y
79.4±0.05
68.28±0.1
2-ϕ21.1 $^{+0.4}_{0}$
ϕ28.57
8 $^{+0.1}_{0}$
14.3
18.84
2-ϕ40.18 $^{+0.1}_{0}$
11.6
6.73
7.94
X
7°
刻线间距 4.5°
4.76
38.2±0.05
26.67
R20.7
55.59±0.03
60.3
1
2
1/4-28N.F.TAP
孔深 17.5 牙深 9.5(3 处)
4.1
45.08
26.32
4.8±0.05
3.18
26.5 $^{+0.1}_{0}$
(26.57)
65.9

备注：线切割后毛坯
两销孔 ϕ9.53 定位
(螺孔深度及牙深为相对深度)

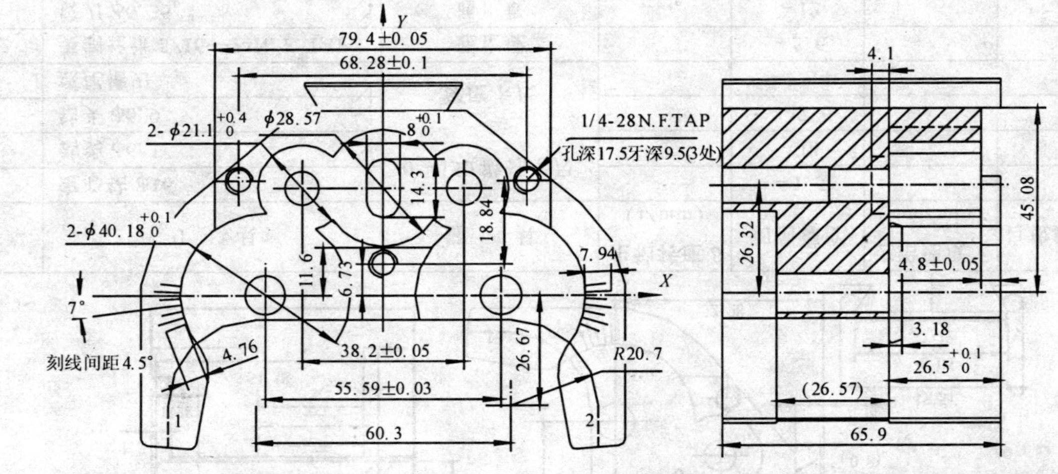

工步	工作内容	刀　具	量　具	主轴转速 S (r/min)	切削深度	进给速度 F (mm/min)	自检频次
1	铣台阶面,深 4.5	键槽刀 ϕ16	0～150 游标卡尺		-4.5		
2	钻引孔:3-ϕ17 深 26.5,3-ϕ5.4 深 17.5/22.5	钻头 ϕ17,ϕ5.4			-26.5,-17.5/-22.5		
3	粗沉孔:2-ϕ20,ϕ26 深 26	键槽铣刀 ϕ20,ϕ26		300	-26	30	
4	粗精铣凹弧槽 R20.7	T 形槽刀	深度卡尺		-53.07		
5	半精修沉孔到 ϕ20.7,ϕ28 深为 26.2	键槽铣刀 ϕ20			-26.2		
6	攻丝 1/4-28 深 9.5,14.5	美制丝锥 1/4-28N. F. TAP	通止规		-9.5,-14.5		
7	精修各沉孔,台阶面,粗、精铣腰形槽到尺寸	合金立铣刀 ϕ16,ϕ8	0～150 游标卡尺				
8	槽底成型加工	成型铣刀	深度尺		-26.5		
9	改装夹、刻字,刻线	球刀 SR1			-0.2		

更改标记	数量	文件号	签字	日期	更改标记	数量	文件号	签字	日期

表 6-17　　**B 面加工工序卡**

产品名称	机械加工工序卡片	零(部)件图号	零(部)件代号	工序名称	工序号
头体		E-16451-M		B 面加工	13

材料名称	材料牌号
钢	40CrMo
机床名称	机床型号
卧式加工中心	TH6350
夹具名称	夹具编号

X
4-R1.6
2-5/16-24N.F.TAP
牙深 5.6 底孔 ϕ6.9
Y
$\phi6.35_0^{+0.02}$
18.2
37.12
1.2
11.8
54.58
55.59±0.03
1
2
60°
Z
(0.8)
7.14
52.28
63
55.51
54.58
ϕ4.75
45.54
38.05
37.12

备注：线切割后毛坯，厚 65.9
两销孔 ϕ9.53 定位

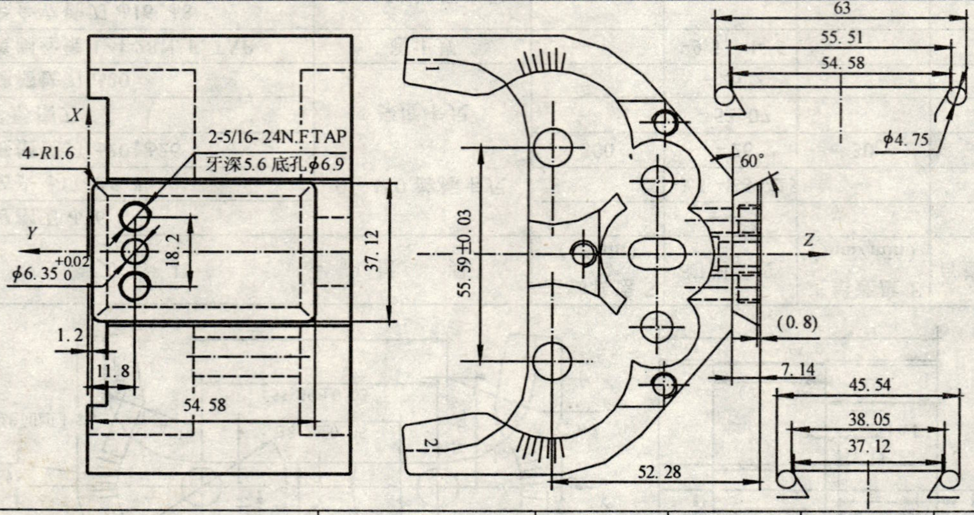

工步	工作内容	刀具	量具	主轴转速 S (r/min)	切削深度	进给速度 F (mm/min)	自检频次
1	点中心	定心钻 ϕ16	0～150 游标卡尺		-1.5		
2	钻孔：ϕ6.1 深 14	钻头 ϕ6.1			-14		
3	钻螺纹底孔 ϕ6.9 深 20	钻头 ϕ6.9	深度卡尺		-47.6		
4	粗精铣燕尾槽	燕尾槽刀			-7.14		
5	攻丝 5/16—24N. F. TAP 深 5.6	美制丝锥 5/16—24N. F. TAP	通止规		-5.6		
6	铰孔 $\phi6.35_0^{+0.02}$	铰刀 $\phi6.35_0^{+0.02}$	通止规		-12		
7	铣平面	面铣刀 ϕ80			0		

更改标记	数量	文件号	签字	日期	更改标记	数量	文件号	签字	日期

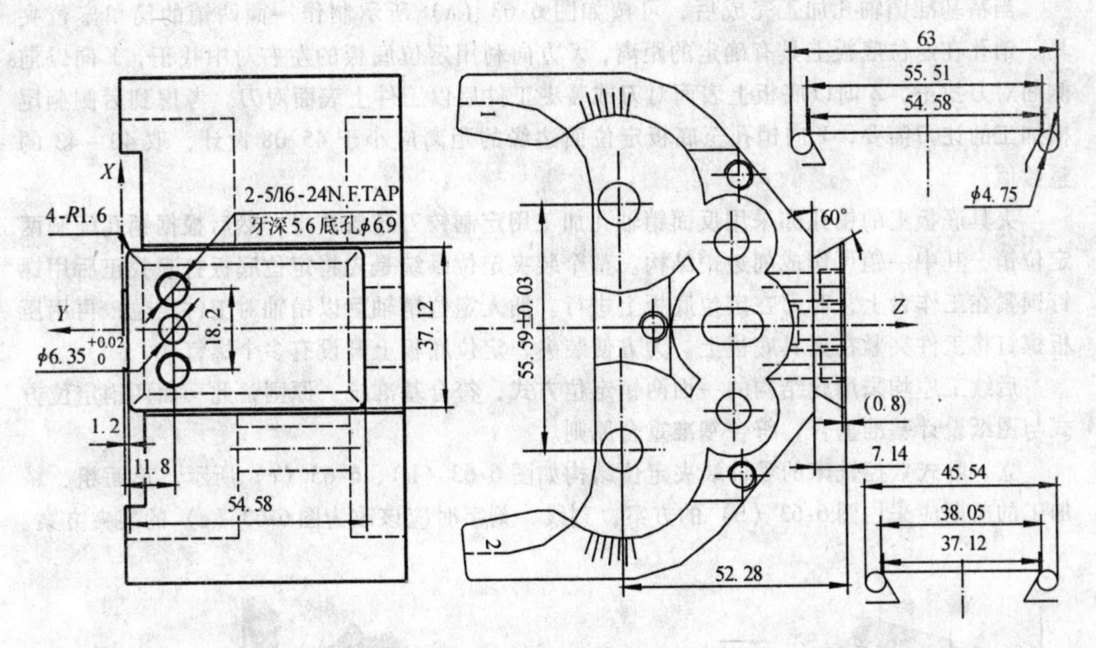

图6-61　B面加工工序尺寸

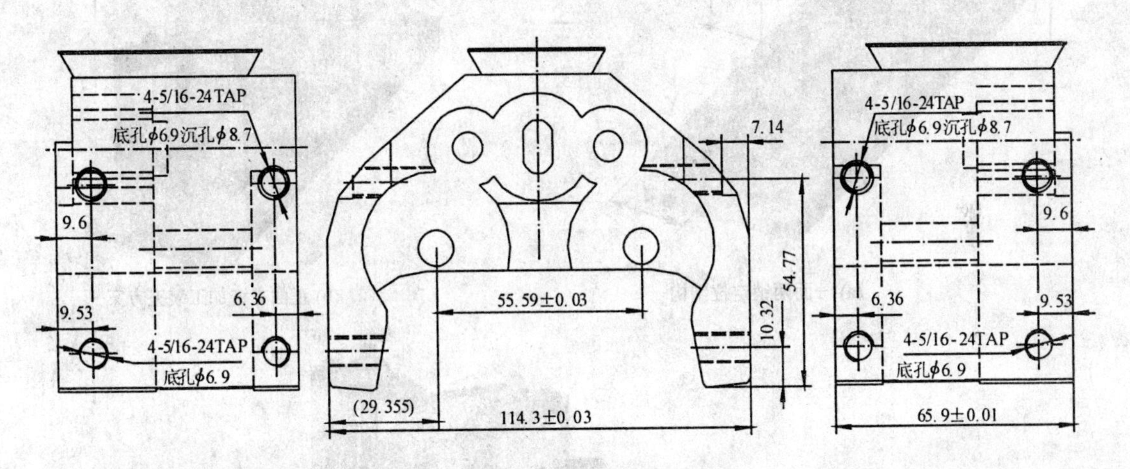

图6-62　左右侧面加工

和深度均无法采用刻字方法加工，可最后安排外协激光烧刻或用专用雕铣机加工。其某一侧面加工工步安排如下：

1）用ϕ8的键槽铣刀加工曲面部位2-ϕ8.7的沉孔，沉孔深7.14mm

2）用ϕ16的定心钻点中心

3）用ϕ6.9的钻头钻4－ϕ6.9的螺纹底孔，孔深分别为20mm、32mm

4）用美制丝锥5/16—24TAP攻丝，深度分别为18mm、30mm

3. 装夹定位方案

基座零件的反面沉孔粗、精加工时使用毛坯面作粗基准定位，采用通用台钳或用压板螺钉装夹即可，批量加工时应设置定位挡块进行定位。

当精基准销轴孔加工完成后，可按如图6-63（a）所示制作一面两销的简单定位夹具。销孔在定位底板上具有确定的距离，X方向利用定位底板的左右对中找正，Y向以前侧面对刀找正，Z向以底板上表面对刀或装夹工件后以工件上表面对刀。考虑到后侧燕尾槽加工的让刀需要，Y向销孔至底板定位面边缘的距离应小于45.08设计，取40～43的整数值。

夹具底板上的销孔亦采用反面销轴孔加工用定制铰刀精铰获得，然后根据销孔配制两定位销，其中一销可作成削边销结构。整个装夹定位系统是先将定位底板打表找正后用螺钉锁紧在工作台上，对刀在定位底板上进行。插入定位销轴后以销轴对工件定位，再用压板螺钉将工件夹紧在夹具底板上。为方便装夹，定位底板上开设有多个螺钉孔。

后续工序均采用此结构的一面两销定位方式，符合基准统一原则，此一面两销定位方式与图纸设计基准重合，符合基准重合原则。

立、卧式数控铣床的零件装夹定位结构如图6-63（b）、6-63（c）所示。正面粗、精加工的前期应采用图6-63（b）的方案，刻线、刻字时应该改为图6-63（c）的装夹方案。

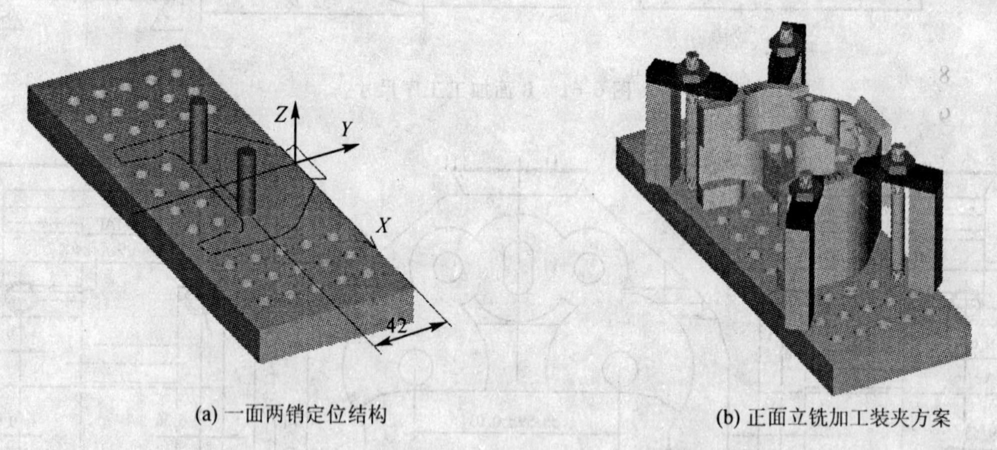

(a) 一面两销定位结构

(b) 正面立铣加工装夹方案

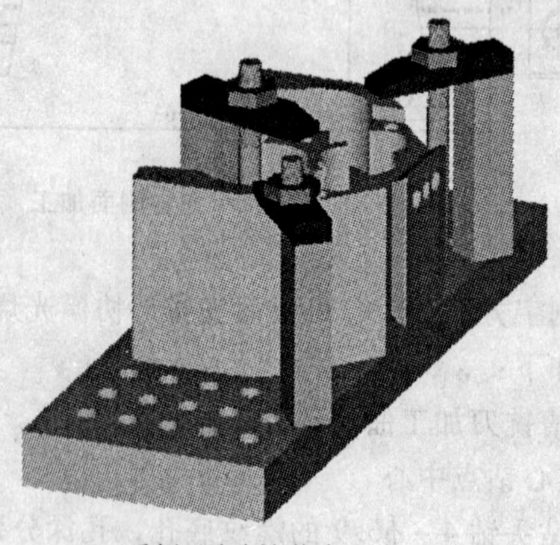

(c)后侧B面卧铣装夹方案

图6-63 装夹简图

4. 切削用量的选用

反面沉孔粗/精加工、正面粗/精加工、B 面加工的切削用量选用见对应的工序卡片，其他工序加工时可参照选用对应的切削用量。

思考与练习题

1. XKA5750 数控立式升降台铣床的进给系统传动齿轮间隙是如何消除的？升降台自动平衡装置的工作原理是什么？

2. 数控铣床的主要加工对象有哪些？其特点是什么？

3. 如何对数控铣削加工零件的零件图进行工艺分析？

4. 数控铣削加工零件的加工工序是如何划分的？

5. 试述数控铣削加工工序的加工顺序安排原则。

6. 数控铣削加工时装夹的定位基准是如何选择的？夹具的选择必须注意哪些问题？其选用原则是什么？

7. 钻孔加工的进给路线如何确定？铣削外轮廓零件的路线又是如何确定的？

8. 典型零件的工艺分析的步骤有哪些？

9. 数控铣床与加工中心有何共性？有何区别？

10. 适合在数控铣床和加工中心加工的零件有哪些？各有何特点？

11. 加工中心的刀具主要有哪几种形式？

12. 卧式加工和立式加工的主要区别是什么？

13. 五轴加工的含义是什么？其中五轴可以是哪几个坐标轴？

14. 加工中心有哪几种换刀方式？

15. 在加工中心上钻孔，为什么通常要安排锪平面（对毛坯面）和钻中心孔工步？

16. 在加工中心上钻孔与在普通机床上钻孔相比，对刀具有哪些更高的要求？

17. 试确定立式加工中心刀具长度范围。

18. 数控铣床的类型有哪些？其用途如何？

19. 加工中心有哪些类型？

20. 加工中心加工选择定位基准的要求有哪些？应遵循的原则是什么？

21. 立式数控铣床和卧式数控铣床分别适合加工什么样的零件？

22. 加工中心上孔的加工方案如何确定？进给路线应如何考虑？

23. 质量要求高的零件在加工中心上加工时，为什么应尽量将粗精加工分两阶段进行？

24. 确定加工中心加工零件的余量时，其大小应如何考虑？

25. 顺铣和逆铣的概念是什么？顺铣和逆铣对加工质量有什么影响？如何在加工中实现顺铣或逆铣？

26. 过薄的底板或肋板在加工中会产生什么影响？应如何预防？

27. 在数控机床上加工零件的工序划分方法有几种？各有什么特点？

28. 在确定切入切出路径时应当考虑什么问题？怎样避免发生过切？

29. 二维型腔（内槽）的加工方法主要有哪些？各有哪些特点？

30. 用一毛坯尺寸为72mm×42mm×5mm的板料，加工成尺寸如图6-64所示的零件。内、外轮廓的粗精加工，刀具及切削用量的选择见表6-18。按要求完成该零件的数控加工工艺卡片。

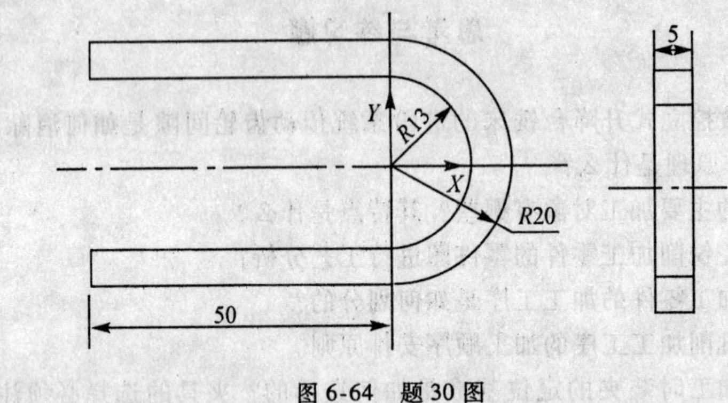

图6-64 题30图

表6-18 加工参数

序号	工序	刀具	主轴转速 n / (r·min^{-1})	进给速度 v_f/ (mm·r^{-1})
1	内外轮廓的粗加工，留出0.4mm的精加工余量	ϕ10立铣刀	1800	0.12
2	内外轮廓的精加工	ϕ8立铣刀	2200	0.08

31. 零件如图6-65所示，分别按“定位迅速”和“定位准确”的原则确定 *XY* 平面内的孔加工进给路线。

32. 图6-66所示零件的 *A*、*B* 面已加工好，在加工中心上加工其余表面，试确定定位、夹紧方案。

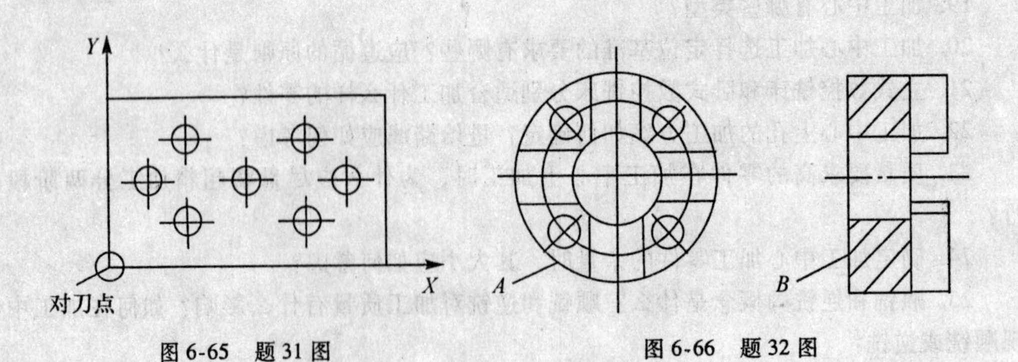

图6-65 题31图　　图6-66 题32图

33. 试制定图 6-67 所示零件的数控加工工艺，并填写数控加工工序卡，刀具卡。

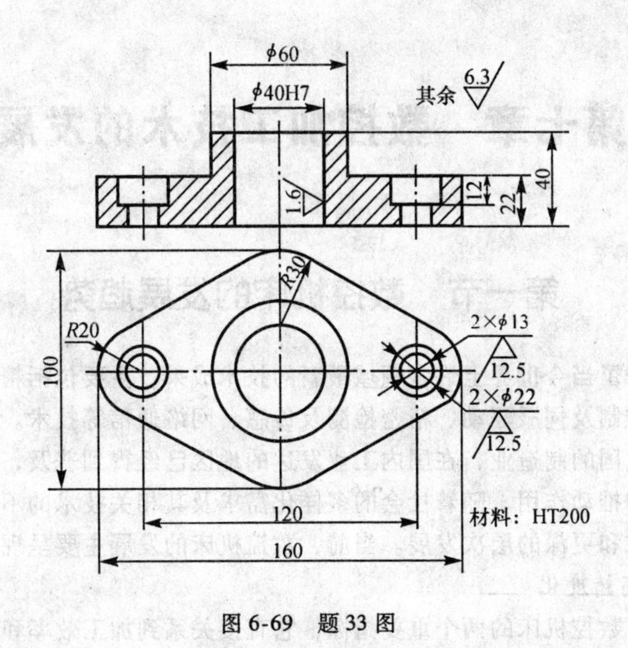

图 6-69　题 33 图

34. 拟定图 6-69 所示零件的数控铣削加工工艺，并填写数控加工工序卡，刀具卡。

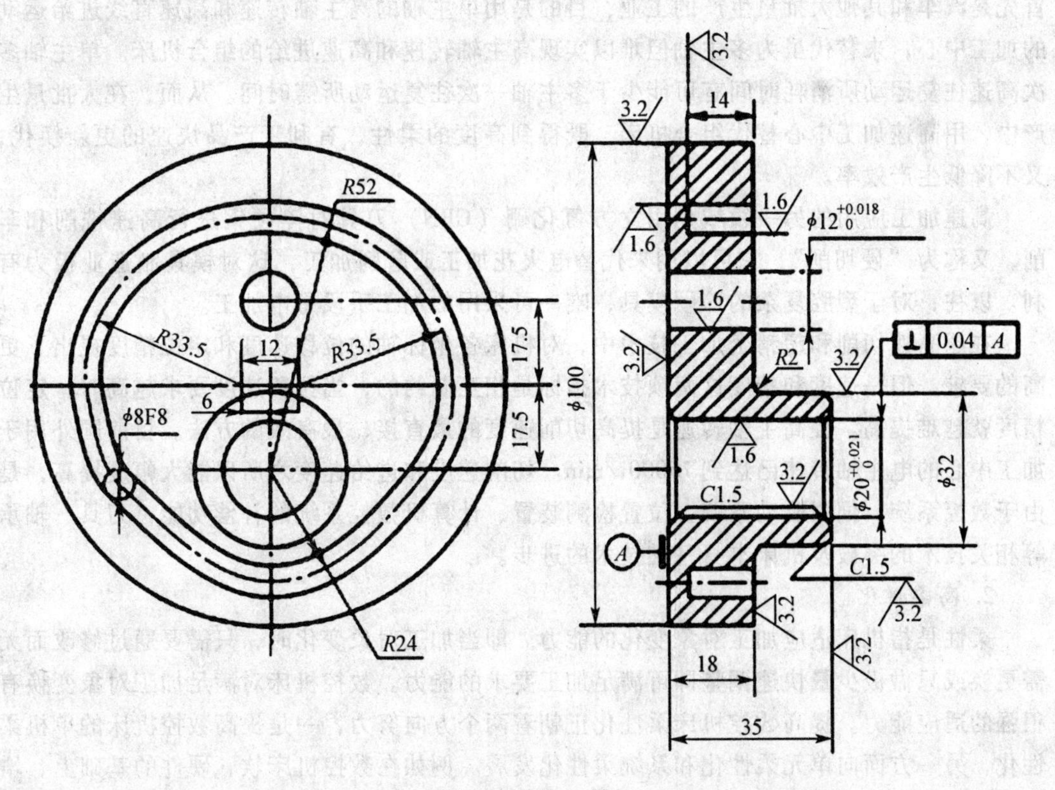

图 6-70　题 34 图

第七章　数控加工技术的发展

第一节　数控机床的发展趋势

数控机床综合了当今世界上许多领域最新的技术成果，主要包括精密机械、计算机及信息处理、自动控制及伺服驱动、精密检测及传感、网络通信等技术。近些年来，数控机床被广泛应用于我国的制造业，在国内工业发达的地区已经得到普及，因此对社会生产力的提高起着巨大的推动作用。随着社会的多样化需求及其相关技术的不断进步，数控机床也向着更广的领域和更深的层次发展。当前，数控机床的发展主要呈现出如下趋势。

1. 高速度与高精度化

速度和精度是数控机床的两个重要指标，它直接关系到加工效率和产品质量。高速数控加工起源于20世纪90年代初，以电主轴和直线电动机的应用为特征，电主轴的发展实现了主轴高转速；直线电动机的发展实现了坐标轴的高速移动。高速数控加工的应用领域首先是汽车和其他大批量生产的工业，目的是用单主轴的高主轴转速和高速直线进给运动的加工中心，来替代虽为多主轴但难以实现高主轴转速和高速进给的组合机床。单主轴多次高速往复运动所消耗时间有可能少于多主轴一次往复运动所需时间。从而，在大批量生产中，用高速加工中心替代组合机床，既得到高度的柔性，有利于产品快速的更新换代，又不降低生产效率。

高速加工应用的另一领域是用立方氮化硼（CBN）刀具对淬硬钢进行高速铣削和车削，又称为"硬切削"，它可以用来代替电火花加工或磨削加工，这对模具制造业极为有利。以往，对于型腔复杂的淬硬模具，唯一可采用的加工手段是电加工。

在超高速切削和超精密加工技术中，对机床各坐标轴的位移速度和定位精度提出了更高的要求，但是速度和精度这两项技术指标是相互制约的，当位移速度要求越高时，定位精度就越难提高。提高主轴转速是提高切削速度的最直接、最有效的方法。目前国外用于加工中心的电主轴转速已达到75000r/min。切削速度和进给速度之所以能大幅度提高，是由于数控系统、伺服驱动系统、位置检测装置、计算机数控系统的补偿功能，刀具、轴承等相关技术的突破及机床本身基础技术的进步。

2. 高柔性化

柔性是指机床适应加工对象变化的能力。即当加工对象变化时，只需要通过修改而无需更换或只做极少量快速调整即可满足加工要求的能力。数控机床对满足加工对象变换有很强的适应能力。提高数控机床柔性化正朝着两个方向努力，一是提高数控机床的单机柔性化，另一方面向单元柔性化和系统柔性化发展。例如在数控机床软、硬件的基础上，增加不同容量的刀库和自动换刀机械手，增加第二主轴，增加交换工作台装置，或配以工业机器人和自动运输小车，以组成新的加工中心、柔性加工单元或柔性制造系统。实践证明，采用柔性自动化设备或系统，是提高加工效率、缩短生产和供货周期，并能对市场变化需求做出快速反应和提高竞争能力的有效手段。

3. 复合化

复合化包含工序复合化和功能复合化。数控机床复合化发展的趋势是尽可能将零件所有工序集中在一台机床上，实现全部加工，之后，该零件或入库或直接送到装配工段而不需要再转到其他机床上进行加工。这不仅省去了运输和等待时间，使零件的加工周期最短，而且在加工过程中，不需要多次定位与装夹，有利于提高零件的精度。

加工中心（包括车削中心）就是把车、铣、镗、钻等类的工序集中到一台机床来完成，打破了传统的工序界限和分开加工的工艺规程。加工中心的快速增加就是工序复合化受市场欢迎的最好证明。一台具有自动换刀装置、回转工作台及托盘交换装置的五面体镗铣加工中心，工件一次安装可以完成镗、铣、钻、铰、攻螺纹等工序，对于箱体件可以完成五个面的粗、精加工的全部工序。国内的江宁机床集团公司、北京机床研究所、江苏多棱数控机床公司、自贡长征机床公司等制造商均生产五面体立式或卧式加工中心。

复合加工的另一领域是与非刀具切削的复合。当前，主要是与激光加工技术的复合。德国 DMG 集团的 DMU 60C 数控机床，将立式铣削与激光复合用于精细型面模具的三维加工。其加工方式是凡是可以用小直径立铣刀加工的型面采用高速铣削，对于特别精细的型面采用激光加工，并用控制激光束功率密度的方法控制激光“切削”的深度。另外在板材加工中将冲压与激光切割复合，对于板材上形状简单和小尺寸的孔，用模具冲压的方法加工，而形状复杂和大尺寸的孔，用激光切割的方法加工，既提高了加工效率，又提高了加工质量。

4. 多功能化

现代数控系统由于采用多 CPU 结构和分级中断控制方式，因此在一台数控机床上可以同时进行零件加工和程序编制，即操作者在机床进入自动循环加工的同时可以利用键盘和 CRT 进行零件程序的编制，并利用 CRT 进行动态图形模拟功能，显示所编程序的加工轨迹，或是编辑和修改加工程序。也称该工作方式为“前台加工，后台编辑”。由此缩短了数控机床更换不同种类加工零件的待机时间，以充分提高机床的利用率。

为了适应 FMC，FMS 以及进一步联网组成 CIMS 的要求，一般的数控系统都具有RS—232c 和 RS—422 高速远距离串行接口，甚至具有工业总线和 USB 等接口，通过网卡联成局域网，可以实现几台数控机床之间的数据通信，也可以直接对几台数控机床进行控制。

5. 智能化

智能加工是一种基于知识处理理论和技术的加工方式，以满足人们所要求的高效率、低成本、操作简便为基本特征。发展智能加工的目的是要解决加工过程中众多不确定性的，要求人工干预才能解决的问题。它的最终目标是要由计算机取代或延伸加工过程中人的部分脑力劳动，实现加工过程中监测、决策与控制的自动化。

目前常用的智能加工系统的基本结构模式如图 7-1 所示，由智能监测模块、决策规划模块和实时控制模块三个基本模块组成。其中，智能监测模块的功能是利用传感技术，对加工过程中影响加工效果的切削力、振动、温度和压力等变量实现在强干扰、多因素、非线性环境下的智能检测，并将多传感器信号加以集成。决策规划模块的功能是依据智能监

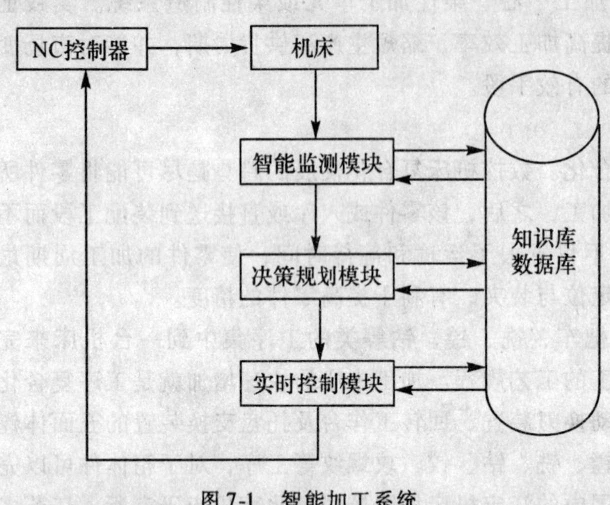

图7-1 智能加工系统

测模块提供的信息，利用知识库和数据库对加工过程中的各种状态进行分析、判断和决策，并对原控制操作作适当的修正，确保该数控机床处于最佳的工作状态。实时控制模块的功能是依据决策规划的结果确定合理的控制方式，并将该控制信息通过控制器作用与机床的加工过程，以达到最优控制。

6. 造型宜人化

随着人们对生活质量逐步重视的同时，对劳动条件和工作环境也提出了更高的要求。不只是满足于加工设备的基本性能和内在质量，还要求设计结构紧凑流畅、造型美观协调、操作舒适安全、色泽明快宜人，使人处在舒适优美的环境中工作，从而激发操作者的工作情绪，达到提高工作效率的目的。

造型宜人化是一种新的设计思想和观点，是将功能设计、人机工程学与工业美学有机地结合起来，是技术与经济、文化、艺术的协调统一，其核心是使产品变为更具魅力、更适销对路的商品，引导人们进入一种新的工作环境。该设计理念在工业发达国家早已广泛用于各种产品的设计中，是其经济腾飞、提高市场竞争能力的重要手段。日本由于重视这项技术，很快摆脱了机床产品“仿制”阶段。并创出自己工业产品的“轻巧精美”的独特风格。近年来，国内数控机床生产厂家也将造型宜人化的设计理念引入自己的产品设计中，使国产数控机床在外形结构、颜色、外观质量等方面较过去有了明显的改进和提高。

第二节 柔性制造及计算机集成制造简介

随着科学技术的发展，机械产品的形状和结构不断改进，对零件加工质量的要求也越来越高。社会对产品多样化需求的增强，产品品种增多，产品更新换代加速，使得数控加工技术在生产中得到了广泛的应用。为了充分发挥数控加工的优势，数控加工正在向工序集中，更高速、更高效率、更高精度、更高可靠性及更完善的功能方向发展。

另外，在中小批量、多品种、复杂件的加工中，数控机床虽已发挥了巨大的作用，但由于毛坯的供应、半成品的输送、工具的准备和调配，零件制成品的检验、储存等仍然要依靠人工进行，影响了数控机床利用率的提高，也影响了生产过程的灵活性，因此人们希望生产一种适应性更强、加工范围可以随时调整、柔性更大的新系统，这就使得数控加工从单功能数控机床逐渐向加工中心、柔性制造单元、柔性制造系统，直至当今自动化制造技术发展的最高阶段——计算机集成制造系统方向发展。

一、柔性制造

随着社会的进步和生活水平的提高，社会对产品多样化，低制造成本及短制造周期等需求日趋迫切，传统的制造技术已不能满足市场对多品种小批量，更具特色符合顾客个人要求样式和功能的产品的需求。20世纪90年代后，由于微电子技术、计算机技术、通信技术、机械与控制设备的发展，制造业自动化进入一个崭新的时代，技术日渐成熟。柔性制造技术已成为各工业化国家机械制造自动化的研制发展重点。

柔性制造技术是对各种不同形状加工对象实现程序化柔性制造加工的各种技术的总和。柔性制造技术是技术密集型的技术群，我们认为凡是侧重于柔性，适应于多品种、中小批量（包括单件产品）的加工技术都属于柔性制造技术。目前按规模大小划分为：

1. 柔性制造系统（FMS）

关于柔性制造系统的定义很多，权威性的定义主要有：美国国家标准局把FMS定义为：由一个传输系统联系起来的一些设备，传输装置把工件放在其他连接装置上送到各加工设备，使工件加工准确、迅速和自动化。中央计算机控制机床和传输系统，柔性制造系统有时可同时加工几种不同的零件。国际生产工程研究协会指出“柔性制造系统是一个自动化的生产制造系统，在最少人的干预下，能够生产任何范围的产品族，系统的柔性通常受到系统设计时所考虑的产品族的限制”。而我国国家军用标准则定义为“柔性制造系统是由数控加工设备、物料运储装置和计算机控制系统组成的自动化制造系统，它包括多个柔性制造单元，能根据制造任务或生产环境的变化迅速进行调整，适用于多品种、中小批量生产”。

简单地说，FMS是由若干数控设备、物料运储装置和计算机控制系统组成的并能根据制造任务和生产品种变化而迅速进行调整的自动化制造系统。目前常见的组成通常包括4台或更多台全自动数控机床（加工中心与车削中心等），由集中的控制系统及物料搬运系统连接起来，可在不停机情况下实现多品种、中小批量的加工及管理。目前反映工厂整体水平的FMS是第一代FMS，日本从1991年开始实施的“智能制造系统”（IMS）国际性开发项目，属于第二代FMS；而真正完善的第二代FMS预计本世纪若干年后就会实现。

如图7-2所示，柔性制造系统主要由以下三个部分组成：

（1）自动加工系统

自动加工系统，把外形尺寸（形状不必完全一致）、重量大致相似，材料相同，工艺相似的零件集中在数台数控机床或专用机床等设备上加工的系统。它的功能是以任意顺序自动加工各种工件，并能自动地更换工件和刀具。

（2）物流系统

物流系统，包括上下料托盘、传送带、自动运输小车、工业机器人、自动化仓库系统等，完成工件、刀具等的供给与传送的系统。

FMS中的物料储运系统与传统的自动化或流水线有很大的差别，该系统不按固定节拍强迫运送工件，而且没有固定的顺序，几个零件可以混杂在一起输送。也就是说，整个系统的工作状态是可以进行随机调度的，而且都设置有储料库以调节各工位上时间的差异。因此，物流系统应包含工件的输送和储运两个方面，其中工件的运输工具有自动运输车、轨道输送系统、机器人传送系统和带式传送系统。在FMS的物料储运系统中，除了必须设置适当的中央料库和托盘库外，还可以设置各种形式的缓冲储存区来保证系统的柔性。因为在生产线中有时会出现偶然的故障，如刀具折断或机床故障，为了不致阻塞工件向其他工位的输送，输送线中可设置若干个侧回路或多个交叉点的并行料库以暂时存放故

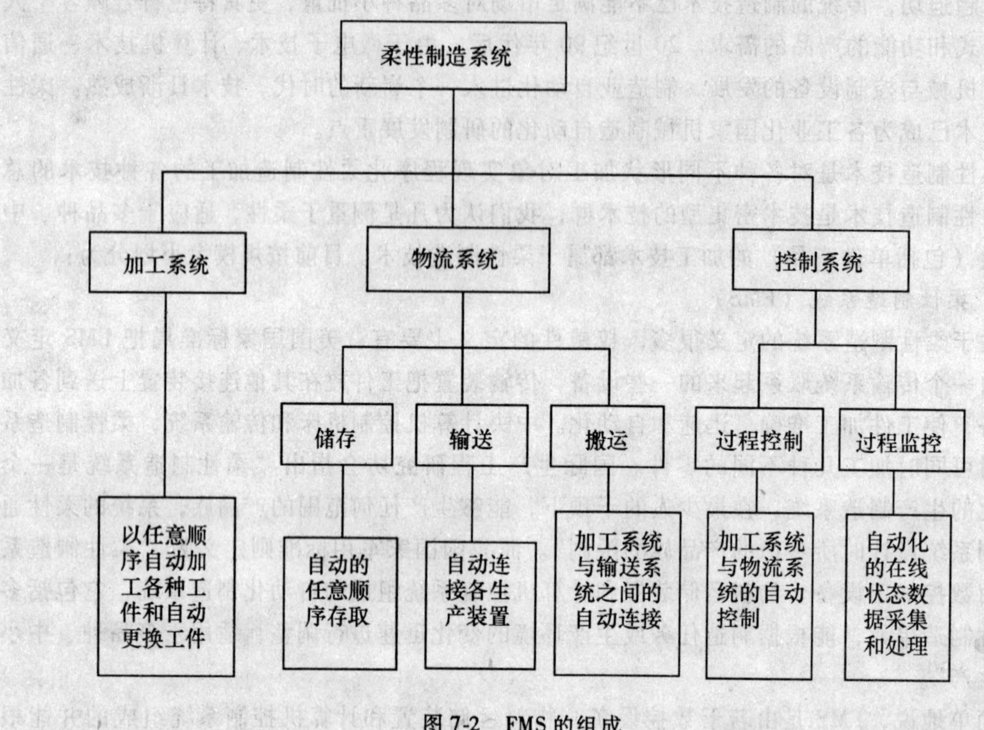

图 7-2 FMS 的组成

障工件。

(3) 控制系统

信息系统，指对加工和运输过程中所需各种信息收集、处理、反馈，并通过计算机或其他控制装置（液压、气压装置等），对机床或运输设备实行分级控制的系统。它实施对整个柔性制造系统的控制与监督。它的主要功能是：识别进入系统的工件，选择相应的数控加工程序，根据不同工件和不同的加工内容，使工件按不同的顺序通过相应的机床进行加工，当工件改变时，上述内容又能自动地作相应的改变。

2. 柔性制造单元（FMC）

FMC 的问世并在生产中使用约比 FMS 晚 6~8 年。FMC 可视为一个规模最小的 FMS，是 FMS 向廉价化及小型化方向发展的一种产物，它是由 1~2 台加工中心、工业机器人、数控机床及物料运送存储设备构成，其特点是实现单机柔性化及自动化，具有适应加工多品种产品的灵活性。迄今已进入普及应用阶段，图 7-3 表示了 FMC 的组成情况。

3. 柔性制造线（FML）

它是处于单一或少品种大批量非柔性自动线与中小批量多品种 FMS 之间的生产线。其加工设备可以是通用的加工中心、CNC 机床，亦可采用专用机床或 CNC 专用机床，对物料搬运系统柔性的要求低于 FMS，但生产率更高。它是以离散型生产中的柔性制造系统和连续生产过程中的分散型控制系统（DCS）为代表，其特点是实现生产线柔性化及自动化，其技术已日臻成熟，迄今已进入实用化阶段。

4. 柔性制造工厂（FMF）

FMF 是将多条 FMS 连接起来，配以自动化立体仓库，用计算机系统进行联系，采用

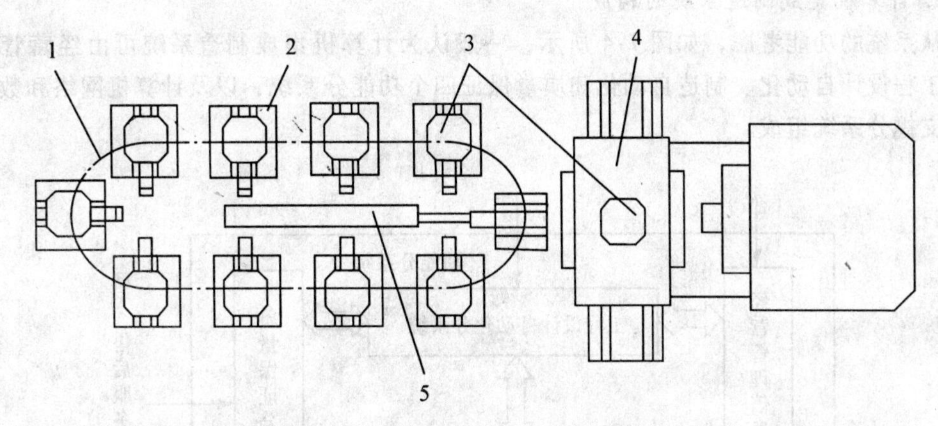

1—环形交换工作台　2—托盘座　3—工件托盘　4—卧式加工中心　5—托盘交换装置

图 7-3　FMC 的组成

从订货、设计、加工、装配、检验、运送至发货的完整 FMS。它包括了 CAD/CAM，并使计算机集成制造系统（CIMS）投入实用，实现生产系统柔性化及自动化，进而实现全厂范围的生产管理、产品加工及物料储运进程的全盘化。FMF 是自动化生产的最高水平，反映出世界上最先进的自动化应用技术。它是将制造、产品开发及经营管理的自动化连成一个整体，以信息流控制物质流的智能制造系统（IMS）为代表，其特点是实现工厂柔性化及自动化。

二、计算机集成制造系统（CIMS）

在数控设备及柔性制造系统发展的同时，一些用于支撑制造活动的计算机辅助技术也相应地不断发展，主要有计算机辅助工艺规程设计、计算机辅助工装设计、计算机辅助数控程序编制、计算机辅助作业计划。计算机辅助质量控制、计算机辅助设计与制造以及成组技术等。

由于计算机辅助制造技术、交流伺服技术、通信网络技术、各种软件补偿技术等单项技术的突破，使得计算机有可能对生产全过程实行系统优化，于是便出现了计算机集成制造系统。它是利用计算机进行信息集成，以缩短新产品研制周期及产品交货周期，提高产品质量，降低成本为目标的工厂综合自动化系统。

1. 计算机集成制造系统的含义

计算机集成制造系统（Computer Integrated Manufacturing System，简称 CIMS）是通过计算机网络将企业生产活动全过程，即从市场预测、经营决策、计划控制、工程设计、生产制造、质量控制到产品销售等功能部门有机地集成为一协调工作的整体，以保证企业内部信息的一致性、共享性、可靠性、精确性和及时性，实现生产的自动化和柔性化。达到高效率、高质量、低成本和灵活生产的目的。

计算机集成制造系统是一种综合性的应用技术，并且是发展中的高技术，它把孤立的、局部的自动化子系统，在新的管理模式和生产工艺的指导下，综合应用制造技术、信息技术和自动化技术、通过计算机及其软件，灵活而有机地综合起来而构成一个完整系统。

2. 计算机集成制造系统的构成

从系统的功能考虑，如图 7-4 所示，一般认为计算机集成制造系统可由经营管理信息、工程设计自动化、制造自动化和质量保证四个功能分系统，以及计算机网络和数据库两个支撑分系统组成。

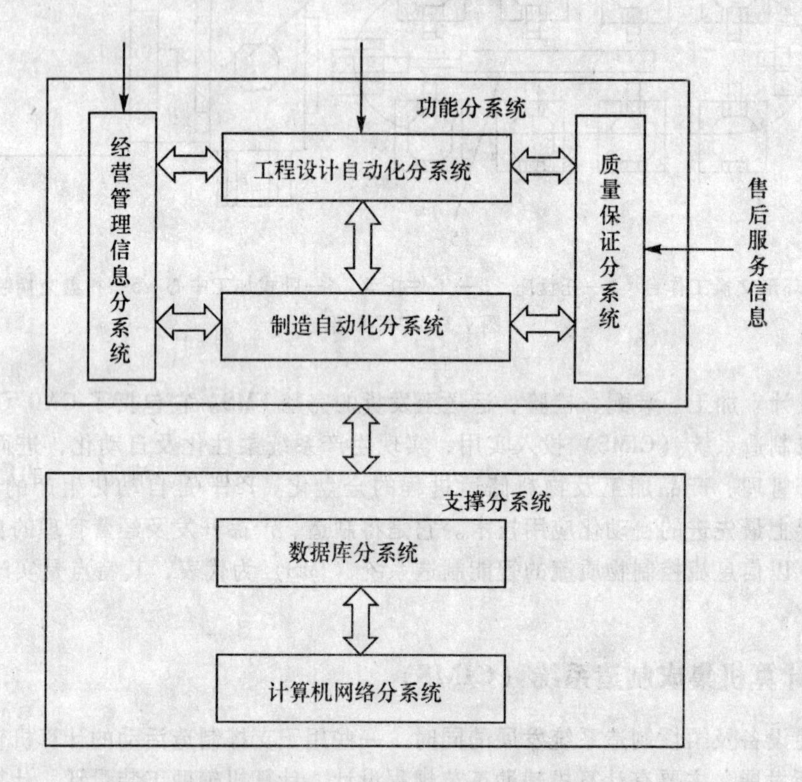

图 7-4　CIMS 的基本组成

(1) 经营管理信息系统

它是计算机集成制造系统的神经中枢，指挥与控制着各个部分有条不紊地工作。它包括预测、经营管理、各级生产计划、生产技术准备、销售、供应、财务、成本、设备、工具、人力资源等管理信息功能，通过信息的集成，达到缩短生产周期、减少库存、降低流动资金、提高企业的应变能力。

(2) 工程设计自动化系统

它是用计算机来辅助产品设计、制造准备阶段的一系列工作即通常所说的计算机辅助设计（CAD）、计算机辅助工艺规程设计（CAPP）、计算机辅助制造（CAM）三大部分集成化，其目的是使产品的开发更高效、优质、自动化地进行。

(3) 制造自动化系统

通常由数控机床、加工中心、柔件制造单元、柔性制造系统等组成。这个系统在计算机的控制与调度下，完成对零件毛坯加工的作业调度和制造等工作。

(4) 质量保证系统

包括质量决策、质量检测与数据采集、质量评估、控制与跟踪等功能。CIMS 的质量保证系统覆盖产品设计、制造、检验到售后服务的整个过程。

(5) 计算机网络系统

它是支持计算机集成制造各个分系统的开放型网络通信系统。通过计算机通信网络，将物理上分布的 CMIS 各个功能分系统的信息联系起来，实现 CMIS 的数据传递和系统通信功能等。

(6) 数据库系统

用于管理整个 CMIS 的数据，实现数据的集成和共享等。

3. 计算机集成制造系统的技术构成简介

(1) 先进制造技术（Advanced Manufacturing Technology，简称 AMT）

先进制造技术是传统制造技术不断吸收机械、电子、信息、材料、能源和现代管理等方面的成果，并将其综合应用于产品设计、制造、检测、管理、销售、使用、服务等制造全过程，以实现优质、高效、低耗、清洁、灵活的生产，并取得理想技术经济效果的制造技术的总称。

(2) 敏捷制造（Agile Manufacturing，简称 AM）

敏捷制造是以竞争力和信誉度为基础，选择合作者组成虚拟公司，分工合作，为同一目标共同努力来增强整体竞争能力，对用户需求做出快速反应，以满足用户的需要。

(3) 虚拟制造（Virtual Manufacturing，简称 VM）

虚拟制造是利用信息技术、仿真技术、计算机技术对现实制造活动中的人、物、信息及制造过程进行全面的仿真，以发现制造中可能出现的问题，在产品实际生产前就采取预防措施，从而达到产品一次性制造成功，来达到降低成本、缩短产品开发周期、增强产品竞争力的目的。

(4) 并行工程（Concurrent Engineering，简称 CE）

并行工程是集成地、并行地设计产品及其相关过程（包括制造过程和支持过程）的系统方法。它要求产品开发人员在一开始就考虑产品整个生命周期中从概念形成到产品报废的所有因素，包括质量、成本、进度计划和用户要求，并行工程的发展为虚拟制造技术的诞生创造了条件，虚拟制造技术是以并行工程为基础的，并行工程的进一步发展就是虚拟制造技术。

第三节　刀具技术的发展

一、数控刀具的特点

对用于金属切削的刀具材料，一般在硬度、强度、热硬性、耐磨性、导热性等方面规定了性能指标要求，其中硬度和强度是最重要的指标。刀具切削部分的硬度必须高于零件材料的硬度，这直接决定了刀具的耐磨性。普通刀具材料在常温下的硬度应在 HRC62 以上。刀具在切削过程中承受压力很大，一般用抗弯强度来表示刀具材料的强度，用冲击韧度来表示刀具材料的韧性。

对于数控机床来说，所使用的刀具除满足普通机床应具备的基本条件外，还应当满足数控加工的特殊需求，即能够承受高速切削、强力切削以及切削过程中产生的高温，具有较好的刚性和尺寸稳定性，安装、测量、调整方便，并且刀具性能稳定，加工过程中排屑顺畅，加工精度高等，数控机床所用的刀具主要具备下列特点：

1）刀片和刀具几何参数及切削参数的规范化、典型化；

2）刀片或刀具材料及切削参数与被加工工件材料之间匹配的选用原则；

3）刀片或刀具的耐用度及其经济寿命指标的合理化；

4）刀片及刀柄定位基准的优化；

5）刀片及刀柄对机床主轴相对位置要求高；

6）对刀柄的强度、刚度及耐磨性的要求高；

7）刀柄或工具系统的装机重量有限制要求；

8）对刀柄的转位、装拆和重复精度要求高；

9）刀片和刀柄高度的通用化、规则化、系列化。

二、刀具技术发展趋势

随着数控技术的发展，刀具行业也在不断发展，以满足日益增长的产品加工的不同需求。

金属切削刀具作为数控机床必不可少的配套工艺装备，在数控加工技术的带动下，已进入“数控刀具”的发展阶段。高速、高效、复合、高精度、高可靠性及环保是先进切削技术的发展趋势，也是对数控刀具提出的要求。数控刀具的发展主要集中在如下几个方面。

1. 高速切削将成为切削加工的新工艺

当前，以高速切削为代表的干切削、硬切削等新型切削工艺已经显示出很多的优点和强大的生命力，这是制造技术为提高加工效率和质量，降低成本，缩短开发周期对切削加工提出的要求。因此，发展高速切削等新型切削工艺，促进制造技术的发展是现代切削技术发展最显著的特点。当代的高速切削不只是切削速度的提高，而是需要在制造技术全面进步和进一步创新上（包括数控机床、刀具材料、涂层、刀具结构等技术的重大进步），达到切削速度和进给速度的成倍提高，并带动传统切削工艺的变革和创新，使制造业整体切削加工效率有显著的提高。

2. 硬切削是高速切削技术的一个应用领域

用单刃或多刃刀具加工淬硬零件，它与传统的磨削加工相比，具有效率高、柔性好、工艺简单、投资少等优点，已应用在汽车行业，用 PCBN 刀具加工 20CrMnTi 淬硬齿轮 HRC60 内孔，代替磨削，已成为国内外汽车行业推广的新工艺。在模具行业用 PCBN 刀具高速精铣淬硬钢模具，采取小的走刀步距，中间不接刀，完成型面的精加工，大大减少了钳工抛光的工作量，显著缩短了模具的制造周期，已成为模具制造业的一项新工艺。在机床行业用 PCBN 旋风铣精加工滚珠丝杠（HRC64）代替螺纹磨削；用硬质合金滚刀加工淬硬齿轮等都显现出很强的生命力。

3. 刀具材料及切削难加工材料刀具开发

高速钢刀具是由含较多钨、铬、铝、钒等合金元素的高合金工具钢制成，硬度、耐磨性、耐热性、强度、韧性及工艺性良好，适合加工各种金属材料，且高速钢的加工工艺性很好，适合制造复杂的成形刀具，所以高速钢刀具是目前主要的普通刀具，应用很广泛。

硬质合金刀具是由高硬度、高熔点的金属碳化物和金属黏结剂用粉末冶金方法制成，由于切削性能和使用寿命较高速钢刀具更加优异，加工对象范围广泛，有逐渐替代高速钢刀具的趋势，以适应现代数控机床进行高速、高精度加工。

涂层刀具是通过在硬质合金或高速钢刀具表面涂覆耐磨的难熔金属化合物来提高刀具的耐磨性和韧性，其应用越来越广泛。尤其是 PVD 涂层、PCD 涂层、PCBN 涂层和金刚石涂层刀具增长迅速，能满足更高的加工要求，并为特殊材料的加工带来了方便。例如 PCD 刀具，具有高硬度和极好的热稳性，可用于淬硬钢、铸铁和高温合金的加工；PCBN 刀具，具有高硬度和极好的耐磨性、热导率，摩擦系数低，适用于铁合金和非金属材料的加工。

钻孔加工经常受到用户要求实现高速化、高精度化的严峻考验，这是由于钻削加工在整个机械加工中占有很大比例，其加工水平直接关系到产品质量的提高和生产成本的降低。此外，如何减轻加工现场的环境负担，钻头也起着示范作用。

近年来发展令人瞩目的是整体硬质合金钻头，其加工能力可比高速钢钻头提高 5 倍以上，刀具寿命则是高速钢钻头的 10 倍左右。采用超细颗粒硬质合金的整体硬质合金钻头可用于碳钢、合金钢等普通钢，不锈钢等特殊钢，模具钢、淬硬钢等高硬度钢，灰口铸铁、球墨铸铁，铝合金、铜合金等工件材料的钻孔加工。许多钻头使用 PVD（物理气相沉积）工艺进行了 TiN、（Ti，A1）N 等涂层处理。由于刀具韧性和可靠性的提高，即使在断续切削等切削刃要承受机械冲击和高热影响的不稳定切削状态下，钻头也不易发生崩刃和缺损。整体硬质合金钻头也适用于高硬度钢、不锈钢、耐热超级合金等难加工材料的钻孔加工。

4. 刀具结构设计制造技术有新发展

近年来，数控刀具的科技成果主要体现在研发一刀多切削功能的复合型刀具，可使用一把刀具完成多种铣削任务、提高其刀刃切削性能，适应高速（超高速）、硬质（含耐热、难加工）、干式、精细（超精）切削及高效率数控机加工切削技术要求。随着零件毛坯制造技术的进步，零件毛坯几何尺寸及切削余量控制较为精确。数控刀具新结构、新品种的研发主要集中在轻、中负荷切削范围内，并以专用孔加工、拉削、滚（挤、碾压）压、铣削及车削等五类刀具的变革较为活跃，配套研发了其相应刀片的断屑槽形。

5. 连接数控刀具和数控机床的新的工具系统

工具系统将数控刀具与数控机床主轴精密牢固连接，决定刀具的夹持精度，传递刀具的切削运动和动力。对于高速高效加工，传统的采用单面（锥面）约束夹紧、带有 7∶24 锥度的工具系统已经不能满足要求，而 HSK 工具系统（带有 1∶10 锥面）得到了推广应用。它采用双面（锥面和端平面）约束夹紧原理，接触刚度和传递扭矩大大提高，近年在国内的推广也有所进展，但主要是与进口机床配套使用，其主要原因在于机床主轴和工具系统的制造中基准的建立和传递、计量检测装备和手段的配备问题。日本大昭和精机开发了带有 7∶24 锥的双面（锥面和端平面）约束夹紧工具系统，不仅可达到与 HSK 相似的效果，还能与传统 7∶24 锥柄刀具互换。

第四节　高速加工技术简介

高速加工（High Speed Machine）技术是对传统切削理论和切削方式的变革和突破。基于高速加工技术的高速切削（High Speed Cutting）加工在近年来得到迅速发展，由于其高的加工效率、高的加工质量，在生产中的应用引人瞩目。

一、高速加工的概念及理论基础

高速加工一般是指切削加工时，主轴转速达到 8 000r/min 以上，平均进给速度 10m/min以上，最大进给速度 30m/min 以上，进给加速度 $3m/s^2$ 以上的切削加工。由于高速加工技术和设备的长足进步，目前能实现高速切削的数控机床，其主轴转速普遍都超过了 12 000r/min，最高已达 100 000r/min；采用直线电机直接驱动的进给轴，快移速度可达 90m/min，轴的进给加速度可达 $10m/s^2$；刀具交换时间已小于 0.5s。

由切削理论可知，切削温度 θ 与切削速度 ν 的关系为：$\theta = c\nu^{0.4}$（℃），以此推论：随着切削速度的提高，加工区的温度就升高，刀具难以承受而使磨损加剧，刀具的受热变形也会增加。目前生产中采用硬质合金刀具加工钢件的切削速度一般为 100～200m/min，采用陶瓷刀具精加工钢件的切削速度一般在 300m/min 左右，此时的切削温度约为800～1 000℃,若切削速度进一步提高，则切削的温度将达到2000℃以上，此时高速切削所得到的效率，不足以补偿刀具频繁更换和工件热变形而丧失精度所带来的损失，即高速加工得不偿失。试图发展耐高温的刀具材料来提高切削速度和效率的努力被证明是困难和无效的。

但切削理论同时指出，加工中刀具的耐用度还取决于工件和刀具的温度差。若保持刀具的温度不超过 1 000℃，此时刀具的硬度能基本保持不变，但当工件切削区的温度超过 500℃左右后，其硬度将有一个急剧的下降。它给人们的启迪是：若能将刀具的温度和工件的温度区别开来，使刀具的温度保持较低，而将工件的温度升到较高，对切削加工将是非常有利的。

为说明这一问题，我们可以做如下的假设：如图 7-5 所示，若立铣刀的直径 ϕ8mm，切削宽度为 Ad = 4mm，则单刃的切削长度约为 6.2mm，当主轴的转速 S 达到 42 000r/min 时（此时的切削速度约为 1 000m/min），切削时铣刀刀刃与工件的接触时间约为 0.4ms，而热量在钢中的传导速度约为 0.5mm/s，因此，热量刚传到 0.2μm 深度时，刀具就从工件中切出了（理论认为，切削热大量产生于刀具与工件接触面下约 0.2mm 处），即热量还来不及传到刀具中，这说明当切削速度高到一定程度后，切削区的温度将不再升高，而热量的大部分由切屑带走，遗留在刀具和工件上的热量并不大（一般小于 3%），正所谓物极必反。而此时切削力反而减小，刀具的磨损也减小，从而使高速切削有大利可图。目前甚至已有切削速度达到 8 000m/min 的超高速铣削的应用报道。

高速切削是一个相对概念。到目前为止世界各国对高速切削的速度范围尚未作出明确的定义，而且，基于对切削速度要求不断提高的发展趋势，迄今为止，还很难对高速切削做出得到广泛认同的确切界定。然而，根据高速切削的理论，高速切削应为切削温度不再随切削速度的提高而上升，且以高切削速度、高切削精度、高进给速度与加速度为主要特征的切削加工。因此，对于不同的材料，高速切削的切削速度范围是不同的。

目前，常用材料高速切削的切削速度范围大致为：铝合金为1 000～7 000m/min，铜为900～5 000m/min，钢为500～2 000m/min，灰铸铁为800～3 000m/min，钛合金为100～1 000m/min，镍基合金为50～500m/min，纤维增强塑料为3 000～7 000m/min。

从切削加工方法来说，各种加工方法高速切削的切削速度范围大致为：车削700～7 000m/min，铣削200～7 000m/min，钻削100～1 000m/min，铰削20～500m/min，拉削30～75m/min，磨削5 000～10 000m/min。与之相对应的进给速度一般为2～25m/min，高的可达60～80m/min。

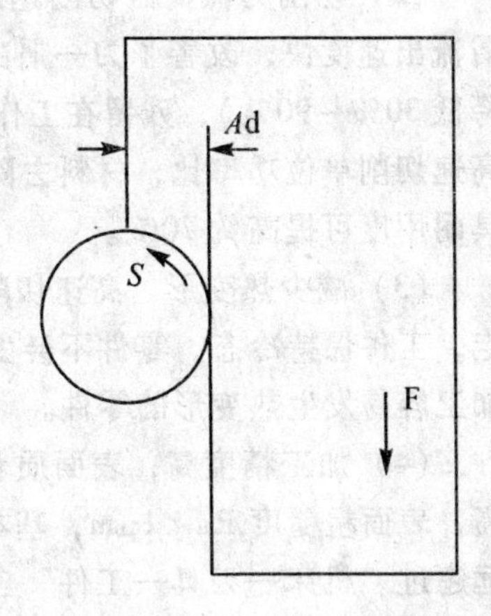

图7-5　立铣刀铣削工件

高速切削还在进一步发展中，预计铣削加工铝的切削速度可达到10 000m/min，加工铸铁可达到5 000m/min，加工普通钢也将达到2 500m/min；钻削加工铝切削转速可达到30 000r/min，加工铸铁达到20 000r/min，加工普通钢达到10 000r/min。

一般来说，高速加工有以下几个方面的技术特点：

(1) 高的主轴转速　对于高速加工的定义很难有统一的标准，10 000r/min的转速通常就可以被认为是"高速"。事实上，在高速加工中主轴的转速一般都在20 000r/min以上。

(2) 小的切削深度　高速加工的切削深度一般在0.3～0.6mm之间，在特殊情况下切削深度也可小于0.1mm。小的切削深度可以降低切削力，减少加工过程中产生的切削热，延长刀具的使用寿命。

(3) 快的进给速度　高速加工钢件的进给速度在5m/min以上。从加工方式上讲，小的切削深度能够获得加工时更好的刀具长度直径比，使得许多深度很大的零件也能完成加工，而快的进给速度保证了足够的切削效率。

(4) 小的切削行距　高速加工所采用的刀具路径的行距一般在0.1mm以下。一般来说，小的刀具轨迹行距总是可以降低加工过程中的表面粗糙度，提高加工表面质量，从而可能免除后续的精加工工序。

所有这些特点，决定了高速加工所能获得的加工效果。高速加工能达到效率高、加工精度高、零件表面光洁、加工稳定以及零件无变形、无表面变质层等性能指标，这也是高速加工越来越多地应用于现代制造业的重要原因。

二、高速加工的优点

高速切削加工和常规切削加工相比，在提高生产率、减少热变形和切削力以及实现高精度、高质量零件加工方面具有显著的优点。

(1) 材料切除率高　高速切削时切削速度通常要比常规切削速度高5～10倍以上，在保证刀齿切削厚度不变的条件下，单位时间材料去除率可提高3～6倍，零件的加工时间通常可以缩减2/3，从而提高了生产率和设备的利用率。

（2）切削力低　因切削速度高，剪切变形区窄，剪切角增大，变形系数减小，且切屑流出速度快，改善了刀—屑接触区的摩擦，从而可使剪切变形减小，切削力降低（可降低30%～90%），残留在工作表面的应力很小，有利于薄壁零件的精密加工。同时，按高速切削单位功率比，材料去除率可提高40%以上，有利于延长刀具使用寿命，通常刀具耐用度可提高约70%。

（3）减少热变形　高速切削加工过程中，极高的切削速度使得95%切削热被切屑带走，工件保持冷态，零件不会由于温升导致翘曲或膨胀变形。因此，高速切削特别适合于加工容易发生热变形的零件。

（4）加工精度高，表面质量好　一般来说，高速加工的尺寸精度可达10μm甚至更高，表面粗糙度Ra<1μm，基本不需后续加工工序。高速切削机床激振频率很高，已远远超过"机床—刀具—工件"工艺系统的固有低频范围（50～300Hz），这使得工件加工处于"无振动"状态，切削加工时易于获得较高的表面加工质量，同时在高速切削下，积屑瘤、鳞刺、表面残余应力和加工硬化均受到抑制。因此高速切削加工获得的表面加工质量几乎可以和磨削相比，有时，高速切削可以代替磨削，作为最后一道精加工工序。

（5）增加机床结构稳定性　高速切削可以在CNC机床上实施，由于高速切削时温升及单位切削力较小，增加了机床结构的稳定性，有利于提高加工精度和表面质量。

（6）加工效率高　高速切削加工允许使用较高进给率，比常规切削加工提高5～10倍，可大大提高加工效率，缩短生产周期。

（7）工序集约化　由于高速切削可以达到很高的加工精度和很低的表面粗糙度，并且在一定的切削条件下，可以对硬材料进行加工，尤其是对硬度在HRC46～HRC60之间的高硬度金属进行铣削，从而可以部分取代电火花加工，这一点对于模具零件的加工具有十分重要的意义。传统的模具加工路线是在退火阶段进行铣削加工，然后热处理，电火花加工，磨削和手工研磨，采用高速切削加工后可以直接一次加工，减少了后道工序，特别是手工加工时间，使加工工序集约化，取得良好的技术经济效益。另外，采用红硬性好的刀具材料，常常可不使用切削液进行干式切削加工，可降低带有切削液的切屑中油污对环境产生的污染。

三、高速加工的实现

高速加工是随着机床制造技术、伺服驱动技术、变频调速技术、刀具技术、数控系统和CAD/CAM技术的快速发展而出现的，并正在快速完善中。与高速加工相关的支撑技术主要表现在以下几个方面：

1. 主轴及主轴轴承

高速加工要求主轴的动平衡性好，回转精度高，有良好的热稳定性，并能传递足够的力矩和功率。变频调速技术和内装结构的高速电主轴，极大地简化了主轴部件的结构，减少了发热的运动部件，主轴轴身直接构成电动机的整体式主轴，在高速转动时震动和噪声极微，轴心冷却方式可使主轴在运转时保持低于壳体的温度。

主轴轴承一般采用陶瓷球轴承，虽然其刚度、精度和使用寿命都能满足使用要求，但应该说目前仍是高速加工技术中的一个相对薄弱的环节，好在其高的标准化程度和低廉的价格可基本弥补其不足。

2. 机床

为了获得好的加工质量，机床必须有足够的刚度和良好的阻尼特性，以防止加工过程中工艺系统颤振而恶化加工的表面质量；运动部件的惯性要小，以使各轴在大的加速度下保持运动稳定、平滑；导轨的摩擦系数要小，抗爬行性能要好。

目前，高速加工机床一般倾向于使用直线电动机实现各轴的高速运动。因为直线电机实现了无接触的直线驱动方式，避免了滚珠丝杆存在的惯性、刚度不足以及反向间隙补偿等方面的缺陷，而且其行程长度可以不受限制。直线电动机的定位精度高达 0.5 ~ 0.05μm 以上，可轻易实现 160m/min 以上的进给速度。

床身导轨摩擦副一般使用塑料导轨贴面，以减小运动的摩擦阻力，并获得上佳的运动阻尼特性。

3. 高性能的切削刀具

高速切削的刀具必须与被加工的材料有很小的化学亲和力，具有优良的机械性能和热稳定性，具有良好的抗冲击、耐磨损和抗热疲劳的特性。目前，陶瓷、硬质合金涂层、立方氮化硼（CBN）等均可作为高速切削的刀具材料，其中，立方氮化硼以其高硬度、极强的耐磨性、高温化学稳定性及良好的导热性在高速加工中被广泛选用。

由 CBN 烧结而成的聚晶立方氮化硼（PCBN）刀片其硬度达 7 500 ~ 8 500HV，可耐受 1 500℃以上的高温，有良好的红硬性，在 1 000℃时，硬度仍高于硬质合金在常温下的硬度，与铁族元素有很大的化学惰性，适于硬态切削，而铁族零件淬硬处理后的切削加工，过去磨削是唯一方法。

PCBN 主要用于切削 HRC45 以上的淬硬钢，切削时不粘刀，刀具磨损小，可获得极高的加工精度和表面质量（Ra0.2 ~ 2.0μm）。由于主轴的转速极高，可使用小直径铣刀实现对表面细微部分的加工，从而在模具型腔的加工中实现“一刀过”。加工中可实现“干式切削”，省去了使用切削液的麻烦。

对高速切削的刀具，除对材料的特性要求外，还要求刀具有良好的动平衡特性，专用于高速切削的刀具，一般须经 8 000r/min 以上转速的动平衡试验。

4. 数控系统和 CAM 软件

由于高速切削是在极高的进给速度下实现加工的，机床各部件的动作速度快，进给伺服、位置测量与控制、速度控制、刀具补偿计算等的运算量大，数控系统单位时间的信息流量是常规加工的几十甚至上百倍，因此，对数控系统的运算速度提出了相当高的要求；高速加工的刀具路径致密，基于直线、圆弧插补的数控代码量巨大。好在计算机技术的快速发展，基于计算机构架的机床数控系统还是能应付裕如的，但开发与之配套的更高效的插补运算方式，提高单段程序的使用效率，压缩程序总量则是必须的。

同时，由于高速加工与传统切削加工方式的本质区别，对加工工艺和走刀方式有着特殊的要求，原则上基于传统专家系统的 CAM 编程软件都不能直接用于高速加工的编程。高速加工需要采用完全不同的拐弯策略、加减速控制策略、进退刀策略和防过切、加工残留策略，以提高加工的综合效果。

另外，高速加工还要求 CAM 软件具有全程自动过切处理及自动刀柄干涉检查、进给率优化处理和加工残余分析的功能，并提供较强的插补功能，在直线、圆弧插补的基础上应用样条、渐开线、极坐标、圆柱、指数函数、三角函数或其他特殊曲线插补，以减少

NC代码文件。

四、高速加工的应用

高速切削所具有的一系列特点和在生产效益方面的巨大潜力，早已成为德、美、日等国竞相研究的重要技术领域。20世纪80年代初美国由国防高技术研究总署（DARPA）规划了高速切削基础技术的研究。如今，美国波音公司、法国达索公司采用数控高速切削加工技术超高速铣削铝合金、钛合金整体薄壁结构件，美国休斯飞机公司采用超高速精度铣削技术加工平面阵列天线、波导管、挠性陀螺框架。德国自1984年开始至今，由国家研究技术部（DFG）资助Darmstatt大学和41家公司对超高速切削机床、刀具等相关技术进行系统的研究。日本先端技术研究会把高速切削列为五大现代技术之一。如今，美国、德国、日本、法国、瑞士、意大利生产的不同规格的各种商业化高速机床已经进入市场，应用于飞机、汽车及模具制造。

高速切削在航空工业中已使用多年，用二维轮廓仿形与Z轴步进的方式加工铝件，适合于航空航天工业的大件加工，从整料上铣削出大型构件的飞机零件。毛坯材料切除率达98%，高度100mm、壁厚小于1mm的薄壁件，用高速铣削可顺利完成。近来已能用高速加工技术来加工三维形状的航空零件，并能用于模具制造。美国、德国、法国、英国的许多飞机及发动机制造厂，已采用高速切削加工来制造航空零部件产品。英国EHV公司采用日本松浦公司制造的MC—800VDC—EX4高速切削加工机床，用于加工航空专用铝合金整体叶轮，该机床有两个主轴，转速均为40000r/min，单叶片的加工精度可达5μm，总精度为20μm。

对于模具制造来说，以模具的型腔制造为例，高速加工可以在高速度、大进给的方式下完成淬硬钢的精加工，且可以达到很高的表面质量（Ra<0.4μm），效率比常规方式高出4~6倍，所加工的材料硬度高达HRC62，而传统的铣削加工只能在淬火之前进行，因淬火造成的变形必须经手工修整或采用电极放电最终成形，现在则可通过高速加工完成，省去了电极材料、电极加工编程和加工，以及放电过程所导致的型腔表面的硬化和变质。可以说，除型腔表面特殊的纹理效果以及型腔中的窄槽、微细小孔以外，高速切削是型腔制造的最佳选择，必将终结电火花加工一统天下的格局。

高速加工的工作效率可用下面的实例说明。比如，加工注射模的型腔（钢、HRC56），可通过先生产电极，然后采用电火花加工工艺的间接加工方法来完成，也可采用高速铣削技术直接加工。就加工电极而言，用常规切削工艺需8h，而用高速切削同样的电极仅需30min，采用高速切削技术在淬硬材料上直接加工同样的型腔仅需53min，而且模具型腔的表面粗糙度值可达到Ra0.4μm，不需进一步的手工抛光，大大提高了新产品的开发速度。

高速加工在模具行业中的应用，对传统的电加工方式提出了强有力的挑战。可以预计，高速加工技术必将成为适应现代制造业所提出的“高效率、高精度、低成本”要求的大有前途的先进制造技术，并随着其相关支撑技术的不断完善和提高而得到业界的普遍接受和得到广泛的应用。

思考与练习题

1. 数控机床的发展趋势主要有哪几个方向?
2. 什么是 FMS、FMC?
3. 何谓 FML、FMF?
4. 试述柔性制造系统的组成。
5. 简述计算机集成制造系统的含义。
6. 从系统的功能考虑，计算机集成制造系统由哪几部分构成?
7. 什么是敏捷制造?
8. 虚拟制造的特点是什么?
9. 何谓并行工程?
10. 试述先进制造技术的含义。
11. 数控刀具一般有哪些特点?
12. 数控刀具发展主要集中在哪些方面?
13. 何谓高速加工?
14. 高速加工技术特点有哪些?
15. 高速加工一般需要哪些技术支撑?
16. 与传统的加工方式相比，高速切削具有哪几个方面的优点?

参 考 文 献

[1] 郑修本．机械制造工艺学，第2版．北京：机械工业出版社，1998
[2] 徐嘉元，曾家驹．机械制造工艺学．北京：机械工业出版社，1999
[3] 华茂发．数控机床加工工艺．北京：机械工业出版社，2000
[4] 赵长明，等．数控加工工艺及设备．北京：高等教育出版社，2003
[5] 赵长旭．数控加工工艺．西安：西安电子科技大学出版社，2006
[6] 田萍．数控机床加工工艺及设备．北京：电子工业出版社，2005
[7] 郭前建，等．数控机床热误差的在线测量与补偿加工．制造技术与机床，2007.4
[8] 蔡兰，等．数控加工工艺学．北京：化学工业出版社，2005
[9] 王先魁．机械制造工艺学．北京：机械工业出版社，1995
[10] 郑修本，冯冠大主编．机械制造工艺学．北京：机械工业出版社，1992
[11] 黄天明主编．机械制造工艺学．重庆：重庆大学出版社，1988
[12] 王启平主编．机械制造工艺学．哈尔滨：哈尔滨工业大学出版社，1990
[13] 王信义，等，编著．机械制造工艺学．北京：北京理工大学出版社，1990
[14] 徐嘉元主编．机械加工工艺基础．北京：机械工业出版社，1990
[15] 东北重型机械学院．机床夹具设计手册．第2版．上海：上海科学技术出版社，1988
[16] 徐宏海，等，编著．数控机床刀具及其应用．北京：化学工业出版社，2005
[17] 张绪祥，王军主编．机械制造工艺．北京：高等教育出版社，2007
[18] 聂秋根主编．数控加工实用技术．北京：电子工业出版社，2007
[19] 聂蕾主编．数控实用技术与实例．北京：机械工业出版社，2006
[20] 李华志主编．数控加工技术．成都：电子科技大学出版社，2007
[21] 蔡汉明，等，编著．实用数控加工手册．北京：人民邮电出版社，2008
[22] 潘庆民主编．模具制造工艺教程．北京：电子工业出版社，2007
[23] 潘玉松主编．数控设备与编程．成都：电子科技大学出版社，2007
[24] 娄锐主编．数控机床．北京：机械工业出版社，2006

图书在版编目(CIP)数据

数控加工工艺/王军,刘劲松主编．—武汉:武汉大学出版社,2009.1
高职高专“十一五”规划教材
ISBN 978-7-307-06843-8

Ⅰ.数…　Ⅱ.①王…　②刘…　Ⅲ.数控机床—加工工艺—高等学校:技术学校—教材　Ⅳ.TG659

中国版本图书馆 CIP 数据核字(2009)第 010313 号

责任编辑:任仕元　沈以智　　责任校对:黄添生　　版式设计:马　佳

出版发行:**武汉大学出版社**　(430072　武昌　珞珈山)
(电子邮件:cbs22@ whu. edu. cn 网址:www. wdp. com. cn)
印刷:安陆市鼎鑫印务有限责任公司
开本:787×1092　1/16　印张:15　字数:357 千字　插页:2
版次:2009 年 1 月第 1 版　　2010 年 8 月第 2 次印刷
ISBN 978-7-307-06843-8/TG·1　　定价:26.00 元

版权所有,不得翻印;凡购买我社的图书,如有缺页、倒页、脱页等质量问题,请与当地图书销售部门联系调换。

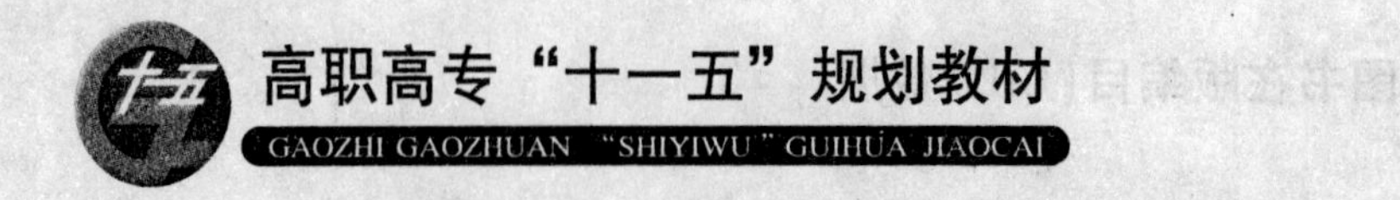

机电专业教材书目

1. 模具制造工艺
2. 冲压模具设计指导书
3. 冲压工艺及模具设计与制造
4. 数控仿真培训教程
5. 机械制图与应用
6. 机械制图与应用题集
7. 单片机入门实践
8. 现代数控加工设备
9. PLC应用技术
10. 可编程控制器应用技术
11. 数控编程
12. UG 软件应用
13. 塑料模具设计基础
14. 数控加工工艺
15. 数控加工实训指导书
16. 机电与数控专业英语
17. 传感器与检测技术
18. 机械技术基础